高等学校电子与通信工程类专业"十二五"规划教材

EDA 技术与 VHDL 设计

黄沛昱　刘科征　谭钦红　雷芳　编著

西安电子科技大学出版社

内 容 简 介

本书紧跟 EDA 技术发展趋势，以工程实践应用为出发点，以流行 EDA 集成工具 Quartus II 和仿真工具 Modelsim 为设计平台，以实例的形式深入浅出地讲解了 EDA 技术、VHDL 语言以及数字电子系统的设计。

全书共 9 章，分为"EDA 技术概述"、"基础电路设计"、"系统电路设计"三个层次。"EDA 技术概述"层次作为 EDA 技术的入门，首先讲解了与 EDA 技术相关的软硬件知识(第 1 章)，然后比较全面地介绍了可编程逻辑器件，包括硬件结构、特点、编程和配置电路、主流型号等(第 2 章)；"基础电路设计"层次以 VHDL 语言和经典电路模块为主，首先以实例引入 VHDL 语言的基本语法结构(第 3 章)，然后系统地讲解了 VHDL 语言的要素(第 4 章)、VHDL 语言的各种基本语句(第 5 章)以及状态机的设计方法(第 6 章)；"系统电路设计"层次以代码的重用、层次型设计和数字电子系统的设计为主，介绍了程序包和子程序的使用(第 7 章)、仿真测试平台(第 8 章)以及数字电子系统的设计及实例(第 9 章)。

本书可供高等院校电子工程、通信工程、自动化、计算机等相关专业本科生或研究生使用，也可作为相关工程技术人员的参考用书。

图书在版编目(CIP)数据

EDA 技术与 VHDL 设计/黄沛昱等编著.

—西安：西安电子科技大学出版社，2013.8 (2018.8 重印)

高等学校电子与通信工程类专业"十二五"规划教材

ISBN 978−7−5606−3132−5

Ⅰ. ① E⋯　　Ⅱ. ① 黄⋯　　Ⅲ. ① 电子电路—电路设计—计算机辅助设计—高等学校—教材
② VHDL 语言—程序设计—高等学校—教材　Ⅳ. ① TN702　② TP312

中国版本图书馆 CIP 数据核字(2013)第 167040 号

策　划	邵汉平
责任编辑	南　景　邵汉平
出版发行	西安电子科技大学出版社(西安市太白南路 2 号)
电　话	(029)88242885　88201467　　邮　编　710071
网　址	www.xduph.com　　　电子邮箱　xdupfxb001@163.com
经　销	新华书店
印刷单位	陕西华沐印刷科技有限责任公司
版　次	2013 年 8 月第 1 版　2018 年 8 月第 3 次印刷
开　本	787 毫米×1092 毫米　1/16　印张 21
字　数	497 千字
印　数	6001~9000 册
定　价	45.00 元

ISBN 978 − 7 − 5606 − 3132 − 5/TN

XDUP 3424001−3

前　言

自 20 世纪 90 年代以来，EDA 技术(即电子设计自动化技术)的发展非常迅速，在电子、通信、工业自动化、智能仪表、图像处理及计算机等领域得到了广泛应用，已成为电子工程师必须掌握的重要技能之一。随着 EDA 技术的不断发展，社会对 EDA 技术人才的要求不断提高，EDA 技术的教学也在不断改革。

本书紧跟 EDA 技术的最新发展趋势，尽可能引入流行的 FPGA/CPLD 器件，采用最新版本的 EDA 软件工具(Quartus II 9.1 和 Quartus II 11.1 版本)以及新颖的实例，以工程实践应用为出发点，旨在培养符合社会需求的具有实践动手能力和创新能力的 EDA 技术人才。本书主要特点如下：

(1) 知识点完整、系统。本书基于 EDA 技术和 VHDL 语言构建了一个有机、完整的知识体系，教学内容按照"EDA 技术概述"、"基础电路设计"、"系统电路设计"三个层次划分，各章节内容安排合理、循序渐进。

(2) 以实例引入语法，打破传统计算机类语言学习的模式，使读者能够快速入门，有效地增强其学习兴趣。本书第 3 章首先通过简单的组合逻辑电路和时序逻辑电路的实例让读者感性认识 VHDL 语言，使其能够仅通过这一章的学习就掌握基本的 VHDL 描述方法，极大地降低了学习的难度。其他章节同样采用实例的形式进行知识点的讲解，读者在学习理论知识后能够立即实现验证，避免了单纯讲解语法带来的枯燥无味，有利于提高其学习的积极性，提升学习的效率。

(3) 精选教学内容和实例。实例的选取既突出经典性，又注重新颖性。本书既采用多种不同的方式设计数据选择器、计数器、移位寄存器等经典模块，又引入了与通信等专业相关的设计项目。

全书共 9 章，其中第 1、2 章属于"EDA 技术概述"层次，第 3～6 章属于"基础电路设计"层次，第 7～9 章属于"系统电路设计"层次。

"EDA 技术概述"层次对 EDA 技术涉及的相关软硬件知识作了介绍。第 1 章简要介绍了 EDA 技术的发展、设计流程、设计方法、硬件描述语言、常用工具，目的是使读者了解技术的由来、发展的前景以及学习的重点。第 2 章讲解了目前常用的可编程逻辑器件的分类、结构特点、下载电缆、编程与配置电路、下载文件类型以及主流产品型号等，帮助读者了解实验过程或实际系统中与硬件相关的内容。编者多年的教学实践表明，很多同学在学习完该门课程后仍然对下载电缆类型、下载模式、下载文件类型等不能区分和理解。编者认为该部分内容是使用可编程逻辑器件的基础，有必要花费一定时间进行讲述。

"基础电路设计"层次针对 VHDL 语言的基本语法和经典电路模块作了介绍。第 3 章以几个简单的实例引出 VHDL 语言的基本结构以及一些基础的语法知识，有利于读者快速入门。第 4 章系统地讲解了 VHDL 语言的要素，包括文字规则、数据对象、数据类型、操作符等。第 5 章将 VHDL 基本语句分为并行语句和顺序语句两类，分别进行介绍，并给出了多个设计实例。学习 VHDL 语句时，特别要注意语言的硬件特性，即硬件行为的并行性决定了 VHDL 语言的并行性。第 6 章介绍了有限状态机的设计，它是一种重要的设计方法。

"系统电路设计"层次以代码的重用、层次型设计以及电子系统的设计为主进行介绍。第 7 章讲述了程序包和子程序的使用。子程序通常在程序包中定义，放置于库中，以供其他设计实体直接调用。它引入了新的设计层次，体现了代码分享和重用的意义。第 8 章介绍了 VHDL 语言的另一重要功能，即仿真功能，采用实例的形式介绍了几种常用的仿真测试平台以及断言语句的使用。第 9 章介绍了数字电子系统的设计流程，并通过三个实例进一步讲解具体的设计方法。

本书内容编排完整、系统，保证了 EDA 技术和 VHDL 语言知识体系的完整性。各章节之间既存在联系，又具有相对的独立性。本科学校教师可根据课时设置情况、专业特点等选择其中的某些章节讲授，在课时不足的情况下，可只讲述前 6 章，完成 "EDA 技术概述"和"基础电路设计"层次，确保学生能够掌握 VHDL 语言、EDA 软件工具及一般电路的设计。如课时充足或针对研究生授课，则可以增加"系统电路设计"层次的讲述，构建更加系统、完整的教学内容和教学层次。当然，为了配合有限的学时数，将教学内容剪裁只是权宜之计。我们应鼓励学生利用课余时间多学习、多实践，自学完成本书其余内容，以更好地提升自己的实践动手能力，拓宽知识面，加深理解。

本书由黄沛昱统稿并担任主编，刘科征、谭钦红、雷芳参与了编写。

由于 EDA 技术是一门发展迅速的新技术，因此对 EDA 技术的研究还有待深入，相应的教学内容、方法和手段也有待进一步改进、完善。限于作者水平，书中难免存在疏漏、不妥之处，敬请读者批评指正。作者邮箱：huangpyu@cqupt.edu.cn。

编　者

2013 年 4 月

于重庆邮电大学

目 录

第 1 章　EDA 技术概述

　　EDA 技术是现代电子设计技术之一，已广泛应用于电子、通信、工业自动化、智能仪表、图像处理以及计算机等领域。本章首先介绍 EDA 技术的广义定义和狭义定义。就狭义定义而言，EDA 技术主要包括硬件载体(大规模可编程逻辑器件)、设计表达形式(硬件描述语言)、开发环境(EDA 工具)等。接下来对 EDA 工程设计流程、设计方法、硬件描述语言、EDA 工具和 IP 核进行介绍，目的是使读者对 EDA 技术有一个全面、基础的了解。

1.1　EDA 技术及其发展

1.1.1　EDA 技术的概念

　　电子技术是 19 世纪末发展起来的新兴技术，电子技术的发展与电子器件的发展息息相关。从 1904 年弗莱明发明第一只真空二极管，1906 年德福雷斯特发明真空三极管，到 1950 年 PN 结型晶体管的出现，开辟了电子器件的新纪元，引起了一场电子技术的革命。随着电子产品的日趋复杂，单个电子器件中需要的晶体管越来越多，对于上百万个晶体管，如何确保其可靠性并缩小体积、减轻重量等成为电子产品发展中迫切需要进行的突破。这一突破的结果是集成电路的出现。1958 年，杰克•基尔比制成了第一块基于硅的集成电路板。集成电路在一小块半导体晶片上，将电路所需的成千上万的晶体管、二极管、电阻、电容及布线互连在一起。集成电路的出现使得电子器件向微小型化、高可靠性方面迈进了一大步。随着集成度的不断提高，大规模集成电路(LSI，Large Scale Integrated circuits)、超大规模集成电路(VLSI，Very Large Scale Integrated circuits)、特大规模集成电路(ULSI，Ultra Large Scale Integrated circuits)，以及巨大规模集成电路(GSI，Giga Scale Integration circuits)相继出现，集成度平均每两年提高近 3 倍。进入 21 世纪，电子技术发展的根基就是微电子技术的进步，它表现在大规模集成电路加工技术(即半导体工艺技术)的发展上。目前，表征半导体工艺水平的线宽已经达到 22 nm。微电子技术和现代电子设计技术是相互促进、相互推动又相互制约的两个技术环节。微电子技术的进步意味着传统电子设计技术的不适应，要求现代先进的电子理论、电子技术、仿真技术、设计工艺等现代电子设计技术必须满足微电子技术的进步需求。电子设计自动化(EDA，Electronic Design Automation)技术就是在电子技术快速发展的过程中产生的现代电子设计技术。

　　由于 EDA 技术发展迅速、内容丰富、涵盖范围广，目前对其并无统一的定义。在此，作者认为 EDA 技术的定义可分为广义和狭义两种。广义的 EDA 技术，是指以计算机为工作平台，融合了电子技术、计算机技术、信息处理技术等各种先进技术，可进行电子产品自动设计的技术。从该定义出发，电子电路设计、PCB(Printed Circuit Board，印制电路板)设计、IC(Integrated Circuit，集成电路)设计等均属于 EDA 技术范畴。狭义的 EDA 技术，仅指以大规模可编程逻辑器件为硬件载体，以硬件描述语言(HDL，Hardware Description Language)为系统逻辑描述的表达形式，以相关 EDA 软件工具为开发环境，自动完成逻辑编译、逻辑化简、逻辑综合及优化、布局布线、仿真测试等多项功能，以及对特定目标芯片的适配编译、逻辑映射、编程下载等工作，直至最终实现特定的电子系统功能。本书讨论的所有对象仅指狭义 EDA 技术。总的来说，狭义 EDA 技术的定义包含以下几个主要内容：

(1) 大规模可编程逻辑器件(PLD，Programmable Logic Devices)，即一种可由用户定义其具体实现逻辑功能的集成器件。目前的主流产品有现场可编程门阵列(FPGA，Field Programmable Gate Array)和复杂可编程逻辑器件(CPLD，Complex Programmable Logic Devices)两类，具体将在第 2 章中详细介绍。

(2) 硬件描述语言，即实现系统逻辑功能的具体表述形式，它用软件编程的方式来描述电子系统的逻辑功能、电路结构和连接形式。目前常用的硬件描述语言有 VHDL 和 Verilog。本书从第 3 章开始将详细讲述 VHDL 语言的语法结构以及应用。

(3) 相关 EDA 软件开发工具。EDA 工具既有与 EDA 整个设计流程中某一个技术环节相对应的专用 EDA 工具(如著名的逻辑综合器 Synplify 和仿真器 Modelsim)，也有 PLD 生产厂商为方便用户所提供的集成开发环境(如 Altera 公司的 Quartus Ⅱ 和 Xilinx 公司的 ISE-Web PACK Series)。本书的配套实验教材《EDA 技术与 VHDL 设计实验指导》中将介绍 Quartus Ⅱ 和 Modelsim 的使用方法。当然，要实现一个完整的电子系统，还需要有相关外围电路，这里不做进一步的说明。

1.1.2　EDA 技术的发展

EDA 技术的发展可分为计算机辅助设计(CAD，Computer-Aided Design)、计算机辅助工程设计(CAE，Computer-Aided Engineering design)以及电子设计自动化(EDA)三个阶段。

20 世纪 70 年代，是 EDA 技术发展的初期，设计者开始使用计算机辅助进行 IC 版图的编辑、PCB 布局布线等这些在产品设计过程中重复性很高的繁杂劳动，最具有代表性的产品是美国 ACCEL 公司开发的 Tango 布线软件。但由于当时软件工具受到计算机工作平台的制约，其支持的设计工作有限且性能也比较差。

20 世纪 80 年代，伴随着计算机和集成电路的发展，EDA 技术的发展进入到计算机辅助工程设计(CAE)阶段。这一阶段的 EDA 工具，除了具有图形绘制功能外，还增加了逻辑模拟、定时分析、故障仿真、自动布局布线等功能，主要目的是解决电路设计完成前的功能检测等问题。利用这些新增的功能，设计者能够在产品制作完成前就预知产品的功能与性能，能生成制造产品的相关文件，使设计阶段对产品性能的分析前进了一大步。这一时期的 EDA 工具已经能够代替设计者的部分工作。

20 世纪 90 年代，随着可编程逻辑器件的发展，设计者可以选择不同规模的 PLD 器件，通过对器件功能的设计，实现电子系统功能。这个阶段发展起来的 EDA 工具能够完成设计者从事的许多高层次的设计工作，如将用户需求转换为设计技术规范，有效地处理可用的设计资源与理想的设计目标之间的矛盾，按具体的硬件、软件和算法分解设计等。另一方面，硬件描述语言(HDL)的出现是这个阶段最重要的成果之一，它使得 EDA 的设计进入到抽象描述的设计层次，设计者可以在不熟悉具体电路结构的情况下，完成电子系统的设计。

各 EDA 设计公司都致力于推出兼容各种硬件实现方案、支持标准硬件描述语言以及含有各种工艺标准元件库的 EDA 工具，有效地将 EDA 技术推向了成熟。由于电子技术和 EDA 工具的发展，设计者可以使用 EDA 工具在较短的时间内通过一些简单标准化的设计过程，利用厂商提供的设计库来完成系统的设计与验证。

1.2　EDA 设计流程

1.2.1　FPGA/CPLD 工程设计流程

大规模可编程逻辑器件(PLD)是 EDA 设计的硬件载体。PLD 种类繁多，目前的主流器件是 CPLD 和 FPGA。PLD 器件的出现，其影响丝毫不亚于 70 年代单片机的发明和使用。PLD 能够完成任何数字器件的功能，在速度、芯片容量和数字逻辑方面均优于单片机。FPGA/CPLD 工程设计流程如图 1-1 所示。

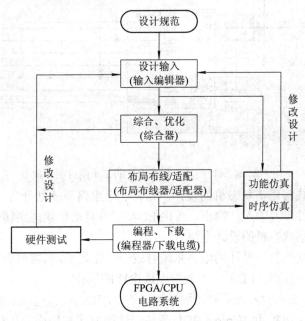

图 1-1　FPGA/CPLD 工程设计流程

1. 设计规范

设计者首先需要对产品的应用场合、功能、要求等进行考虑和分析，确定一些技术指标，如速度、面积、功耗等。

2. 设计输入

设计输入即用一定的逻辑表达方式将电路系统的设计表达出来。常用的表达方式有图形输入和文本输入，对应的 EDA 工具为图形编辑器和文本编辑器。

(1) 图形输入。图形输入形式通常包括原理图输入、状态图输入和波形图输入。

原理图输入形式是最常用的图形输入形式，类似于传统电子设计方法中电路原理图的绘制。原理图由逻辑器件和连线构成，其中逻辑器件既可以是 EDA 软件库中预定义的功能模块(如与门、或门、非门、触发器、74 系列器件、加法器、乘法器等)，也可以是自定义的功能模块。图 1-2 是在 Quartus II 软件中绘制的电路原理图，其功能是采用 74390 和与门完成二十四进制计数器。原理图输入形式的优点在于简单、直观，不需要学习 HDL，容易被初学者接受。但它也具有十分明显的缺点：① 设计规模一旦增大，设计的易读性将迅速下降，面对复杂的电路连线，要搞清电路功能非常困难；② 如果出现错误，查找错误和修改错误都十分困难；③ 更改电路功能和结构比较困难；④ 功能模块的不兼容导致设计的可移植性较差。

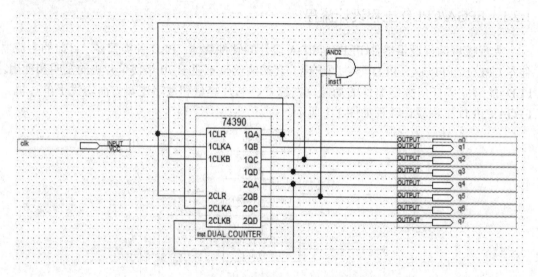

图 1-2　以原理图输入形式设计的二十四进制计数器

状态图输入形式常用于状态机的设计，即将一个电路系统划分为有限个状态，确定不同状态间的转移条件以及输入、输出。可由 EDA 工具自动将状态图转化为 HDL 代码。本书第 6 章将专门介绍状态机的设计方法。

波形图输入形式是将待设计的电路系统看成一个黑盒子，只需要告诉 EDA 工具电路系统输入、输出的时序波形，EDA 工具就能完成电路的设计。

(2) 文本输入。文本输入就是利用硬件描述语言(HDL)进行电路系统的设计，常用的硬件描述语言主要有 VHDL 和 Verilog HDL 两种。这种方式和传统的计算机编程输入方式类似。应用 HDL 的文本输入形式克服了原理图输入形式的弊端。

在设计中，可以将原理图和 HDL 设计结合起来，实现高效、稳定、符合要求的设计。

3. 综合、优化

综合是将利用 HDL、原理图等实现的软件设计转化为基本逻辑门、触发器、存储器等基本逻辑单元的连接关系，即门级电路甚至更底层的电路结构描述文件的过程。如何将软件设计转化为硬件电路，就需要利用 EDA 工具中的综合器进行"翻译"。综合器类似于软件程序的编译器，但较编译器有更高级的功能。编译器也能够将高级语言翻译成基于某种特定 CPU 的机器代码，但这种代码仅限于这种 CPU 而不能移植，并且不能代表硬件结构。另一方面，编译器的工作只是机械、单纯地将高级语言"一一对应"地翻译为机器代码；综合器则能够根据预先设置的各类约束条件(如时间约束、面积约束等，以及设计库和工艺库)，能动地选择最优的方式将软件设计翻译为底层电路结构。这就是说，对于相同的设计表述，综合器可以综合出不同的电路结构，有的面积小，但速度慢；有的速度快，但面积大。选择电路的实现方案正是综合器的任务，综合器能够尽最大努力选择一种满足各项约束条件且成本最低的实现方案，而且综合后产生的电路结构(被称为网表文件)不依赖于任何硬件环境，能够被移植到任何通用的硬件环境中。网表文件有多种格式，如 EDIF、VHDL、VQM、Verilog 等。

总的来说，整个综合过程就是将设计者在 EDA 工具中输入的 HDL 文本设计、原理图设计或状态图设计等，依据给定的硬件结构组件和约束条件进行编译、优化、转化和综合，最终获得门级电路甚至更底层的电路结构描述的网表文件。综合器既可以使用第三方 EDA 公司提供的专用综合器(如 Synplicity 公司提供的 Synplify 综合器)，也可以使用 FPGA/CPLD 供应商提供的综合器(如 Altera 公司集成 EDA 软件工具 Quartus Ⅱ 中自带的 Analysis &Synthesis 模块)。

4. 布局布线/适配

通过综合后产生的电路结构网表文件，还需要与指定的目标器件进行逻辑映射，即将工程的逻辑和时序要求与目标器件的可用资源相匹配。布局布线/适配用来将每个逻辑功能分配给最合适的逻辑单元位置，进行布线和时序，并选择相应的互连路径和引脚分配，产生最终的下载文件。下载文件有多种格式，如 .sof、.pof、.hex、.jam 等，具体将在第 2 章中讲述。因为需要与具体目标器件的硬件结构细节相对应，布局布线器/适配器一般由 FPGA/CPLD 供应商提供。

5. 仿真

在硬件验证前，最好使用 EDA 工具对设计进行模拟验证，即仿真。通过仿真，可以检查设计文件是否和预期结果一致，可以在设计的早期就排除错误，缩短设计周期和成本。仿真通过仿真器完成，既可以采用第三方 EDA 公司提供的专用仿真工具(如 Mentor Graphic 公司的 ModelSim 仿真器)，也可以采用 FPGA/CPLD 供应商提供的 EDA 工具直接完成。

仿真分功能仿真和时序仿真两种。功能仿真仅对逻辑功能进行模拟测试，以验证逻辑功能是否正确，是否满足原设计要求。仿真过程不涉及任何具体器件的硬件特性，不考虑延时。不需要经过综合和布局布线/适配阶段就能够进行功能仿真。时序仿真是接近真实器件运行特性的仿真，包含了硬件延时信息。时序仿真的文件来自于综合、布局布线/适配后产生的文件。

6. 编程、下载

布局布线/适配阶段产生的最终下载文件，可以通过编程器或者下载电缆下载到 FPGA/CPLD 中，以便进行硬件测试和调试。由于 FPGA 和 CPLD 结构上的差别，导致二者在使用上有一些区别。一般来说，对 FPGA 进行最终文件的下载称为配置(Configure)；对 CPLD 进行下载操作称为编程(Programmable)。具体关于配置和编程的概念，以及下载电缆的类型、适用范围等都将在第 2 章中讲述。

7. 硬件测试

把最终下载文件下载到 FPGA/CPLD 后，就可以对设计进行硬件测试，以便最终验证设计在目标器件上实际工作的情况，有助于在完成最终电路系统前排除错误、改进设计。

1.2.2　ASIC 工程设计方法及流程

在 EDA 技术领域，除了 CPLD 和 FPGA 这两个常用的硬件载体外，还有一个使用频繁的概念，那就是 ASIC(Application Specific Integrated Circuits，专用集成电路)。专用集成电路是相对于通用集成电路而言的，是指应特定用户要求和特定电子系统的需要而设计、制造的集成电路。就设计方法而言，设计 ASIC 的方法可分为全定制法、半定制法和可编程逻辑器件法。

1. 全定制法

全定制法是利用集成电路最基本的设计方法，基于晶体管级的、对所有元器件都进行精工细作的设计，且采用手工设计版图的制造方法。全定制设计需要考虑工艺条件，根据电路的复杂程度决定器件的工艺类型、布线层数、材料参数、工艺方法、极限参数、成品率等，一般由专业微电子集成电路设计人员完成。全定制法的优点是：面积利用率高、性能较好、功耗较低；有利于提高芯片的集成度和工作速度，以及降低功耗。但由于其设计周期长、设计成本昂贵，且功能模块和单元库越来越成熟，全定制法逐渐被半定制法所替代。

2. 半定制法

半定制法又分为门阵列法和标准单元法。

门阵列包括规则的、未连接的行和列的晶体管结构，器件的连接完全是由设计所决定的。一旦完成设计，布线软件就能算出哪些晶体管要进行连接。采用门阵列法，软件从低层次功能模块的连接开始直至完成整个器件连接的设计。门阵列法适用于开发周期短、低成本的小批量数字电路设计。

标准单元法采用预先设计好的称为标准单元的逻辑单元，如 D 触发器、加法器、计数器等。所有标准单元均采用定制方法预先设计，设计者只需要确定标准单元的布局以及连线。但当工艺更新后，标准单元库也要随之更新，这是一项十分繁重的工作。为了解决人工设计单元库费时费力的问题，目前市场上销售的 IC CAD 系统几乎都含有标准单元自动设计工具。此外，设计重用(Design Reuse)技术也可用于解决单元库的更新问题。

3. 可编程逻辑器件法

可编程逻辑器件法是利用可编程逻辑器件设计专用集成电路的方法。用户可以借助 EDA 软件和开发系统在实验室内自行设计、测试、验证。可编程逻辑器件法能够缩短设计周期，提高设计效率，但采用此种方法设计的 ASIC 器件在性能、速度以及单位成本上相对于全定制法和半定制法设计的 ASIC 器件不具竞争性。可编程逻辑器件法特别适用于从事电子系统设计的工程师利用 EDA 工具进行 ASIC 设计。

目前，为降低单位成本，在利用可编程逻辑器件实现设计后，可以采用特殊的方法将设计转化为 ASIC 电路，如 Altera 公司的 FPGA 器件 Stratix 系列在设计成功后可以通过

HardCopy 技术转化成对应的门阵列 ASIC 产品。

ASIC 设计的流程如图 1-3 所示。第一步是进行项目分析，包括市场需求分析、可行性研究、论证与决策、形成任务书等。第二步是系统设计，该阶段需要确定采用的设计方式，如全定制、半定制或可编程逻辑器件转化，还需要确定系统的功能、性能等；同时进行模块的划分，即将系统分割成各个功能子模块，给出各模块之间的信号连接关系。第三步是模块设计，即确定各个模块的电路实现，可采用硬件描述语言或原理图等形式进行具体逻辑的描述，设计完成后可进行功能验证，检查功能是否与预期一致。第四步是验证，即采用综合器对设计进行综合，以获得具体的电路网表文件，再次对网表文件进行仿真验证。第五步是版图设计，即将逻辑设计中的每一个逻辑元件、电阻、电容等以及它们之间的连线转化成集成电路制造所需要的版图信息，可采用手工或自动的方式进行版图规划、布局布线。由于不同的布局布线会产生不同的电路连线延时，所以布局布线可能会反复多次，以选择最佳方案。第六步是版图验证，包括引入电路连线延时后进行的仿真，以及设计规则检查、电气规则检查等。第七步是制版、流片，即生成光刻掩膜板，加工厂家进行试验性生产。第八步是芯片测试，以确保是否满足设计要求，并评估成品率。最后一步是投入量产，完成 ASIC 设计。

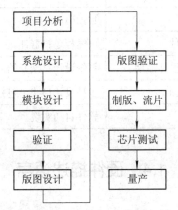

图 1-3　ASIC 设计的一般流程

1.3　EDA 设计方法

传统数字电路系统的设计方法是自底向上(Bottom-Up)，设计者首先需要决定所使用的目标器件的类别和规格，如 74 系列器件、某种 RAM 或 ROM、某类单片机或某些专用功能芯片等；然后构成多个功能模块，如数据采集控制模块、信号处理模块、数据交换模块和接口模块等，直至最后构成完整的系统。自底向上的设计方法必须始终考虑实现系统的目标器件的功能、技术参数等细节，如果在设计过程中的任一阶段，最底层的目标器件由于不满足技术参数、市场缺货或是设计要求降低成本等各种因素而导致不得不更换的情况出现，都会使得设计工作前功尽弃。自底向上的设计方法不适用于大规模数字系统的设计，因其效率较低，且设计周期较长。

随着 EDA 技术的快速发展，自顶向下(Top-Down)的设计方法得到了有效利用，成为

CPLD、FPGA 以及 ASIC 设计的主要手段。自顶向下的设计方法的本质是层次建模，分模块设计。设计者首先规划整个系统的功能和性能，然后对系统功能进行划分，将系统分割为功能较简单、规模较小的若干个功能子块，并确立它们之间的相互关系；然后进一步对各个子模块进行分解，直到达到无法进一步分解的底层功能模块。在进行模块划分时，需要注意模块功能的完整性和可重复利用性。

采用自顶向下的设计方法，由于整个设计是从顶层系统开始的，可以从一开始就掌握系统的性能状况。功能划分时，较高层次的设计描述比较抽象，与具体的硬件实现无关，当然也不用考虑硬件实现中的技术细节，可以对其进行功能仿真，在设计的早期阶段就验证设计方案的正确性。一旦高层次的逻辑功能满足要求，就可以在较低层次针对具体的目标器件进行具体描述。另一方面，系统被分解为若干功能子块后，可以对每个独立的模块指派不同的设计人员，他们可以在不同的地点工作，最后再将不同的模块集成为最终的系统。自顶向下的设计方法缩短了设计周期；设计规模越大，优势越明显。总结说来，EDA设计方法与传统设计方法的区别如表 1-1 所示。

表 1-1 传统设计方法与 EDA 设计方法的比较

比较内容	传统设计方法	EDA 设计方法
设计思路	自底向上	自顶向下
硬件载体	通用元器件	可编程逻辑器件
仿真、调试阶段	系统硬件设计后期	系统设计早期开始，层层验证
设计文件	电路原理图	多种设计形式，包括原理图、HDL、状态图等
实现方式	手工实现	软件自动实现

1.4 硬件描述语言

1.4.1 硬件描述语言的出现和意义

长期以来，我们比较熟悉的是诸如 C、C++一类的计算机程序设计语言，这类语言在本质上都是顺序执行的。同样，在硬件设计领域，设计人员也希望使用一种标准的语言来进行硬件的设计。在这种情况下，硬件描述语言应运而生。硬件描述语言(HDL)的出现是EDA 技术发展中的一个重要成果，它是一种用形式化的方法描述数字电路和系统的语言。通过这种语言，设计者能够描述自己的设计思想，表达复杂的电路系统。硬件描述语言发展至今已有 30 多年的历史，已成功运用于电路设计的各个阶段，包括建模、仿真、综合等。目前使用的 HDL 主要有 VHDL、Verilog HDL、AHDL、ABEL、SystemC、Superlog 等，其中 VHDL 和 Verilog HDL 是最常用的两种 HDL，均是 IEEE (the Institute of Electrical and Electronics Engineers)标准 HDL。

使用 HDL 进行设计，设计者可以在抽象的层次上对电路进行描述，而不必关心特定器件的选取、制造工艺等，逻辑综合工具能够将设计自动转化为任意一种制造工艺版图。此外，通过使用 HDL，设计者还可以在设计周期的早期就对电路的功能进行验证，大大降低了在设计后期的门级网表或物理版图上出现错误的可能性，避免了设计工作的反复，显著地缩短了设计周期。最后，通过简洁明确的代码来描述复杂的逻辑控制，特别是使用 IEEE 标准所规范的 HDL，使得设计便于修改，具有较好的移植能力。

目前，随着数字电路复杂性的不断增加以及 EDA 工具功能的强大，HDL 已成为硬件设计师必须掌握的语言。

1.4.2　VHDL 和 Verilog HDL

VHDL 的英文全称是 Very High Speed Integrated Circuit Hardware Description Language，即超高速集成电路硬件描述语言。VHDL 诞生于 1982 年，最初是由美国国防部开发供美军提高设计的可靠性和缩减开发周期的一种设计语言，在 1987 年底被 IEEE 确定为标准硬件描述语言，作为"IEEE 标准 1076-1987"(简称 87 版本)。1993 年，IEEE 对 VHDL 进行了修订，公布了新版本的 VHDL，即"IEEE 标准 1076-1993"(简称 93 版本)。93 版本较 87 版本从更高的抽象层次和系统描述能力上扩展了 VHDL 的内容，增加了一些新的命令和属性。目前公布的最新 VHDL 标准版本是 1076-2002 版。自从 VHDL 成为业界标准之后，在设计领域得到了广泛的认可，得到众多 EDA 公司的支持。

Verilog HDL 是在 C 语言的基础上发展起来的，1983 年由 GDA(Gateway Design Automation)公司提出。1989 年，GDA 公司被世界上最大的 EDA 公司——Candence 公司收购，Verilog HDL 成为 Cadence 公司的私有财产。该公司大力发展 Verilog HDL，于 1990 年成立了 OVI(Open Verilog International)组织，负责促进 Verilog HDL 的发展。基于 Verilog HDL 的优越性，IEEE 于 1995 年制定了 Verilog HDL 的 IEEE 标准，即 Verilog HDL 1364-1995 标准；2001 年对其加以修订，又发布了 Verilog HDL 1364-2001 标准，后来还加入了 Verilog HDL-A 标准，使 Verilog HDL 有了模拟设计描述的能力。

不管是 VHDL 还是 Verilog HDL，都允许在同一个电路模型内进行不同层次的描述，具有强大的系统硬件描述能力。但二者各有其优缺点。VHDL 语法较严谨，能够通过 EDA 工具的自动语法检查排除很多设计中的错误；此外，VHDL 的行为级描述能力也强于 Verilog HDL，它是避开具体的器件结构，从逻辑行为上描述和设计大规模电子系统的重要保证。但 VHDL 对数据类型匹配严格，代码较 Verilog HDL 冗长，且 VHDL 不具有晶体管开关级的描述能力和模拟设计的描述能力。Verilog HDL 语法较自由，初学者容易上手，但自由的语法也容易造成更多的错误。编程语言接口 PLI 是 Verilog HDL 最重要的特性之一，它使得设计者可以通过自己编写的 C 程序代码来访问 Verilog HDL 内部的数据结构。设计者还可以使用 PLI 按照自己的需要来配置 Verilog HDL 仿真器。

当然，除了上述两种最常用的 HDL 外，还有 ABEL(Advanced Boolean Equation Language)、AHDL(Altera Hardware Description Language)等。ABEL 是一种早期的硬件描述语言，由美国 Data I/O 公司推出，是设计 PAL/GAL 器件的主要工具。AHDL 是 Altera 公司推出的硬件描述语言，主要针对其公司生产的 CPLD/FPGA 器件。

1.4.3　硬件描述语言的发展

随着系统级 FPGA 以及系统级芯片的出现，软硬件协调设计和系统设计变得越来越重要，传统意义上的硬件设计越来越趋向于系统设计和软件设计相结合。HDL 为适应新的情况，也在快速发展，出现了一些新的描述语言，如 System C、System Verilog、Superlog 等。

System C 是一种基于 C++语言的用于系统设计的语言，它是为了提高电子系统设计的效率而逐渐发展起来的。早期的电子系统比较简单，系统工程师可以将系统划分为软件和硬件两个部分，分别由软件工程师和硬件工程师完成设计、仿真、实现和改进，最后再将软件部分和硬件部分结合起来形成系统。软件工程师使用 C 和 C++等程序设计语言，硬件工程师则使用 VHDL 和 Verilog HDL 等硬件描述语言。随着电子系统的不断发展，以及系统级芯片(又称片上系统)的出现，系统结构越来越复杂，系统元件也越来越多，集成电路设计界一直在寻找一种能同时实现较高层次的软件和硬件描述的系统设计语言，System C 就在这种情况下孕育而生。System C 是由 Synopsys 公司和 CoWare 公司积极响应各方对系统级设计语言的需求而合作开发的。System C 源代码可以使用任何标准 C++编译环境进行编译，生成可执行文件。

System Verilog(简称 SV)是一种新的硬件描述语言，它建立在 Verilog HDL 的基础上，是 Verilog-2001 标准的扩展增强。它增强了 Verilog 原有的编程能力，又引入了新的数据类型和验证方法，同时还兼容 Verilog-2001。System Verilog 将硬件描述语言和现代的高层级验证语言结合起来，主要定位于集成电路的实现和验证流程。

Superlog 是在结合高级语言 C、C++等特点的基础上研发的系统级硬件描述语言，由 Co-Design 公司于 1999 年发布。至今，已有超过 15 家芯片设计公司用 Superlog 来进行芯片设计和硬件开发。

目前，多种硬件描述语言可谓百花齐放，每种语言都有各自的优缺点，什么时候将一种语言抛弃，什么时候开始全部使用一种语言，都是不可预知的。

1.4.4　学习硬件描述语言的要点

本书主要讲解目前最为常用和通用的硬件描述语言之一——VHDL。在学习该语言时需要注意以下几个关键点：

(1) VHDL 语句的可综合性。VHDL 语言有两种用途：硬件实现和系统仿真。如果采用 VHDL 编写的代码是用于硬件实现，即用于电路系统设计，就必须保证代码的"可综合性"，而不可综合的 VHDL 语句在 EDA 工具综合时会被忽略或者报错。这就是说，综合器并不能支持 VHDL 的全部语句，只能支持其子集，并且不同的综合器所支持的 VHDL 语句子集也不完全相同。但如果只用于仿真，则所有语法几乎都是可综合的。也就是说，所有的 VHDL 描述都可用于仿真，但不是都可用于硬件设计实现。

(2) 语法掌握贵在精。使用 30%的基本 VHDL 语句就可以完成 95%以上的电路设计，很多生僻的语句语法并不能被所有的综合软件所支持，在代码移植或者更换软件平台时，就会产生兼容性问题，也不利于他人的阅读和理解。

(3) 用硬件电路的设计思想来编写 VHDL 代码。VHDL 是一种描述电路的工具，虽然它具有行为级的描述方式，但不能采用纯软件的设计思路来编写，需要理解语句和硬件电路的关系才能编写出正确、高效的代码。

(4) 具有自顶向下和层次建模的设计思想。首先考虑系统功能，通过仿真确认系统性能状况，然后层层划分功能模块。采用这种设计方法可以有效避免设计工作的反复，缩短设计周期。

1.5　常用 EDA 工具

　　EDA 工具在 EDA 技术中具有举足轻重的作用，是实现设计自动化不可缺少的。EDA 工具能够完成综合、优化、仿真、布局布线、时序分析等各种功能。常用 EDA 工具可分为两大类：一类是由 PLD 生产厂商提供的集成 EDA 开发工具，如 Altera 公司提供的 Quartus II，采用一个软件就可以完成设计中涉及的各个技术环节；另一类是由第三方公司提供的针对设计流程中不同技术环节的专用 EDA 工具，如完成综合功能的综合器、进行仿真的仿真器等。

1.5.1　集成 EDA 工具

　　PLD 生产厂商为了方便用户，一般都会提供集成 EDA 开发工具，这些工具的基本性能相同，但各有优势，且面向的目标器件不同。下面主要介绍世界三大 PLD 生产厂商提供的集成 EDA 工具。

　　(1) Altera 公司提供的 Quartus II。Quartus II 软件是目前流行的 EDA 开发软件之一，可以完成从设计输入到硬件配置的完整 PLD 设计流程，其上一代设计软件 MAX+PLUS II 也是早期常用的设计工具。Quartus II 支持原理图、状态图、VHDL、Verilog HDL、AHDL 等多种输入形式，支持 Altera IP 核，用户可以利用已设计好的成熟模块，简化设计流程，加快设计速度。该软件自带综合器、仿真器(从 Quartus II 10.0 版本开始不再自带仿真器)、布局布线器/适配器，也可与其他第三方 EDA 工具进行无缝衔接，直接调用设计者熟悉的工具，如综合器 Synplify、Synplify Pro，仿真器 Modelsim 等。从 2005 年开始，Quartus II 引入渐进式编译，可以只编译修改过的部分，缩短编译时间，提高设计效率。此外，Quartus II 还包含 PowerPlay 功耗分析工具、TimeQuest 时序分析器、系统控制台调试工具包、DSP Builder 模块库、外部存储器接口工具包、收发器工具包、Qsys 系统集成工具等。Quartus II 软件目前最新的版本是 12.1，它提供了 FPGA 业界第一款用于 OpenCL(Open Computing Language)的软件开发套件(Software Development Kit，SDK)。利用这一 SDK，熟悉 C 语言的系统开发人员和编程人员能够迅速方便地在高级语言环境中开发高性能、高功效、基于 FPGA 的应用。

　　(2) Xilinx 公司提供的 ISE Design Suite 和 Vivado Design Suite 设计工具套件。ISE Design Suite 包括 ISE WebPACK、Logic Edition、DSP Edition、Embedded Edition 和 System Edition。其中，ISE WebPACK 支持 Linux、Windows XP 和 Windows 7 系统，提供了 HDL 综合与仿真、实现、器件适配和 JTAG 编程等功能，能够升级到任何 ISE Design Suite Edition。ISE Design Suite 能够为嵌入式 DSP 设计提供集成的工具集，含有大量即插即用的 IP 核，具备系统生成器(System Generator)和 EDK 集成功能的 PlanAhead 接口。Vivado Design Suite 是一款以 IP 核及系统为中心的设计环境，采用方便易用的 IP 设计流程，使用该款软件可将运行时间缩短 3/4。Vivado Design Suite 可为 C、C++ 和 System C 以及基于 MATLAB/

Simulink 的 DSP 系统生成器(System Generator for DSP)提供 Vivado 高层次综合 (High-Level Synthesis)工具，能够加快集成速度，缩短验证、实现时间。

(3) Lattice 公司提供的 Diamond。Diamond 软件是 Lattice 公司著名 EDA 软件 ispLEVER 的替代产品，支持目前所有 Lattice 公司的 FPGA 器件，支持混合的 Verilog、VHDL、EDIF 以及原理图源文件，允许在一个项目下的设计拥有多个版本。设计者可以通过运行管理器 视图，实现多种方案的并行处理，以探索最佳设计方案。Diamond 软件还能提供时钟抖动 分析、独立的功耗估计等功能；支持强大的第三方工具，包括用于综合的 Synplify Pro 以及 用于仿真的 Active-HDL。此外，Diamond 软件中还集成了 PAC-Designer 混合信号设计工具， 为 Lattice 公司的可编程混合信号 Platform Manager 提供设计支持。

1.5.2　专用 EDA 工具

虽然 PLD 器件厂商会提供相应的集成 EDA 工具，这些工具能够满足设计需要，但其 更侧重于后端的布局布线/适配等功能。而且，随着专业化分工越来越细，PLD 器件厂商将 大量精力投入到 PLD 器件工艺的升级换代、集成化程度的提高、功耗的降低、硬件功能的 扩充等方面，而可编程芯片的软件设计、验证等则需要越来越强大的第三方 EDA 工具的支 持。第三方专用 EDA 工具厂商会将主要精力投放在可编程器件设计验证专业软件的开发 上，并旨在提高设计的效率、可靠性和精度，同时还会提供与 PLD 器件厂商的集成 EDA 工具以及其他平台之间的无缝连接或协同开发解决方案。

按照 EDA 设计流程，可将其技术环节分为五大类：设计输入、综合、仿真、布局布线 /适配、下载，对应每个环节都有各自专用的 EDA 工具。但由于布局布线/适配、下载环节 等与具体的硬件联系紧密，通常都由 PLD 生产厂商针对自己的产品提供专门的工具。下面 就业界最为流行的第三方专用 EDA 工具——综合器和仿真器进行介绍。

1. 综合器

综合器的功能在介绍 EDA 设计流程时已经讲解，这里不再赘述。但需要注意的是，硬 件描述语言诞生的初衷是用于逻辑电路的建模和仿真，直到综合器出现后，才改变了人们 的看法，将其用于电路的设计。综合工具的优劣直接决定了电路功能的实现、电路所占资 源的多少以及电路性能指标是否满足设计要求等。

目前，Synplicity 公司(于 2008 年被 Synopsys 公司收购，但仍保留 Synplicity 品牌)是综 合领域的领头羊，其著名产品有 Synplify、Synplify Pro 以及 Synplify Premier。Synplify 和 Synplify Pro 都支持标准硬件语言 VHDL 和 Verilog HDL，利用行为提取合成技术(Behavior Extracting Synthesis Technology，BEST)能以很高的效率将其转化为高性能的面向流行器件 的设计网表；在综合后还可以生成 VHDL 和 Verilog HDL 的仿真网表，以便对原设计进行 功能仿真。Synplify Pro 的功能较 Synplify 更为强大。Synplify Premier 提供物理综合解决方 案，不仅继承了 Synplify Pro 的全部功能，更添加了许多强大的功能，包括：① Graph-Based 物理综合技术，提供一键式物理综合流程，可有效提升芯片时序表现；② 整合功能强大的 RTL 在线调试工具(Identify RTL Debugger)，能够在运行时进行在线调试，加快验证速度， 使得综合、调试一气呵成；③ 支持 Gated Clock 的转换和 Design Ware 的转换，便于单 芯片 ASIC 原型验证。

2. 仿真器

仿真在 EDA 设计中的地位十分重要，仿真器的仿真速度、准确性以及易用性是衡量仿真器的重要指标。目前常用的仿真器包括 Mentor Graphic 公司的 ModelSim，Cadence 公司的 Verilog-XL、NC-Verilog，Aldec 公司的 Active-HDL 等。

ModelSim 是业界最流行的仿真工具之一，是唯一单内核支持 VHDL 和 Verilog 混合仿真的仿真器，同时也能对系统级描述语言提供支持，如 System C 和 System Verilog。它能够进行三个层次的仿真，即 RTL(寄存器传输层次)、Functional(功能)和 Gate-Level(门级)。RTL 级仿真仅验证设计的功能，没有时序信息；功能级仿真是经过综合器综合后，对网表文件进行的仿真；门级仿真是经过布局布线/适配后，针对具体的目标器件进行的仿真，此时由于含有与硬件相关的延时信息，所以能够得到与硬件运行最为相似的仿真结果。ModelSim 还集成了性能分析、波形比较、代码覆盖、信号侦察(Signal Spy)、虚拟对象(Virtual Object)、信号条件断点等众多调试功能。

Cadence 公司的 Verilog-XL 是 Verilog 仿真器，属于解释型仿真器，即由一个运行时间的解释工具执行每一条 Verilog 指令并且与事件队列进行交流。Verilog-XL 属于早期仿真器，仿真速度一般。NC-Verilog 是 Verilog-XL 的升级版，无论是仿真速度、处理庞大设计的能力还是编辑能力、侦错能力等都较 Verilog-XL 有数倍的提升。NC-Verilog 属于编译型仿真器，虽需要预处理启动稍慢，但运行速度要比解释型仿真器快很多。NC-Verilog 与 Verilog-2001 标准兼容，并且一直被 Cadence 公司更新，包含更多的高级应用特点。

Active-HDL 支持 VHDL、Verilog、System C 和 System Verilog，包含 RTL 和门级仿真。它也是一款比较有特色的仿真工具，其状态机分析视图在调试状态机时十分方便；它能够通过图形交互和代码质量工具确保代码的质量和可靠性；通过代码覆盖分析工具确认设计中不希望出现的部分；通过断言验证(Assertion-Based Verification，ABV)发现更多的漏洞。

1.5.3　EDA 工具的发展趋势

EDA 工具不断发展，总的趋势可总结为：支持不断更新的器件，越来越人性化的设计，综合软件的综合优化效果越来越好，仿真软件拥有更快的仿真速度和更高的仿真精度，越来越完备的分析验证手段，布局布线软件的效率不断提高、效果越来越好。EDA 工具具体有以下几个比较显著的发展趋势：

(1) 系统级综合优化和系统级仿真工具进一步发展。随着硬件描述语言的发展，在 VHDL、Verilog HDL 等语言的基础上又发展出许多抽象程度更高的硬件描述语言，如 System C、System Verilog、Superlog 等高级设计语言。这些语言的语法结构更加丰富，更适合于系统级、功能级等高层次的设计描述和仿真。所谓系统级设计方法，指在系统级层次进行设计和仿真，有利于自顶向下和团队分工协作，其抽象层次高，优化效果好，缩短了设计周期。系统级设计方法除了需要高级 HDL 语言描述外，更重要的是要得到系统级综合工具、仿真工具的强有力支持。系统级综合工具能够直接对系统级代码进行编译，抽象出系统级的模型，从更高层次上优化时序和面积，然后再根据系统级库将优化后的结构适配到 FPGA 的底层模块中去。系统级仿真工具要求传统的功能、时序仿真工具能够直接支持对系统级模型的仿真，这就对仿真工具的编译机制和仿真库提出了新的要求。目前还没有非常成熟的系统级综合和仿真工具，但系统级设计方法将在未来扛起 EDA 产业大旗。

(2) 模块化、增量式设计成为主流。为了对市场需求做出最迅速的反应，就要求电子产品的设计周期尽量缩短，以第一时间推出成熟稳定的产品来获取最大的市场份额。面对越来越复杂的系统，既要满足产品的性能又要在最短的时间内完成，解决的办法就是投入更多的人力，进行并行、协同的工作。这种协同设计方法叫做模块化设计方法，其核心是将大规模复杂系统按照一定的规则划分为若干模块，然后对每个模块进行设计输入、综合，并将实现结果约束在预先设置好的区域内，最后将所有模块的实现结果有机地组织起来，完成整个系统的设计。目前主流 PLD 厂商的设计工具都支持模块化设计方法，如 Altera 公司的 LogicLock、Xilinx 公司的 Modular Design、Lattice 公司的 Floorplanner 等。采用模块化设计一方面可以缩短设计周期；另一方面在调试、更改某个有缺陷的模块时，不会影响其他模块的实现，保证了设计的稳定性和可靠性。

增量式设计是一种能在小范围改动情况下节约综合、实现时间并继承以往设计成果的设计手段，包括增量综合和增量实现两个层次的含义。合理运用增量式设计能够减少综合、实现过程(特别是布局布线过程)的耗时，还能够继承未修改区域的实现成果。如一个设计经过多次调试，附加合适的约束，设置恰当的参数达到了最佳实现成果(特别是满足了比较苛刻的时序要求)，但因为某个细节的代码修改而必须全部重新综合、布局布线，就会使得前面的精心调整付之东流。解决这个问题的途径就是采用增量式的设计方法，综合工具仅对细微修改处的模块重新综合，而对这个模块与其他部分的接口尽量不变动，其余部分的综合结果也保持不变，即其余模块的实现被完全继承下来。

(3) 深亚微米和纳米技术带来新问题。随着超大规模集成电路的集成度和工艺水平的不断提高，深亚微米和纳米工艺逐渐成熟。但由于工艺线宽不断减小，在半导体材料上的许多寄生效应已不能简单地忽略，这就对 EDA 工具提出了更高的要求，如互连电阻和互连电容的变大、互连线网络对时序分析的影响和器件延时对时序分析的影响处在同等重要的位置。

1.6　IP 核与 EDA 技术的关系

随着集成电路的不断发展，设计的复杂性也不断增强，一些具有完整功能的 IC 产品，如 8051、DSP、MPEG/JPEG 等数字图像压缩器、FIR 滤波器等，已经以功能模块的形式嵌入到集成度更高、功能更强的芯片内。如果 IC 设计师可以通过调用成熟功能模块的形式避免重复劳动，节省设计周期，就可以为产品减少设计风险，赢得快速上市的机会。IP 核就在这种情况下随之出现。IP 核(Intellectual Property Core)即知识产权核，指将电子设计过程中经常使用而又对设计要求较高的功能模块，经过严格的测试与高度优化，精心设计为参数可调的模块，提供给其他 IC 设计师使用。IP 核一般具有通用性好、可移植性好、正确性以及优化保证的特点。按照不同的描述级，可将 IP 核分为三类：软 IP、固 IP 和硬 IP。

软 IP 是利用硬件描述语言描述的功能块，它已经过行为级设计优化和功能验证，但并不涉及具体的实现电路。软 IP 的开发过程与普通 HDL 的设计过程十分相似。软 IP 的设计周期短，设计投入少，由于不涉及物理实现，为后续设计留有很大的发挥空间，增大了 IP

的灵活性和适应性。其主要缺点是在一定程度上使后续工序无法适应整体设计，从而需要一定程度的软 IP 修正，在性能上也不可能获得全面的优化。由于软 IP 是以源代码的形式提供的，尽管源代码可以采用加密方法，但其知识产权保护的问题仍不容忽视。

固 IP 是指经过了综合的功能模块。它有较大的设计深度，以网表文件的形式提交使用。

硬 IP 提供设计阶段的最终产品，即掩膜。硬 IP 具有固定的布局布线和具体的实现工艺，并已经经过了工艺验证。硬 IP 的设计深度最大，后续工序所要完成的工作最少，但其灵活性也最小，导致可移植性较差，不同的客户需要根据自己的需要订购不同的硬 IP。

目前，IP 核的来源有以下几类：芯片设计公司(Fabless)、芯片代加工厂(Foundry)、专业 IP 公司以及 EDA 厂商。

芯片设计公司在多年的芯片设计中往往有自己的特长，如 Intel 的处理器技术、TI 的 DSP 技术等，利用这些技术成功地开发了系列器件，并确立了设计重用的原则，一些可重用的部分经过多次验证和完善形成了 IP 核。这些 IP 核一般是以硬核的形式提供给其他芯片设计公司使用的。

芯片代加工厂是指没有自身芯片产品的生产厂，它为了扩大业务，吸引更多的芯片设计公司投片，会设立后端设计队伍来配合芯片设计公司进行布局布线工作，或是提供一些精心设计并经过工艺验证的标准单元。在这个过程中，芯片代加工厂也积累了一定量的 IP 核，提供给设计公司使用。

专业 IP 公司不仅能提供成熟的 IP 核，还能够根据当前的技术热点、难点来开发市场急需的 IP 核。

EDA 厂商也是提供 IP 资源的一个重要渠道，他们为了给用户提供更优秀、更方便的 EDA 工具，往往会在其中集成各类 IP 核，这类 IP 核往往以软 IP 的形式出现。以 Altera 公司为例，它与第三方 IP 合作伙伴为用户提供了许多 IP 核，可以分为两类：免费的 LPM 宏功能模块(Megafunction/LPM)和需要授权使用的 IP 核(MegaCore)。其中 LPM 模块主要是一些通用功能模块，包括加法器、乘法器、存储器等。

习 题

1-1 EDA 技术的定义是什么？狭义 EDA 技术主要包括哪几个方面的内容？

1-2 FPGA/CPLD 的工程设计流程是什么？解释综合的含义。

1-3 解释 ASIC，说明它与 PLD 器件的关系。

1-4 说明 EDA 设计方法与传统设计方法的区别。

1-5 常用硬件描述语言有哪几种？硬件描述语言与软件语言有什么不同？

1-6 简述目前流行的 EDA 工具。

1-7 IP 核的定义、分类，以及其在 EDA 技术的应用和发展中的意义是什么？

第 2 章　可编程逻辑器件

大规模可编程逻辑器件 PLD 是利用 EDA 技术进行电子系统设计的硬件载体。本章首先概述可编程逻辑器件的由来、发展历史、分类；其次介绍 CPLD 和 FPGA 这两种主流器件的结构、工作原理以及区别等；然后讲解相关编程和配置的概念、配置模式及电路；最后介绍 Xinlinx、Altera 和 Lattice 公司典型的 PLD 器件。

2.1　可编程逻辑器件概述

2.1.1　从 TTL 到可编程逻辑

按照数字电路逻辑设计的流程，要完成一个逻辑设计，需要以下几个步骤。

(1) 根据逻辑功能建立真值表。真值表列出了逻辑的所有可能输入以及所有输入组合产生的相关输出。

(2) 根据真值表建立逻辑函数表达式，并按照设计要求进行化简或者变化。当然，也可以采用卡诺图的形式来进行逻辑表达式的化简或者变化。

(3) 根据逻辑函数表达式，画出电路图，确定所需元件，如著名德州仪器的 74 系列。

(4) 在面包板或者印制电路板上，用铜线连接分立元件，实现逻辑功能。

下面以设计一个四人表决器的简单例子来进一步说明数字电路逻辑设计的流程。

第 1 步：确定输入、输出的逻辑变量，建立真值表。表决器的工作原理是半数同意即代表提案通过。假设输入变量 A、B、C、D 分别代表 4 个表决者，输出变量 F 代表表决结果，建立真值表如表 2-1 所示。

表 2-1　四人表决器真值表

输　　入				输　　出
A	B	C	D	F
0	0	0	0	0
0	0	0	1	0
0	0	1	0	0
0	0	1	1	1
0	1	0	0	0
0	1	0	1	1
0	1	1	0	1
0	1	1	1	1
1	0	0	0	0
1	0	0	1	1
1	0	1	0	1
1	0	1	1	1
1	1	0	0	1
1	1	0	1	1
1	1	1	0	1
1	1	1	1	1

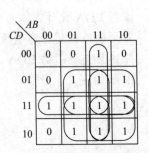

图 2-1　四人表决器卡诺图

第 2 步：采用卡诺图进行逻辑函数表达式的化简。如图 2-1 所示，化简后的逻辑表达式 $F = AB + CD + BD + AD + BC + AC$。

如果要在硬件中直接实现这一功能，则需要 6 个两输入的与门和一个 6 输入的或门。但是，由于 TTL 不支持 6 输入的或门，所以需要级联更小的或门来完成电路，这样做的结果会增加延时和元件的数量。一般而言，可以通过变换逻辑函数表达式的形式来解决这个问题，如将其转换为与非–与非式 $F = \overline{\overline{AB} \cdot \overline{CD} \cdot \overline{BD} \cdot \overline{AD} \cdot \overline{BC} \cdot \overline{AC}}$，则可以使用 74 系列的标准元件来实现。本例可使用两片 7400 和一片 7430 完成。当然，还可以通过寄存器来建立同步输出，电路结构如图 2-2 所示，本例浪费了两个与非门和一个寄存器。

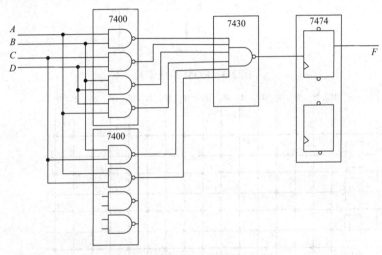

图 2-2　四人表决器逻辑电路图

通过四人表决器的例子，可以来思考逻辑功能实现的共性。从设计流程中可以看出，任何一个组合逻辑函数都可以转换为"与–或"表达式的形式，即任何一个组合逻辑函数都可以由与门和或门组成的二级电路实现(虽然此电路不一定是最佳的，在该例中最后是采用与非–与非的表达式形式，采用与非门实现逻辑功能)。而任意一个时序逻辑电路可由组合逻辑电路加上存储元件构成，也就是任意一个数字电路系统都可以由与门–或门的二级电路结构加上存储元件来实现。那么，把这些与门、或门、存储器组合到一个器件中会怎样呢？假设从与门到或门、或门到存储器有固定的连接会怎样呢？这一系列的思考导致了可编程逻辑器件的产生。

简单说来，早期的可编程逻辑器件(PLD，Programmable Logic Devices)就是一个由与–或阵列构成的可编程结构，又称之为"乘积项"结构，其功能类似于利用 ROM(Read Only Memory)来实现组合逻辑函数。

ROM 从组成结构来看，由地址译码器、存储矩阵、输出缓冲器三个部分组成，如图 2-3 所示。其中，地址译码器能够将 n 条地址输入线翻译为 2^n 条译码输出线，即字线，每一条字线对应一个 n 变量的最小项，所以，地址译码器可看做与阵列。存储矩阵用于存放信息，由存储单元排列而成。存储单元可以由二极管构成，也可以由双极性三极管或 MOS 管构成，每个存储单元存放 1 位二值信息。存储矩阵可以看做或阵列。这样，一片 ROM 就是一个与–或阵列的结构，能够实现任意组合逻辑函数。图 2-4 同样以四人表决器为例来说明如何采用 ROM 实现组合逻辑功能。

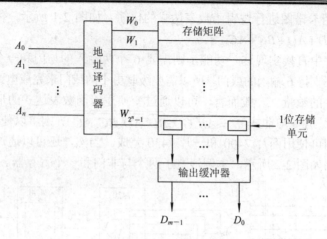

图 2-3　ROM 组成结构

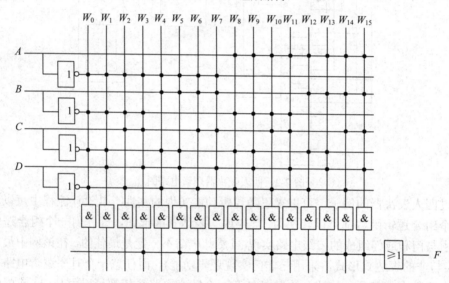

图 2-4　四人表决器 ROM 阵列图

同样地，PROM(Programmable ROM)、EPROM(ultraviolet-Erasable PROM)、EEPROM (Electrically Erasable PROM)等也都可以用此种方式进行逻辑设计。但采用 ROM 器件作为可编程逻辑器件，具有较多的缺点，如速度过慢；仅有小部分存储空间被利用；由于不含有触发器，不易于时序逻辑电路的设计等。

随着半导体工艺的不断完善，集成电路技术的迅猛发展，可编程逻辑器件也在不断地发展中，其组成结构除了最初的乘积项结构外，还衍生出查找表的结构，具体的发展情况及结构将在后面进一步介绍。总之，可编程逻辑器件是指可通过软件手段更改、配置器件内部连接结构和逻辑单元，完成既定设计功能的数字集成电路。可编程逻辑器件如同一张白纸或是一堆积木，可以自由地设计任意一个数字系统。

2.1.2　逻辑元件和 PLD 内部结构电路的符号表示

在讲解可编程逻辑器件的发展和基本结构前，有必要先了解逻辑元件的表示方式和

PLD 阵列内部电路的表示方式。

在目前流行的 EDA 软件中，基本是采用 ANSI/IEEE-1991 标准的逻辑符号。此标准相比 ANSI/IEEE-1984 标准(目前流行于国内数字电路方面书籍中的所谓我国标准的逻辑符号基本是按照该标准设定的)更加简单形象，采用不同形状的图形来表示逻辑模块的功能。表 2-2 给出了两种标准所表示的逻辑符号的对照。

表 2-2　ANSI/IEEE 1991 和 1984 两个版本标准逻辑符号对照表

	非门	与门	或门	异或门	同或门
逻辑表达式	$F = \overline{A}$	$F = AB$	$F = A + B$	$F = A \oplus B$	$F = A \odot B$
ANSI/IEEE-1991 标准					
ANSI/IEEE-1984 标准					

采用 1991 标准更加便于描述 PLD 的复杂逻辑结构，PLD 的内部结构电路符号如图 2-5 所示。其中图 2-5(a)表示接入 PLD 的输入缓冲电路，代表互补的输入；图 2-5(b)显示了 PLD 中与阵列的表示方式；图 2-5(c)显示了 PLD 中或阵列的表示方式；图 2-5(d)是几种不同的阵列连接方式，其中固定连接表示在器件出厂时已有的连接，不能更改，可编程连接方式在器件出厂后可以通过编程随时更改。

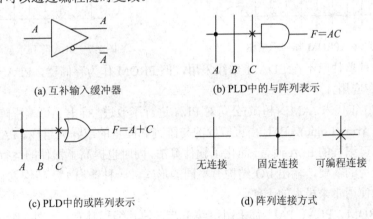

(a) 互补输入缓冲器　　　　　　　　　(b) PLD中的与阵列表示

(c) PLD中的或阵列表示　　　　　　　(d) 阵列连接方式

图 2-5　PLD 内部结构电路符号

2.1.3　PLD 的发展历程

1. PLD 的诞生及简单 PLD 发展阶段

20 世纪 70 年代初，熔丝编程的 PROM 和可编程逻辑阵列(PLA，Programmable Logic Array)的出现，标志着可编程逻辑器件的诞生。

PROM 是采用固定与阵列和可编程的或阵列组成的结构形式，如图 2-6 所示。由于输入变量的增加会引起存储容量的急剧上升，由地址译码器组成的与阵列形式可知，这种增加是按 2 的幂次增加的。但在实际中需要使用的存储空间却很少，利用率过低，所以 PROM 不适合用于多输入变量的函数。另一方面，由于 PROM 不含有触发器，所以只能用于组合逻辑电路。

PLA 是由可编程的与阵列和可编程的或阵列组成的，如图 2-7 所示。从图 2-6 和图 2-7 的比较中可以看出，PLA 相比于 PROM 节省了两条乘积项线和两个与门。当 PLA 的规模增大时，这一优势更加明显，所以说 PLA 克服了 PROM 随着输入变量的增加规模迅速增加的问题，利用率较高。但是由于与阵列和或阵列都可编程，对于多输出函数，需要提取公共的与项才能获得最简的与或表达式，这一过程涉及的软件算法比较复杂，处理上比较困难，并且由于两个阵列都可编程，不可避免地使器件运行速度变慢。因此，PLA 只能在小规模的逻辑电路上应用。

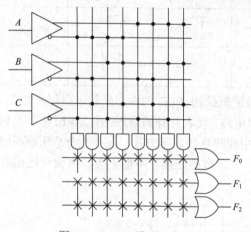

图 2-6　PROM 阵列示意图

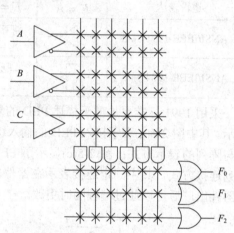

图 2-7　PLA 阵列示意图

现在这两种器件已不在 EDA 上继续采用，但 PROM 作为存储器，PLA 作为全定制的 ASIC 技术还在应用。

20 世纪 70 年代末，AMD(超微)公司对 PLA 进行了改进，推出了可编程阵列逻辑(PAL, Programmable Array Logic)。PAL 由可编程的与阵列和固定的或阵列组成。PAL 相对于与阵列和或阵列均可编程的 PLA 而言，简化了软件算法，同时也提高了器件的运行速度。但 PAL 为适应不同应用的需要，输出 I/O 结构有不同的形式，一种输出 I/O 结构就有一种 PAL 器件，给生产、使用带来极大的不便。

此外，PROM、PLA、PAL 都采用熔丝工艺，使其编程具有一次性的特点，不能重复编程。上述可编程逻辑器件，都是乘积项可编程结构，都只能用于组合逻辑电路的设计。对于时序逻辑电路，需要额外加上锁存器、触发器来构成，如 PAL 加上输出寄存器，就可以实现时序电路的可编程。

2. 乘积项 PLD 发展与成熟阶段

20 世纪 80 年代初，美国 Lattice(莱迪思)公司在 PAL 的基础上进行改进，推出了通用阵列逻辑(GAL, Generic Array Logic)。GAL 器件首次采用 EEPROM 工艺，能够电擦除重复编程，彻底解决了熔丝型可编程器件的一次编程问题，使得修改电路不需要更换硬件。

在编程结构上，GAL 沿用 PAL 的与阵列可编程、或阵列固定的结构，但对 PAL 的输出 I/O 结构进行了改进，增加了输出逻辑宏单元(OLMC, Output Logic MacroCell)。OLMC 设有多种组态，可通过配置使得每个 I/O 引脚成为专用的组合输出、或组合输出双向口、或寄存器输出、或寄存器输出双向口、或专用输入等多种功能。GAL 解决了 PAL 器件一种输出 I/O 结构就有一种器件的问题，具有通用性，为电路提供了极大的灵活性。另一方面，GAL 器件是在 PAL 的基础上设计的，与许多 PAL 器件兼容，因此可以替换 PAL。

图 2-8 所示是 GAL22V10 的功能框图，含有 10 个 OLMC。从图中还可以看到 GAL 器件的每个或门所包含的与门数量不同，分别是 8、10、12、14、16、16、14、12、10、8 个。这是 GAL 器件区别于 PAL 器件的另一个进步——可变乘积项。通过改变每个或门的与门数量，可以更有效地使用逻辑，而尽量减少逻辑门的浪费。

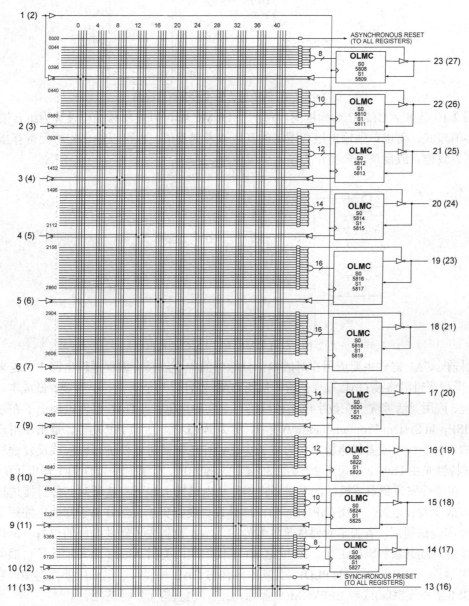

图 2-8　GAL22V10 功能框图

图 2-9 所示是 GAL 两种封装形式的引脚结构图。其中，PLCC(Plastic Leaded Chip Carrier) 是带引线的塑料芯片载体，表面贴装型封装，呈正方形；DIP(Double In-line Package) 是双

列直插式封装形式，尺寸较 PLCC 大。

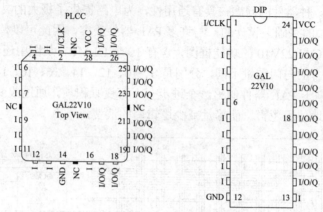

图 2-9　GAL 两种封装形式的引脚结构图

图 2-10 是单个 OLMC 结构框图，每一个 OLMC 都可以被单独编程设置为组合模式或者寄存器模式，可以单独输出组合逻辑的真值或者置反值，也可以输出宏单元寄存器的真值或者置反值，或反馈至阵列作为输入引脚使用。

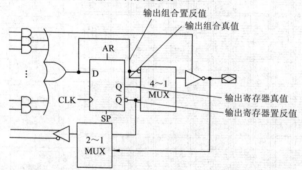

图 2-10　GAL22V10 的 OLMC 结构框图

目前，GAL 器件主要应用在对成本十分敏感的中小规模可编程逻辑电路中，越来越多的 74 系列逻辑电路被 GAL 取代。新一代的 GAL 器件以功能灵活、小封装、低成本、重复可编程、应用灵活等优点在数字电路领域仍有重要的地位；且 GAL 器件也加上了在系统可编程(ISP，In System Programmability)功能，称为 ispGAL。所谓 ISP 功能，是指在用户自己设计的目标系统中或者线路板上，为重新构造设计逻辑而对器件进行编程或反复编程的功能。该特性是由 Lattice 公司于 20 世纪 80 年代末推出的，能够利用器件的工作电压(一般是 5 V)，在器件安装到系统板后，不需要将器件从电路板上卸下，就可对器件直接进行重新编程，改变设计逻辑。采用 ISP 技术后，硬件设计变得更加灵活并易于修改，缩短了系统的设计和调试周期，省去了对器件单独编程的环节，也省去了器件编程的设备，简化了目标系统的现场升级和维护工作。20 世纪 80 年代中期，美国 Altera 公司推出了可擦除可编程逻辑器件(EPLD，Erasable PLD)，其基本结构与 GAL 相似，但集成度要高得多。它采用 EPROM(紫外线擦除)或者 EEPROM(电擦除)工艺，也获得了广泛应用。

3. 复杂可编程逻辑器件发展与成熟阶段

随着器件集成度的进一步扩大，EPLD 进一步发展，许多公司把高密度的 EPLD 产品称为复杂可编程逻辑(CPLD，Complex Programmable Logic Devices)。为提高芯片的利用率和工作频率，CPLD 也从内部结构上作了很多改进，功能更加齐全，应用也不断扩展。CPLD 能实现的逻辑功能比 PAL、GAL 有了大幅度的提升，一般可完成设计中较复杂、较高速度的逻辑功能，如接口转换、总线控制等。

20 世纪 80 年代中期，美国 Xilinx 公司提出现场可编程的概念，并生产出世界第一片现场可编程逻辑门阵列(FPGA，Field Programmable Gate Array)。FPGA 一般采用静态随机存储器(SRAM，Static Random Access Memory)工艺，编程结构不再使用乘积项的形式，而是采用一种新的结构——可编程的查找表(LUT，Look-Up Table)。但由于 SRAM 掉电后存储内容将会丢失，需要对 FPGA 器件额外配置存储器件，或者开机后重新编程。FPGA 的集成度很高，其器件密度从数万系统门到数千万系统门不等，可以完成极其复杂的时序与组合逻辑电路功能，适用于高速、高密度的高端数字逻辑电路设计领域。

20 世纪 80 年代末，Lattice 公司推出了一系列具备在系统可编程能力的 CPLD。采用 EEPROM 工艺，乘积项结构，使得可编程逻辑器件更加灵活，使用更加广泛。具体 CPLD 和 FPGA 器件原理及结构将在下一节中讲述。

进入 20 世纪 90 年代后，FPGA 和 CPLD 两种结构都得到了飞速的发展，且 FPGA 已超过了 CPLD。目前，可编程逻辑器件的集成逻辑门数量已超过了百万门甚至达到上千万门，并出现了内嵌功能模块，如加法器、乘法器、CPU 核、数字信号处理(DSP，Digital Signal Processing)核、锁相环(PLL，Phase-Locked Loop)等。同时还出现了可编程片上系统(SOPC，System On a Programmable Chip)。

当然，除了数字可编程器件外，模拟可编程器件也进一步发展，受到了重视，Lattice 公司就提供有 ispPAC 系列模拟可编程器件产品。

2.1.4　PLD 的分类

目前生产 PLD 的厂商主要有：Lattice、Altera、Xilinx、Actel、Atmel、AMD、Cypress、Intel、Motorola、TI 等，其中 Lattice、Altera、Xilinx 三大生产厂商占据了全球 90% 左右的份额。各大供应商都能提供具有自身特点的 PLD 器件。可编程逻辑器件的分类方法较多，下面介绍几种常见的分类方法。

1. 按集成度分类

按照器件集成的逻辑门数量来分，PLD 一般可分为简单 PLD(或称为低密度 PLD)和复杂 PLD(或称为高密度 PLD)两类。其中，PLA、PAL、GAL 属于典型的低密度 PLD；而 CPLD、FPGA 属于高密度 PLD。在可编程逻辑器件发展早期，把器件集成逻辑门数量超过 500 门的称为复杂 PLD，或是以 GAL22V10 作为参照，将集成度大于 GAL22V10 的认定为复杂 PLD。但随着 PLD 规模的不断扩大，500 门早已不是划分界限的标准了。

2. 按编程结构分类

按照编程的结构，PLD 可分为乘积项和查找表两类。其中，PLA、PAL、GAL、CPLD 属于乘积项结构，而 FPGA 属于查找表结构。但随着 PLD 的发展，一些新的器件，例如 Altera 公司的 MAXⅡ和 MAXⅤ器件，其基本结构采用查找表形式，但由于其存储数据的非易失性，使其编程不需要外部存储器件，这一在用户看来更容易识别的特性使得 MAX

Ⅱ和 MAXⅤ被归入 CPLD。这种新型器件，既具有 FPGA 的体系结构和性能，又同时具有 CPLD 易于编程和瞬时接通的功能，使 PLD 的应用更加灵活。

3. 按编程工艺分类

按照编程工艺，PLD 可分为以下五类：

(1) 熔丝型或者反熔丝型 PLD。熔丝型 PLD 的编程过程就是根据设计的熔丝图文件来烧断对应的熔丝，获得所需的电路。反熔丝型 PLD 在编程处击穿漏层使两点之间导通，而不是断开，与熔丝型烧断断开正好相反。无论是熔丝型还是反熔丝型 PLD，都只能编程一次，因此，采用此种工艺的器件又被称为一次可编程器件(OTP，One Time Programming)。

(2) EPROM 型 PLD。EPROM 型 PLD 采用紫外线对编程数据进行擦除，时间长达数十分钟才能全部抹除，有专门的紫外线 EPROM 抹除盒(EPROM Eraser)。器件上方必须设有石英材质的透光窗，以便让紫外线射入。用紫外线擦除的器件的编程次数可以达到上万次。

(3) EEPROM 型 PLD。EEPROM 型 PLD 采用电擦除，时间快，使用方便，编程次数可达到一百万次左右。GAL 器件和大部分 CPLD 是 EEPROM 型 PLD。

(4) SRAM 型 PLD。SRAM 型 PLD 采用静态随机存储器的编程工艺，可方便快速编程。但掉电后，内容即丢失，再次上电需要重新编程配置。大部分 FPGA 器件是 SRAM 型 PLD。

(5) Flash 型 PLD。Flash 型 PLD 由 Actel 公司推出，目的是为解决反熔丝型器件的一次编程问题。Flash 型 PLD 可多次反复编程，掉电后数据仍然保存。

4. 按编程特性分类

按照编程特性，PLD 可分为一次可编程和重复可编程两类。一次可编程的典型产品即采用熔丝和反熔丝工艺的器件，其他基本都是重复可编程的。

2.2　典型 CPLD 和 FPGA 器件结构

2.2.1　Altera CPLD 基本结构

虽然各大公司生产的 CPLD 器件的结构、功能以及称谓有所不同，但其实质均是以乘积项结构为基础的。下面以 Altera 公司的 MAX CPLD 系列器件为例，简单讲解 CPLD 的基本结构。

Altera 公司的 MAX CPLD 系列被称为低成本、低功耗 CPLD。1995 年，Altera 公司推出 MAX 7000S 系列，采用 0.5 μm CMOS 工艺和 EEPROM 编程工艺，支持在系统编程(ISP)，其 5.0 V I/O 对工业、军事、通信应用非常重要。2002 年，Altera 公司又推出 MAX 3000A 系列，针对大批量应用优化了成本，采用 0.3 μm CMOS 工艺，同样基于 EEPROM 编程，支持 ISP。2004 年，推出 MAXⅡ系列，其工艺线宽下降至 0.18 μm，突破了传统 CPLD 乘积项的体系结构，开始采用查找表的结构形式，但由于其数据的非易失性，仍将其归属为 CPLD 器件。MAXⅡ系列的功耗仅有前一代器件的 1/10。2007 年，又相继推出 MAXⅡZ 系列和 MAXⅡG 系列，进一步降低功耗。2010 年，Altera 公司推出的 MAXⅤ系列，是目前 CPLD 的最新系列，具有业界最高密度，并且进一步降低了总功耗和成本。

由于 MAX II 以后的系列采用查找表结构，而 MAX 7000 和 3000A 系列采用乘积项结构，具有一定的典型性，所以这里以 MAX 7000 和 3000A 系列为例，介绍 CPLD 的结构。CPLD 器件由逻辑阵列块(LAB，Logic Array Block)、可编程互联阵列(PIA，Programmable Interconnect Array)以及 I/O 控制模块三部分组成，如图 2-11 所示。

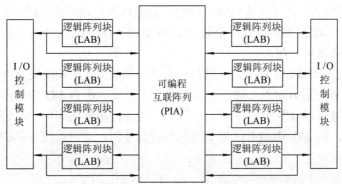

图 2-11　MAX 7000 和 3000A 系列 CPLD 结构示意图

每个逻辑阵列块(LAB)通常由 4～20 个宏单元组成，非常类似于 PAL 阵列。宏单元结构如图 2-12 所示，包含三个功能模块：逻辑阵列(Logic Array)、乘积项选择矩阵(Product-Term Select Matrix)以及可编程寄存器(Programmable Register)。

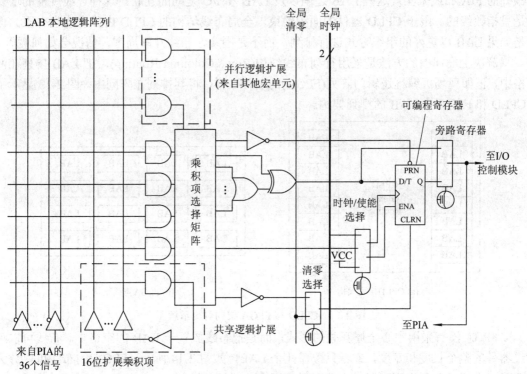

图 2-12　宏单元结构

逻辑阵列完成组合逻辑功能，为每个宏单元提供 5 个乘积项。乘积项选择矩阵决定了这些乘积项是输出至或门(或者异或门)用于组合逻辑功能；还是作为寄存器的控制输入，如置数、时钟、时钟使能等。宏单元通常还包含两类扩展乘积项：共享逻辑扩展和并行逻辑扩展，用于实现 5 个乘积项所不能满足的更复杂的逻辑函数。共享逻辑扩展乘积项是由每个宏单元提供一个单独的乘积项，通过一个非门反馈回逻辑阵列中，可以被 LAB 内任一个宏单元使用或是共享，以便实现复杂的逻辑函数。并行逻辑扩展乘积项是指一些没有被使用的乘积项可以分配到相邻的宏单元去实现快速、复杂的逻辑函数。

PIA 能够提供 LAB 之间以及 LAB 和 I/O 之间的数据传输所需要的所有走线。通过 PIA，任何 LAB 的输入和输出都可以连接至其他 LAB 或者 I/O。PIA 是一种全局总线形式的可编程通道，其传输延时可预测。

CPLD 相对于简单 PLD 的另一改进是加入了单独的 I/O 控制模块。I/O 控制模块允许每个 I/O 引脚单独被配置为输入、输出或者双向工作方式。所有 I/O 引脚都有一个三态缓冲器，它的控制信号可以选择全局输出的使能信号或是直接连接到地或电源上。若三态缓冲器的控制端接地，则 I/O 引脚可作为专用输入引脚使用；若三态缓冲器控制端接电源，则作为输出引脚使用。

2.2.2　从 CPLD 到 FPGA

CPLD 相对于简单 PLD 器件的最大进步在于它能够在单个器件中容纳大量的逻辑。理论上，可以不断在 CPLD 中增加逻辑阵列块(LAB)的数量。但随着 LAB 数量的增加，需要额外的 PIA 布线来实现这些 LAB 之间以及 LAB 和 I/O 之间的互联。这种连线规模的增长是呈指数级的。限于 CPLD 器件的面积约束，全局布线结构的 CPLD 内部密度也有限。但是如果 LAB 以更好的组织方式进行排列，而不是围绕在布线互联周围，情况会如何呢？

解决上面问题的方法是采用行列布线结构(Row&Coloumn Routing)，把 LAB 排列在网格中，正如现场可编程逻辑门阵列(FPGA)的名称一样，将其排列在阵列中。图 2-13 显示了 CPLD 和 FPGA 中 LAB 的排列架构。

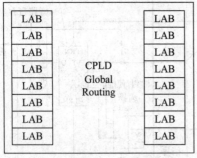

(a) CPLD排列架构　　　　　　　(b) FPGA排列架构

图 2-13　CPLD 与 FPGA 架构对比示意图

FPGA 没有采用中心全局互联的形式，而是把布线放置于 LAB 的空格上。布线可以跨过器件的整个长度和宽度，或者只覆盖几个 LAB，如图 2-14 所示。FPGA 的布线可以分为两类：本地互联和行列互联。本地互联可以直接连接邻近的 LAB；行列互联可以跨过一定数量的 LAB 或者是整个器件。LAB 和 I/O 可以连接到本地互联，实现高速本地操作；也可以连接到行列互联，向器件的其他部分发送数据。这种连接方式相当灵活简单，随着 LAB 的增长，布线通道数量仅呈线性增长就可以连接所有的器件资源。

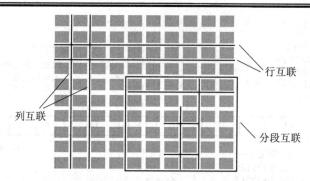

图 2-14　FPGA 中的 LAB 互联示意图

2.2.3　Altera FPGA 器件结构

各大公司的 FPGA 器件型号多种多样，这里仅以 Altera 公司的器件为例对 FPGA 器件进行介绍，了解其基本结构和功能。

Altera 公司的 FPGA 器件系列按推出的先后顺序有 FLEX 系列、APEX 系列、ACEX系列、Stratix 系列、Cyclone 系列和 Arria 系列。现在的主流产品是 Stratix 系列、Cyclone系列以及 Arria 系列。Cyclone 系列是低成本 FPGA，主要满足低功耗、低成本设计的需求；Arria 系列是中端 FPGA；Stratix 系列是高端 FPGA，性能最好，逻辑密度最高，带宽最高。

下面以常用的低成本、低功耗 Cyclone 系列为例讲述。Cyclone 系列从 2002 年推出第一代以来，到 2011 年，已经推出了 5 代，其各代推出时间、工艺技术如表 2-3 所示。Cyclone系列是第一款低成本 FPGA，工作电压为 1.5 V，具有多达 20060 个逻辑单元(LE，Logic Element)和 288 Kb RAM。Cyclone II 系列扩展了密度，使之最多达到 68416 个 LE 和 1.1 Mb的嵌入式存储器。Cyclone III 系列具有最多 200 k 个 LE、8 Mb 的存储器，采用台积电(TSMC，Taiwan Semiconductor Manufacturing Company)的低功耗工艺技术，静态功耗不到 0.25 W。Cyclone IV 可提供 150 000 个 LE，与前一代相比，总功耗降低了 25%，具有 8 个集成 3.125 Gb/s 收发器。Cyclone V 最大可提供 301k 个 LE，实现了目前业界最低的系统成本和功耗，总功耗比前一代降低了 40%，具有集成的 5 Gb/s 收发器，具有基于 ARM 的硬核处理器系统(HPS，Hard Processor System)的 SoC FPGA 型号。

表 2-3　Cyclone 各代系列特性

	Cyclone	Cyclone II	Cyclone III	Cyclone IV	Cyclone V
推出时间	2002 年	2004 年	2007 年	2009 年	2011 年
工艺技术	130 nm	90 nm	65 nm	60 nm	28 nm

EDA 综合实验箱(相关介绍及使用说明请参见《EDA 技术与 VHDL 设计实验指导》)采用的 FPGA 器件型号是 EP3C10E144C8，从命名中可以看出，属于 Cyclone III 系列。Cyclone系列器件的具体命名规则见图 2-15。器件型号还有可选后缀 N 或 ES，其中 N 代表无铅组装，ES 代表工程样片。Cyclone III 系列器件主要参数见表 2-4，支持 I/O 的电压电平包括1.2 V、1.5 V、1.8 V、2.5 V 和 3.3 V。图 2-15 和表 2-4 只代表 Cyclone III 系列的命名规则和主要参数，其他系列产品、其他公司产品请读者参考相应器件的数据手册。

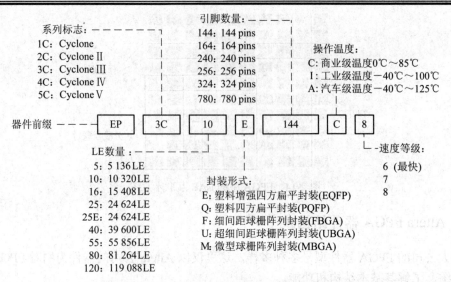

图 2-15　Cyclone 系列器件命名规则

表 2-4　Cyclone Ⅲ系列器件主要参数

器件	LE 数量	M9K 存储器模块数量	总存储容量(bits)	乘法器数量	PLL 锁相环数量	全局时钟网络	最大用户 I/O 口数量
EP3C5	5 136	46	423 936	23	2	10	182
EP3C10	10 320	46	423 936	23	2	10	182
EP3C16	15 408	56	516 096	56	4	20	346
EP3C25	24 624	66	608 256	66	4	20	215
EP3C40	39 600	126	1 161 216	126	4	20	535
EP3C55	55 856	260	2 396 160	156	4	20	377
EP3C80	81 264	305	2 810 880	244	4	20	429
EP3C120	119 088	423	3 981 312	288	4	20	531

　　Cyclone Ⅲ系列 FPGA 主要由 LAB、嵌入式存储器、硬件乘法器、锁相环(PLL)、时钟网络和 I/O 单元构成，如图 2-16 所示。FPGA 也是由 LAB 构成的，但和 CPLD 由宏单元构成 LAB 不同，FPGA 是由逻辑单元(LE)构成 LAB 的。

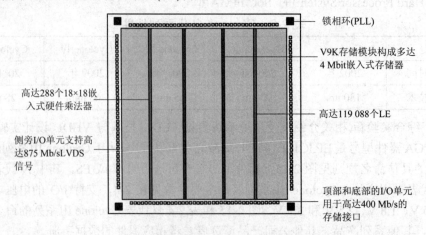

图 2-16　Cyclone Ⅲ 器件平面结构

1．逻辑单元(LE)

每一个 LAB 包含 16 个 LE，每个 LE 主要由 4 输入查找表(LUT，Look-Up Table)、进位逻辑、寄存器三部分组成，如图 2-17 所示。图 2-18 详细地显示了 LE 的结构，包括：LUT、可编程寄存器(Programmable Register)、进位链连接(Carry Chain Connection)、寄存器链连接(Register Chain Connection)等。

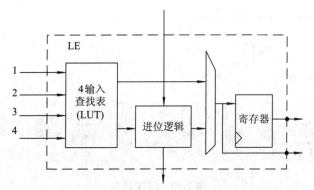

图 2-17　LE 主要结构示意图

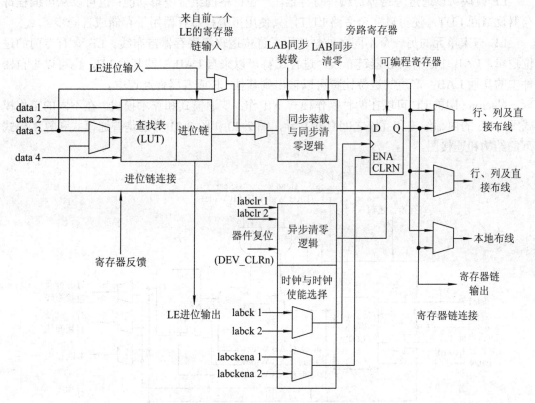

图 2-18　Cyclone Ⅲ 系列 LE 详细结构图

LUT 替代了 CPLD 中的乘积项阵列，采用静态随机存储器(SRAM)工艺来实现组合逻辑的乘积和。大多数器件使用 4 输入 LUT，能够实现 4 变量的任意函数。当然，新的器件可以提供输入数量更大的 LUT，以便实现复杂的逻辑功能。LUT 由一系列级联复用器构成，其输入被用做选择线，结构如图 2-19 所示。假设需要完成的组合逻辑函数式是 $F = \overline{A}\,\overline{B} + ABCD$，即最小项中有 5 项是 "1"，剩下均为 "0"，所以在编程级的 RAM 中存储的数据如图 2-19 所示，即可实现该逻辑函数。

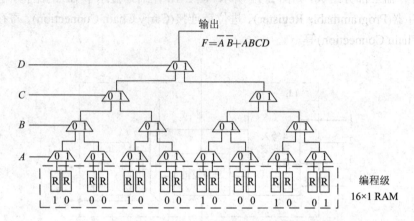

图 2-19　LUT 结构

LE 模块可以通过旁路掉可编程寄存器，产生严格的组合逻辑功能；也可以从可编程寄存器反馈回 LUT；还可以完全旁路 LUT，只使用可编程寄存器用于存储或者同步。

LE 与宏单元的另一个不同之处是使用了进位逻辑和寄存器链布线。LE 含有专门的进位逻辑，LAB 中含有寄存器链布线。进位比特可以来自 LAB 中的其他 LE，也可以来自器件中的其他 LAB；产生的进位比特可以输出到其他 LE 或者器件互连中。

Cyclone Ⅲ的 LE 可以在两种操作模式下工作：普通模式和算术模式。在不同的工作模式下，LE 的内部结构和互连之间有些差异，图 2-20 和图 2-21 分别是普通模式和算术模式下的结构和连接图。

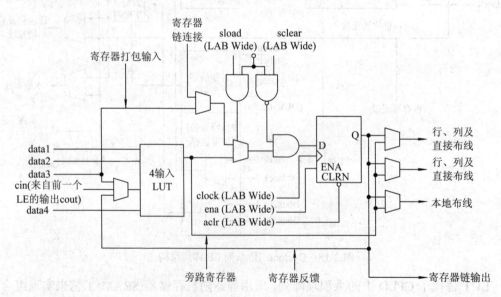

图 2-20　Cyclone Ⅲ LE 普通模式

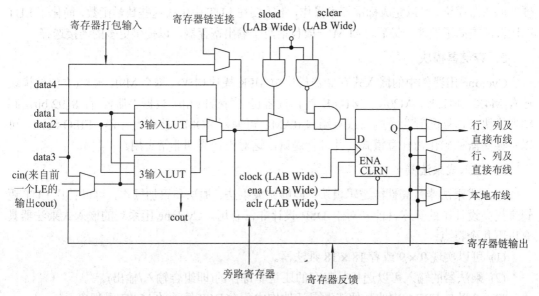

图 2-21　Cyclone Ⅲ LE 算术模式

普通模式 LE 适合于通用的逻辑应用和组合逻辑的实现。在该模式下，来自 LAB 局部互连的 4 个输入将作为一个 4 输入、1 输出的 LUT 的输入端口。可以选择进位信号 cin(carry-in)或者 data3 信号作为 LUT 中的一个输入信号。普通模式下的 LE 支持寄存器打包与寄存器反馈。

算术模式 LE 可以更好地实现加法器、计数器、累加器和比较器。在算术模式下，单个 LE 有两个 3 输入的 LUT，可以被配置成一位全加器和基本的进位链结构。算术模式下的 LE 同样支持寄存器打包与寄存器反馈。

虽然 LE 要比 CPLD 的宏单元在设计上更加灵活，但由于 LUT 一般是 4 输入，所以对于较多输入的函数，还需要进行 LE 的级联或者反馈才能实现。在某些更高级的 FPGA 器件(如：Cyclone Ⅴ SE、Cyclone Ⅴ ST)中使用了更高级的模块来替代 LE，这就是自适应逻辑模块(ALM，Adaptive Logic Module)，结构示意图见图 2-22。

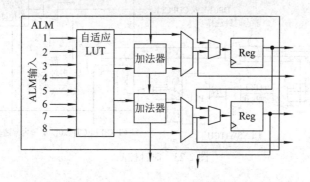

图 2-22　ALM 模块结构示意图

ALM 中的 LUT 是自适应 LUT(ALUT)，可以按照不同的方式来对输入进行划分。例如，划分为一个 3 输入和一个 5 输入；或者划分为一个 7 输入和一个 1 输入，以支持 7 变量的复杂逻辑；或者划分为两个 4 输入，使 ALUT 向后兼容标准 LE。其次，ALM 还具有内置硬件加法器模块，可以完成标准算术操作，不需要在 LUT 中生成这些数学函数，简化了 LUT 的逻辑，提高了性能。最后，ALM 一般包括两个输出寄存器，以提供更多的连接选择。

2. 存储器模块

Cyclone Ⅲ器件中的嵌入式存储器模块由 M9K 模块构成，每个 M9K 模块(类似的模块还有 M4K、M10K、M20K、M144K 等，读者可自行查阅相关数据手册)含有 8192 bit。存储器模块可以被配置为单端口或双端口 RAM、可编程 ROM、移位寄存器、FIFO 缓冲。可以将存储器初始化为任意模式，并进行测试，这对设计周期非常有用。

3. 嵌入式乘法器

嵌入式乘法器是高性能逻辑模块，能够完成乘法、加法和累加操作，可以替代 LUT 逻辑来提高设计中的算术性能，对于 DSP 设计非常有用。Cyclone Ⅲ系列的嵌入式乘法器具有以下几个特点：

(1) 可以实现 9×9 或者 18×18 乘法器。

(2) 乘法器的输入可以选择是寄存的还是非寄存的(即组合输入/输出)。

(3) 可以与 FPGA 中的其他资源灵活地构成适合 DSP 算法的 MAC(乘积单元)。

4. 时钟网络和锁相环

Cyclone Ⅲ能够提供高达 20 个全局时钟(GCLKs，Global CLKs)，器件中的所有资源，包括 I/O 单元、LAB、嵌入式乘积项、M9K 存储模块都可以使用 GCLKs 作为时钟源。使用 GCLKs 有助于减少最低时钟偏差和延时。GCLKs 在没有使用时，还可以关断，以节省功耗。

在 Cyclone Ⅲ 中嵌入了 $2 \sim 4$ 个独立的锁相环(PLL)。每一个锁相环能够产生 5 个输出时钟($C_0 \sim C_4$)，其中两个输出时钟能够通过时钟控制模块驱动 GCLKs，如图 2-23 所示。PLL 可以用来调整时钟信号的波形、频率和相位。

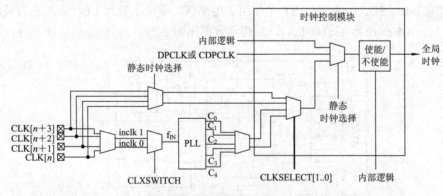

图 2-23　时钟控制

5. I/O 模块

FPGA 中的 I/O 模块通常被称为 I/O 单元。除基本的输入、输出以及双向信号外，I/O 引脚还支持多种 I/O 标准，如差分的 I/O 标准、低电压高速标准等。某些器件的 I/O 单元还含有钳位二极管，使能后可以用做 PCI 总线的 I/O。根据设计需要，器件中未使用的 I/O 引脚可以被设置成为开漏或者三态。

　　典型 I/O 单元基本逻辑结构见图 2-24，主要由输入通道、输出通道和输出使能控制三部分组成。输入通道采集输入寄存器输入引脚上的到达数据，或者通过布线通道把输入直接连接至器件中的逻辑阵列(Logic Array)。输出通道含有用于同步逻辑或者存储功能的输出寄存器。当然，如果需要，也可以旁路此寄存器。输出使能控制用于控制 I/O 引脚是否被配置为双向或者其他功能。

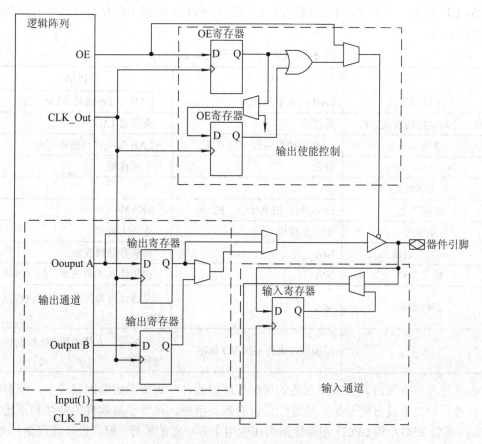

图 2-24　典型 I/O 单元基本结构

2.2.4　CPLD 与 FPGA 对比

　　CPLD 和 FPGA 都是目前 PLD 的主流产品，都是"可反复编程的逻辑器件"，但二者在结构、技术上存在一些差别，具体差异见表 2-5。当然，对于部分新器件也有例外，如上面提到的 MAX II 和 MAX V 系列，其实现逻辑的方式采用查找表，但划归于 CPLD。

　　正因为表 2-5 列出的差异，导致了 CPLD 和 FPGA 在应用中也具有各自的特性：

　　(1) CPLD 的连续式布线结构决定了它的时序延时是可预测的；而 FPGA 的分段式布线结构决定了其延时的不可预测性。

　　(2) CPLD 采用 EPROM、EEPROM 或者 Flash 结构存储编程信息或数据，优点是即使断电后，数据也不会丢失，称为非易失性；FPGA 基于 SRAM 编程，断电数据即丢失，需要再次上电时，将数据从外部重新写入 SRAM 中，称为易失性。

(3) CPLD 的非易失性决定了它是单机器件，在编程和正常工作时，不需要额外的硬件；FPGA 的易失性决定了它需要额外的外部存储器件，会占用电路板面积，增加电路板走线和功耗等，使用上较 CPLD 复杂。

(4) CPLD 性能适中，功耗较低；FPGA 速率较高，通过优化措施其功耗几乎与 CPLD 相当，且内建高性能的硬宏功能，如存储器模块、DSP 模块、收发器模块等。

(5) CPLD 偏向于简单的控制应用及组合逻辑；FPGA 偏向于较复杂且高速的控制应用以及数据处理。

表 2-5　CPLD 与 FPGA 的对比

	CPLD	FPGA
基本逻辑组成	LAB 由宏单元构成	LAB 由 LE 或者 ALM 构成
组合逻辑功能的实现方法	乘积项	查找表(LUT)
逻辑布局	LAB 围绕可编程全局互连	LAB 排列在网格阵列中
Pin to Pin 延时	固定	不可预测
触发器数量	少	多
编程工艺	EPROM、EEPROM、Flash	SRAM
集成度	小～中规模	中～大规模
板上存储器	N/A	提供存储器模块
板上 DSP	N/A	提供嵌入式乘法器、加法器等
高速通信	N/A	某些器件为很多协议提供收发器支持
I/O	可编程，支持多种 I/O 标准	可编程，支持多种 I/O 标准和其他特性

在进行项目开发时，应选择合适的可编程逻辑器件，需要考虑的因素较多，但对器件的特性进行对比是良好的开始。通过经常查看器件手册，可以了解器件的特性和不足。另一方面，尽管 FPGA 和 CPLD 在硬件结构和应用上有一定的差异，但其设计流程是相似的，使用 EDA 工具的设计方法也没有太大的差别。

2.3　CPLD 和 FPGA 的编程与配置

2.3.1　CPLD 和 FPGA 的编程与配置概述

1. 编程和配置的概念

大规模可编程逻辑器件在利用 EDA 开发工具设计好应用电路后，需要将电路写入(或称为下载)到器件中。根据器件的结构不同，把基于 EPROM、EEPROM 或者 Flash 技术的 CPLD 在系统下载称为编程(Programmable)，而把基于 SRAM 查找表结构的 FPGA 在系统下载称为配置(Configure)。另一方面，由于 FPGA 器件断电后数据即丢失，需要有专门的存储器来存储数据，以便下次上电时能够直接从存储器获得数据写入，该存储器被称为配置存储器(或称为专用配置器件)，把电路写入专用配置器件的过程仍然称为配置。

CPLD 的编程主要考虑编程下载接口及连接方式，而 FPGA 的配置除了要考虑下载接口和连接外，还要考虑配置器件的问题。

2．下载电缆

利用下载电缆可以完成对 CPLD、FPGA 或者存储器件的编程和配置。在原型设计阶段，能够快速地将设计或修改后的设计直接下载到器件中，完成设计的快速替代和验证。按照使用计算机的通信接口来划分，下载电缆有串口下载、并口下载、USB 接口下载等方式。不同公司的下载电缆有所不同，但都可基于计算机的通信接口来划分，如 lattice 公司的 USB PC–Flywire、并行 PC 连接–Flywire，Altera 公司的 ByteBlaster(并口下载)、USB-Blaster、BitBlaster(串口下载)等，Xilinx 公司的 Platform Cable USBⅡ、Parallel Cable Ⅳ等。下面以 Altera 公司的下载电缆为例详细讲述下载电缆的编程与配置。

Altera 公司下载电缆主要包括：ByteBlaster(并口下载)、ByteBlasterⅡ(并口下载)、ByteBlaster MV(并口下载)、BitBlaster(串口下载)、MasterBlaster(串口下载)、USB-Blaster(USB 接口下载)、EnthernetBlaster(带 RJ-45 连接器的标准以太网接口)等类型。目前主要使用的下载电缆是 ByteBlasterⅡ、USB-Blaster 和 EnthernetBlaster，其他几种电缆已被取代。

(1) ByteBlasterⅡ下载电缆。ByteBlasterⅡ下载电缆通过 PC 机上的标准并行打印接口下载数据，完成编程和配置，如图 2-25 所示。电缆连接 PC 机的一端需要一个 25 针的公头，连接 CPLD 或者 FPGA 器件板的一端需要一个 10 芯的母头，其信号排列和信号名称、对应编程模式分别见图 2-26 和表 2-6。了解在不同模式下的信号名称和用途有助于理解下一节讲述的编程配置电路。

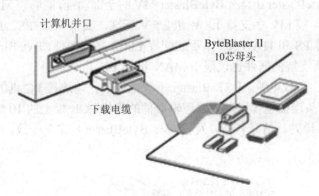

图 2-25　ByteBlasterⅡ下载电缆连接示意图

| 10 | 8 | 6 | 4 | 2 |
| 9 | 7 | 5 | 3 | 1 |

图 2-26　ByteBlasterⅡ10 芯母头信号排列

表 2-6　ByteBlaster II 10 芯母头信号名称和对应编程模式

Pin	AS 模式		PS 模式		JTAG 模式	
	信号名	描述	信号名	描述	信号名	描述
1	DCLK	时钟信号	DCLK	时钟信号	TCK	时钟信号
2	GND	信号地	GND	信号地	GND	信号地
3	CONF_DONE	配置完成	CONF_DONE	配置完成	TDO	从器件输出数据
4	V_{CC}(TRGT)	目标电力供应	V_{CC}(TRGT)	目标电力供应	V_{CC}(TRGT)	目标电力供应
5	nCONFIG	配置控制	nCONFIG	配置控制	TMS	JTAG 模式选择
6	nCE	Cyclone 器件使能	—	无连接	—	无连接
7	DATAOUT	串行数据输出	nSTATUS	配置状态	—	无连接
8	nCS	串行配置芯片选择	—	无连接	—	无连接
9	ASDI	串行数据输入	DATA0	数据	TDI	数据输入到器件
10	GND	信号地	GND	信号地	GND	信号地

ByteBlaster II 下载电缆支持 1.8 V、2.5 V、3.3 V 以及 5.0 V 的工作电压；支持 SignalTab II 逻辑分析能力；支持针对 Altera 的串行专用配置器件 EPCS 的主动串行配置模式(AS，Active Serial)，具体各种配置模式参见 2.3.3 节。ByteBlaster II 下载电缆支持的器件包括：Cyclone 系列、Arria 系列、Stratix 系列、APEX 系列、ACEX 1K、FLEX 10K 系列、MAX 系列等；还支持各种专用配置器件，包括：EPC2、EPC4、EPC8、EPC16、EPCS1、EPCS4、EPCS16、EPCS64、EPCS128 等。

相比较而言，ByteBlaster II 具有 ByteBlaster MV 的全部功能，能够较 MV 多支持 Cyclone 系列和 Stratix 系列，较 MV 多支持 1.8 V 和 2.5 V 标准，支持 AS、PS、JTAG 共 3 种配置模式；而 MV 只支持 PS 和 JTAG 模式，不能配置 EPCS 系列器件。ByteBlaster 的功能更少，只支持 5 V 标准，所支持的器件也仅限于 MAX 和 FLEX 几个系列。

(2) USB-Blaster 下载电缆。USB-Blaster 下载电缆的一端连接 PC 机的标准 USB 接口，另一端通过 10 芯母头连接包含了可编程逻辑器件的目标 PCB 板上的 10 针公头，如图 2-27 所示。其 10 芯信号排列、信号名称以及模式与 ByteBlaster II 完全一致，参见图 2-26 和表 2-6。

10芯母头(连接至目标 PCB板上的10针公头)

图 2-27　USB-Blaster 下载电缆连接示意图

USB-Blaster 下载电缆支持 1.8 V、2.5 V、3.3 V 以及 5 V 的工作电压；支持 SignalTab II 逻辑分析能力；支持针对串行专用配置器件 ECPS 的主动串行 AS 配置模式；支持 Nios

Ⅱ嵌入式处理器家族的通信与调试。USB-Blaster 下载电缆支持的器件包括：Cyclone 系列、Arria 系列、Stratix 系列、APEX 系列、ACEX 1K 系列、FLEX 系列、MAX 系列等；此外，它同样支持与 ByteBlasterⅡ相同的各种专用配置器件。

(3) EnthernetBlaster 下载电缆。EnthernetBlaster 下载电缆能够通过以太网对 Altera 的可编程逻辑器件进行远程编程和配置。它需要通过带有 RJ-45 连接头的标准以太网接口进行连接，其接口示意图如图 2-28 所示。

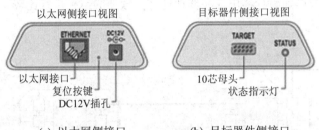

(a) 以太网侧接口　　　　　(b) 目标器件侧接口

图 2-28　EnthernetBlaster 接口示意图

在目标器件侧接口处有状态指示灯，根据 LED 灯的不同颜色和闪烁可以判断当前电缆的工作状态，如绿色灯闪烁表示电缆初始化、绿色灯稳定表示电缆已做好准备、蓝色灯闪烁表示正在下载数据到目标器件中。EnthernetBlaster 下载电缆的背面标有 MAC 地址和主机名称，见图 2-29。MAC 地址的后 4 位和主机名的后 4 位完全相同，利用主机名称作为网址能够进入 EnthernetBlaster 下载电缆的配置管理页面，如输入 http://aceb000d，可获得当前 IP 地址、电缆状态等信息。

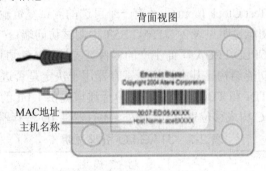

图 2-29　EnthernetBlaster MAC 信息示意图

EnthernetBlaster 下载电缆还能够通过计算机的网口直接与其相连，但这种方法不允许远程编程与配置。EnthernetBlaster 下载电缆支持的器件包括：Cyclone 系列、Stratix 系列、APEX 系列、ACEX 1K、FLEX 系列、MAX 系列等；与前两款下载电缆相比，它不支持 Arria 系列，但它支持各种专用配置器件。

2.3.2　CPLD 的编程电路

Altera MAX3000A、MAX7000、MAXⅡ等系列 CPLD 都能够通过 IEEE1149.1 标准(JTAG接口)实现在线编程(ISP)。

JTAG(Joint Test Action Group)最初是一种边界扫描的规范。随着微电子技术和印制电路板(PCB，Printed Circuit Board)制造技术的发展，印制电路板变得越来越小，密度越来越大，层数也不断增加。使用传统的测试方法，如外探针测试法等，来进行测试也越来越困难。20 世纪 80 年代，联合测试行动组开发了 IEEE 1149.1 边界扫描(BST，Boundary-Scan Test)测试技术规范，能够有效地测试 PCB 上的部件或是引脚连接，甚至在器件正常工作时在系统中捕获功能数据。器件的边界扫描单元(BSC，Boundary-Scan Cell)能够从逻辑跟踪引脚信号，或是从引脚或器件核心逻辑信号中捕获数据。强行加入的测试数据串行地移入边界扫描单元，捕获的数据则串行移出并在器件外部同预期的结果进行比较。图 2-30 说明了边界扫描测试的概念。

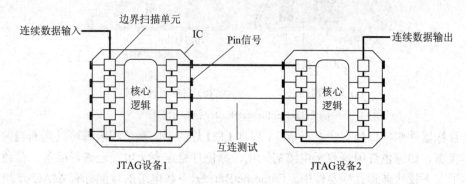

图 2-30　IEEE 1149.1 边界扫描测试结构

IEEE 1149.1 标准规定标准的 JTAG 接口有 4 个引脚，分别是测试数据输入(TDI，Test Data Input)、测试数据输出(TDO，Test Data Output)、测试模式选择(TMS，Test Mode Select)和测试时钟输入(TCK，Test Clock Input)；还有一个可选的测试复位输入(TRST，Test Reset Input)的引脚。各引脚的功能说明见表 2-7。JTAG BST 由测试访问端口(TAP，Test Access Port)的控制器管理。大多数 CPLD/FPGA 厂商生产的器件都支持 JTAG 协议。图 2-31 显示了边界扫描测试电路的内部功能结构。其中，指令寄存器用于决定是否进行测试或是访问数据寄存器；旁路寄存器为 TDI 和 TDO 之间的最小串行通道提供 1 bit 的寄存器；边界扫描寄存器由边界扫描单元 BSC 构成移位寄存器；此外，还有器件 ID 寄存器、ISP/ICR 寄存器等。

表 2-7　JTAG I/O 引脚说明

引脚	功 能 描 述
TDI	指令和测试数据的串行输入引脚，在 TCK 信号上升沿时刻读入
TDO	指令和测试数据的串行输出引脚，在 TCK 信号下降沿时刻读出。如果数据没有读出，则处于三态
TMS	测试模式选择，负责 TAP 控制器的转化，必须在 TCK 上升沿到来前建立
TCK	测试时钟输入，所有操作都放在其上升沿或下降沿时刻
TRST	测试复位输入，异步初始化或复位电路，低电平有效

JTAG 接口本来是用作边界扫描测试的，由于它是工业标准，把它用作编程接口可以省去专用的编程接口，减少系统的引出线，有利于各可编程逻辑器件编程接口的统一。目前，JTAG 接口是可编程逻辑器件的主流方向。其编程下载电路如图 2-32 所示。

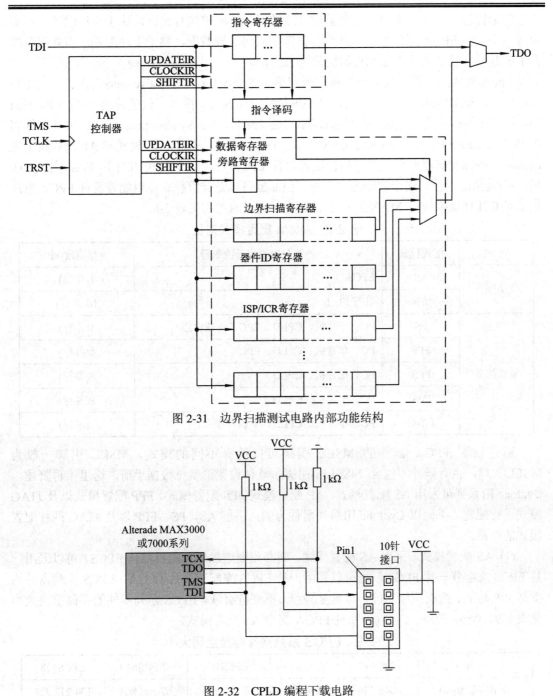

图 2-31 边界扫描测试电路内部功能结构

图 2-32 CPLD 编程下载电路

2.3.3 FPGA 的配置电路

1. 配置模式

一般地，Altera 的配置模式可分为两类：主动配置和被动配置。主动配置由 FPGA 器件控制配置过程，从外部存储器件中获得配置数据。被动配置由外部计算机或者外部控制器控制配置过程。举例来说，在实验中，通常用计算机来进行调试，属于被动配置；在实际应用中，由 FPGA 器件主动从外部存储器中获得配置数据，属于主动配置，而外部存储器中的数据一般是通过普通编程器烧录进去的。

Altera 具体的配置模式共有 7 种，分别是：主动串行(AS，Active Serial)模式、主动并行(AP，Active Parallel)模式、被动串行(PS，Passive Serial)模式、快速被动并行(FPP，Fast Passive Parallel)模式、被动并行异步(PPS，Passive Parallel Synchronous)模式、被动并行同步(PPA，Passive Parallel Asynchronous)模式、JTAG 模式。其中，AS 模式和 AP 模式属于主动配置，外部存储器件主要采用串行配置器件 EPCS(针对 AS 模式)和并行 Flash(针对 AP 模式)；其余配置模式属于被动模式，外部控制器可以是计算机、专用配置器件 EPC、单片机或者 CPLD 器件(如：MAX II 系列)。各配置模式的对比见表 2-8。

表 2-8   Altera 配置模式对比

分　类	配置模式	外部存储器或者控制器	数据宽度(bit)
主动配置	AS	EPCS	1(串行)
	AP	并行 Flash	16(并行)
被动配置	PS	PC、单片机、CPLD、EPC、下载电缆	1(串行)
	FPP	PC、单片机、CPLD、EPC	8(并行)
	PPS	PC、单片机、CPLD	8(并行)
	PPA	PC、单片机、CPLD	8(并行)
	JTAG	PC、单片机、CPLD、下载电缆	1(串行)

通过设置 FPGA 器件的 MSEL 引脚可以选择不同的模式，MSEL 引脚一般为 MSEL[3..0]，也有器件不包含 MSEL[3]引脚。具体设置请参见数据手册，这里不再赘述。Cyclone III 系列可采用 AS 配置模式、AP 配置模式、PS 配置模式、FPP 配置模式以及 JTAG 模式进行配置。下面以 Cyclone III 系列器件为例，讲解 AS、PS、FPP 以及 JTAG 四种配置模式的电路。

(1) AS 配置模式。采用 AS 配置模式，则必须要增加串行配置器件 EPCS。可以采用一片 EPCS 来配置一片 FPGA，也可以采用一片 EPCS 来配置多片 FPGA。EPCS 系列器件均支持 ISP 功能、数据压缩功能，可重复编程，不支持级联。EPCS 系列器件的存储空间大小见表 2-9。Arria 系列、Cyclone 系列 FPGA 支持 AS 配置模式。

表 2-9   EPCS 系列器件存储空间大小

器件	EPCS1	EPCS4	EPCS16	EPCS64	EPCS128
存储容量(bits)	1 048 576	4 194 304	16 777 216	67 108 864	134 217 728

图 2-33 是带有 ISP 功能的 AS 配置模式电路，即带有下载电缆的 AS 配置电路。可以看到，串行配置器件 EPCS 与 FPGA 的接口是简单的 4 个信号线：串行时钟输入(DCLK)、串行数据输出(DATA)、片选信号(nCS)、AS 控制信号输入(ASDI)。在 AS 配置模式中，所有的操作均由 FPGA 发起，它在配置过程中完全处于主动状态。FPGA 输出有效配置时钟信号 DCLK，它由 FPGA 内部的振荡器产生，在配置完成后，该振荡器将被关闭。FPGA

将驱动 nCSO 信号为低，以便使能串行配置器件。FPGA 使用 ASDO 到 ASDI 的信号控制配置芯片，配置数据由 DATA 引脚读出，配置到 FPGA 中。

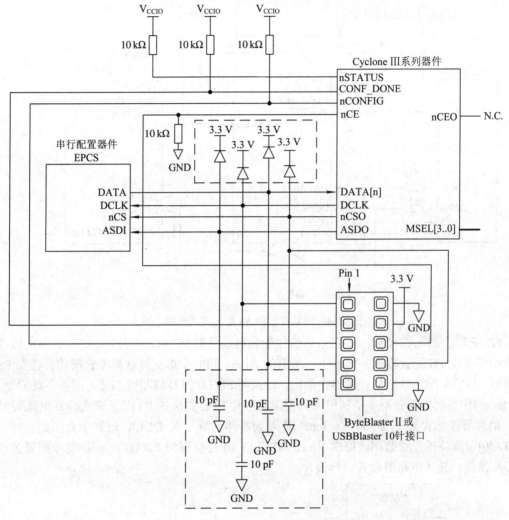

图 2-33 带有下载电缆的 AS 配置模式电路

如果不需要 FPGA 器件级联，nCEO(Chip-Enable-Out)脚可以悬空或作为普通的 I/O 引脚使用。MSEL 引脚可以通过不同的设置来决定配置模式，如：此例可以设置 MSEL[3..0] = 0010 来选择 AS 模式。nCSO 引脚是多功能引脚，在 AP 配置模式下作为 Flash_NCE 脚使用。ASDI 引脚同样是多功能引脚，在 AP 和 FPP 配置模式下作为 DATA[1]引脚使用。

如果需要级联 FPGA 器件，则需要将第一片的 nCEO 引脚连接至第二片的 nCE(Chip-Enable)引脚，而第一片的 nCE 引脚必须接地，如图 2-34 所示。当第一片 FPGA 器件获得所有的配置数据后，它会将 nCEO 引脚拉低以使能第二片器件。当然也可以级联更多的 FPGA 器件。级联链中的第一片 FPGA 作为主器件，需要控制整个级联链，必须通过 MSEL 引脚将其设置工作在 AS 配置模式下；其余 FPGA 器件作为从器件，必须选择 PS 配置模式(可设置 MSEL[3..0] = 0000)，只要能够支持 PS 配置模式的 Altera 器件都可以作为级联链中的从配置。

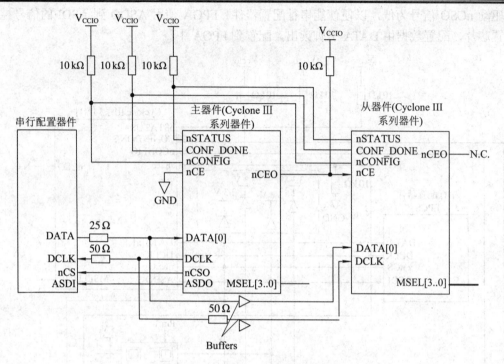

图 2-34　多器件级联 AS 配置模式电路

(2) PS 配置模式。Cyclone III 系列器件能够通过外部 PC 机、单片机、CPLD 器件或者下载电缆实现 PS 配置模式。实际上，所有的 Altera FPGA 都支持这种配置模式。在做 PS 配置时，FPGA 配置数据从存储器中读出，写入到 FPGA 的 DATA[0] 口上。需要注意的是，Cyclone III 系列器件并不支持利用增强型配置器件 EPC 完成的 PS 配置模式和 FPP 配置模式。单片器件配置见图 2-35。Cyclone III 系列器件在每一次 DCLK 时钟上升沿到来时从 DATA[0] 引脚获得配置数据，每次 1 bit。MSEL[3..0] 可设置为 "0000"。同样可以配置多片 FPGA 器件，具体电路请读者自行设计。

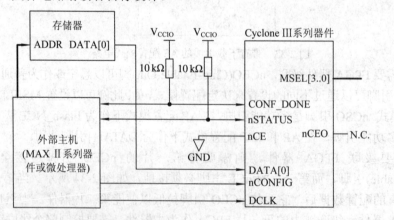

图 2-35　通过外部主机完成单片 PS 配置模式电路

采用下载电缆完成配置的电路如图 2-36 所示。请读者注意 10 针接口的连线方式，具体引脚对应可参见表 2-6。

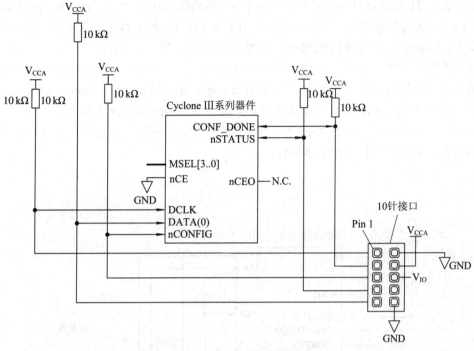

图 2-36　下载电缆 PS 配置模式电路

(3)　FPP 配置模式。FPP 配置模式与 PS 配置模式有点类似，但 FPP 采用一种更快的方法来对 FPGA 系列器件进行配置，即配置数据线是 8 位并行的，也就是每次能够传输一个字节的数据。FPP 配置模式单片器件的配置电路见图 2-37。MSEL[3..0] 可设置为 "1111"。同样可以配置多片 FPGA 器件。

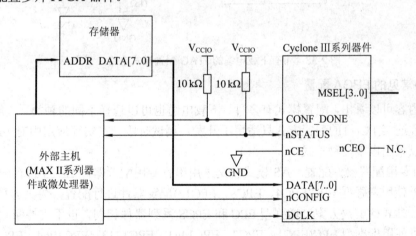

图 2-37　通过外部主机完成单片 FPP 配置模式电路

(4)　JTAG 模式。如前所述，JTAG 接口是一个业界的标准接口，主要用于芯片测试等功能。Altera FPGA 基本都可以支持 JTAG 配置模式，而且 JTAG 配置模式比其他任何一种配置模式的优先级都高。以 Cyclone III 系列器件为例，由于 JTAG 配置模式优先于其他任何配置模式，假如器件已工作于 PS 配置模式，可以立即结束 PS 配置模式而开始 JTAG 模式。JTAG 配置模式电路见图 2-38，使用 TDI(测试数据输入)、TDO(测试数据输出)、TMS(模

式控制引脚)、TCK(测试时钟)4 个引脚。由于 nCONFIG、MSEL[3..0]、DCLK、DATA[0] 等
引脚是用于其他配置模式的，所以如果只使用 JTAG 模式，则需要连接 nCONFIG 引脚到逻
辑高电平；MSEL[3..0] 引脚到地(MSEL[3..0] 引脚不能悬空，这些引脚用于支持非 JTAG 配
置模式下设置其他配置模式)；DCLK 和 DATA[0] 引脚也不能悬空，可根据目标板上的情况，
接为逻辑高或低的固定电平。如果使用 USB-Blaster、ByteBlaster II、EnthernetBlaster 等下
载电缆，则 10 针接口的第 6 脚不需要连接；如果使用 MasterBlaster 下载电缆，则该引脚作
为 V_{IO} 参考电压必须与器件的 V_{CCA} 相匹配。当然，JTAG 配置模式也可以支持多片 FPGA
级联的形式，请读者自行画出电路结构。

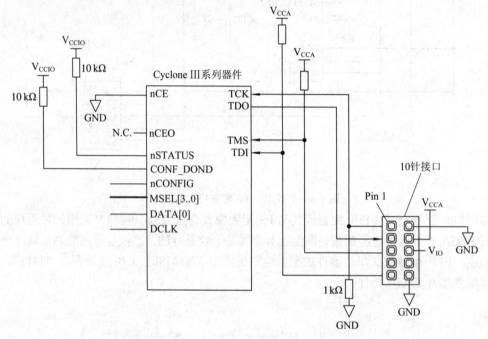

图 2-38　带有下载电缆的 JTAG 配置模式电路

2. 几种常见的 FPGA 配置

从上述内容可以看出，配置模式有多种，下载电缆也可以选择不同的种类。一般而言，
采用下载电缆连接 PC 机的配置方式只适用于开发、调试阶段。在实际应用中对 FPGA 进
行配置，可以采用以下三种形式：

(1) 使用专用配置器件配置。AS 模式就是采用串行专用配置器件 EPCS 进行配置的。
当然，也可以使用增强型 EPC(EPC4、EPC8、EPC16)配置器件进行配置，为大容量 FPGA
提供单器件一站式的解决方案。增强型 EPC 和 EPCS 系列器件相同，也不支持配置器件的
级联。还可以使用标准型 EPC(EPC1、EPC2、EPC1441、EPC1213、EPC1064、EPC1064V)
配置器件对 FPGA 进行配置，为低密度 FPGA 提供价格低廉的解决方案。它们都能够支持
ACEK 1K、APEX 20K、APEX II、Arria GX、Cyclone、Cyclone II、FLEX 10K、Stratix、
Stratix II 等系列 FPGA 的配置。

专用配置器件具体参数见表 2-10。其中，EPC1、EPC2 和 EPC1213 具有级联功能，当
配置数据大于单个配置器件的容量时，可以级联多个配置器件，即允许多片配置器件配置

单个 FPGA 器件，采用两片配置器件的配置模式电路如图 2-39 所示。当使用级联的配置器件来配置 FPGA 时，级联链中配置器件的位置决定了它的操作。级联链中的第一片配置器件被看做主配置器件，控制配置过程。在配置期间，主配置器件为后续的配置器件以及 FPGA 器件提供时钟脉冲。当主配置器件配置完毕后，将它的 nCASC 引脚置低，这样第二片的 nCS 引脚也被置低，表示选中第二片配置器件，开始发送配置数据，依次类推，即由 nCASC 和 nCS 引脚提供配置器件间的握手信号。

表 2-10　Altera 专用配置器件对比

分类	器件	存储空间(bit)	ISP 功能	级联功能	重复编程	工作电压(V)
增强型	EPC4	4 194 304	是	否	是	3.3
	EPC8	8 388 608	是	否	是	3.3
	EPC16	16 777 216	是	否	是	3.3
标准型	EPC1	1 046 496	否	是	否	5.0 或 3.3
	EPC2	1 695 680	是	是	是	5.0 或 3.3
	EPC1441	440 800	否	否	否	5.0 或 3.3
	EPC1213	212 942	否	是	否	5.0
	EPC1064	65 536	否	否	否	5.0
	EPC1064V	65 536	否	否	否	3.3

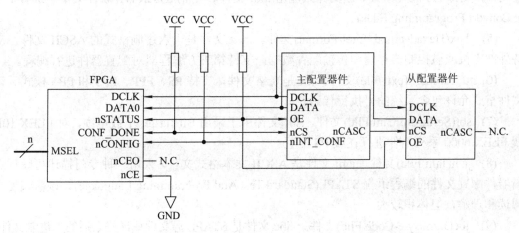

图 2-39　采用两片配置器件级联完成的配置模式电路

　　(2) 使用单片机配置。在 FPGA 的实际应用中，设计的保密性和可升级性十分重要。用单片机来配置 FPGA 可以较好地解决这两个问题。

　　除了上述的 PS 配置模式、FPP 配置模式以外，PPA、PPS 和 JTAG 模式都可以使用单片机来进行配置。采用单片机配置的电路可参见图 2-35 和图 2-37，这里不再赘述。配置数据可以存放于外部存储器中，也可以存放于单片机的程序存储区中，以便减少芯片的使用数量，增加设计的安全性等。

　　可以在外部的存储器中按照不同的地址放置多个针对不同功能要求设计好的配置文件，然后由单片机接受不同的命令，选择不同的地址，从而使所需的配置下载到 FPGA 器件中。这就是"多任务电路结构重配置"技术，可以极大地提高电路系统的硬件功能灵活性。因为从表面上看，电路系统并没有发生任何结构上的变化，但将不同的配置文件下载后，功能却发生了巨大的改变，从而使单一电路系统具备许多不同电路结构的功能。

(3) 使用 CPLD 配置。低成本单片机工作频率较低，对速度要求较高的场合，会成为影响系统速度的瓶颈。采用 CPLD 作为控制器，Flash 作为存储器件，不仅能满足速度和功能的要求，而且硬件电路更为简洁。相关配置电路可参见图 2-35 和图 2-37。

3. 配置文件

Altera 公司的 EDA 开发工具 Quartus II 和 MAX + PLUS II 可以生成多种格式的配置文件：

(1) .sof(SRAM Object File)文件。.sof 文件用于通过下载电缆直接下载配置数据到 FPGA 器件中，由 Quartus II 或者 MAX + PLUS II 编译直接生成。

(2) .pof(Programmer Object File)文件。.pof 文件用于对配置器件下载配置数据，由 Quartus II 或者 MAX + PLUS II 直接生成。多个 FPGA 的 .sof 文件可以放到一个 .pof 文件中，烧制到一个配置器件中。如果一个配置器件不够，可以使用多个配置器件，EDA 工具可以将配置文件分到几个配置器件中。

(3) .rbf(Raw Binary File)文件。.rbf 是二进制格式的配置文件，只包含配置数据的内容，通常被用在外部的智能配置设备上，如微处理器。存储数据时最低位(LSB, Least Significant Bit)在前串行存储。可采用 PS、FPP、PPS 和 PPA 等模式进行配置。

(4) .rpd(Raw Programming Data File)文件。.rpd 文件是针对 EPCS 配置器件的二进制配置文件，支持 AS 配置模式。该文件只能由 .pof 文件转化(在 Quartus II 软件菜单中选择 File →Convert Programming Files)。

(5) .hex(Hexadecimal Intel-Format)文件。.hex 文件是十六进制格式的 ASCII 文件，支持外部主机或微控制器存储和传输配置数据，支持第三方编程器对配置器件进行编程。

(6) .ttf(Tabular Text File)文件。.tff 是表格文件，支持 PS、FPP、PPS 和 PPA 模式。该文件格式允许包含系统的可执行代码。

(7) .sbf(Serial Bitream File)文件。.sbf 文件用于采用 BitBlaster 下载电缆，对 FLEX 10K 或 FLEX 6000 系列器件进行在线 PS 配置。

(8) .jam(Jam File)文件。.jam 文件是 ASCII 文本格式文件，采用一种专门描述可编程逻辑器件配置文件的编程语言 STAPL(Standard Test And Programming Language)。该格式便于阅读和理解，但体积较大。

(9) .jbc(Jam Byte-Code File)文件。.jbc 文件是 STAPL 源文件编译好之后的二进制文件。对比于 .jam 文件，该格式文件体积小，节约存储空间，但无法直接阅读其中的配置信息。在基于 ARM 的嵌入式 Linux 中对 FPGA 进行 JTAG 下载，必须使用 .jam 或者 .jbc 格式的文件。

不同的配置方式，往往要求不同格式的配置文件，Quartus II 和 MAX + PLUS II 默认产生 .sof 和 .pof 格式的配置文件，其他格式文件需要进行转化。

2.4 典型 CPLD 和 FPGA 产品

2.4.1 Xilinx 公司的 CPLD 和 FPGA

Xilinx 公司在 1985 年推出世界上首片 FPGA，随后不断推出集成度更高、速度更快、功耗更低、价格更优的各类 PLD 器件。

Xilinx CPLD 以 CoolRunner、XC9500 系列为代表；Xilinx FPGA 以 Virtex、Spartan 系列为代表。

1. CPLD 器件

XC9500 系列包含 XC9500、XC9500XL 和 XC9500XV 等系列，主要是核心电压不同，分别是 5 V、3.3 V 和 2.5 V。其中，XC9500XV 系列已停产。CoolRunner 系列是继 XC9500 系列后于 2002 年推出的，现在常用的是适用于 1.8 V 应用的 CoolRunner II 系列以及采用了 FZP(Fast Zero Power)技术的 CoolRunner XPLA3 系列。Xilinx 公司 CPLD 主要产品参数对比见表 2-11。

表 2-11　Xilinx 常用 CPLD 产品参数对比

特　性	CoolRunner II	CoolRunner XPLA3	XC9500	XC9500XL	XC9500XV
内核电压(V)	1.8	3.3	5.0	3.3	2.5
宏单元数量	32～512	32～512	36～288	36～288	36～288
封装引脚数量	32～324	44～324	44～352	44～280	44～280
用户 I/O 数量	21～270	36～260	34～192	34～192	34～192
I/O 容限(V)	1.5、1.8、2.5、3.3	3.3、5.0	3.3、5.0	2.5、3.3、5.0	2.5、3.3、5.0
最小 $t_{PD(ns)}$	3.7	4.5	5	5	5
最大 fsy(MHz)	323	213	100	208	222
超低待机功耗	28.8 μW*	56.1 μW	低功耗模式	低功耗模式	低功耗模式
I/O 标准	LVTTL、LVCOMS、HSTL、SSTL	LVCOMS	LVTTL、LVCOMS	LVTTL、LVCOMS	LVTTL、LVCOMS

注：* 为利用 CoolRunner II 高级特性 DataGate，可实现最低系统功耗。

2. FPGA 器件

Xilinx 的主流 FPGA 有两大类，一类侧重于成本较低、容量中等、性能可以满足一般的逻辑设计要求，如 Spartan 系列；另一类侧重于性能应用较高、容量大、性能能够满足各类高端应用，如 Virtex 系列。

Spartan 系列包括 Spartan-3、Spartan-3E、Spartan-3A、Spartan- II E、Spartan-6Q、Spartan-6 等系列，主流产品是 Spartan-3A 和 Spartan-6 系列。Spartan-3A 系列属于低成本 FPGA，其子系列 3AN 系列内部集成了 Flash 存储器，面向非易失性应用；子系列 3A DSP 则面向 DSP 应用。Spartan-6 系列属于低成本、低功耗 FPGA，又分为 LX 和 LXT 两种类型，其中 LX 型不包含收发器和 PCI Express 端点模块。

Virtex 系列包括 Virtex- II、Virtex- II Pro、Virtex-4、Virtex-4Q、Virtex-4QV、Virtex-5、Virtex-5Q、Virtex-5QV、Virtex-6、Virtex-6Q 等系列，主流产品是 Virtex-5、Virtex-6 系列。其中，Virtex-6 又分为 4 个子系列：LXT 系列面向具有低功耗串行连接功能的高性能逻辑和 DSP 开发；SXT 系列面向具有低功耗串行连接功能的超高性能 DSP 开发；HXT 系列针对需要带宽最高的串行连接功能的通信、交换、成像系统进行了优化设计；CXT 系列面向需要 3.75 Gb/s 串行连接功能和相应的逻辑性能的应用。

2010 年，Xilinx 公司推出了全新 7 系产品，包括 Virtex-7、Kintex-7、Artix-7 共 3 个系列。7 系产品采用了针对低功耗、高性能、精心优化的 28 nm 工艺技术，即 HKMG(高介电层/金属闸)工艺，相对于其他 28 nm 工艺而言，静态功耗降低了一半。7 系逻辑单元数量高达 200 万个，时钟高达 600 MHz。全新 7 系 FPGA 在大幅度降低功耗的同时，进一步提升了容量和性能，扩展了可编程逻辑的应用领域。

Virtex-7 系列与 Virtex-6 系列相比，系统性能提升了一倍，功耗降低了一半，是业界密度最高的 FPGA(多达 200 万个逻辑单元)。Virtex-7 支持 400G 桥接和交换结构有线通信系统，这是目前有线基础设施的核心，也支持高级雷达系统和高性能计算机系统。Kintex-7 系列能以不到 Virtex-6 系列一半的价格实现与其相当的性能，性价比提高了一倍，同时功耗也降低了一半。Kintex-7 系列可提供高性能(10.3 Gb/s)或低成本优化(6.5 Gb/s)的串行连接、存储和逻辑功能。Artix-7 相对于 Spartan-6 系列而言，功耗降低了一半，成本降低了 35%，性能却大幅提升。Artix-7 系列采用小型化封装，能满足低成本、大批量要求。7 系和 6 系产品的主要参数对比见表 2-12。

表 2-12　7 系和 6 系产品主要参数对比

特　性	Virtex-7	Kintex-7	Artix-7	Virtex-6	Spartan-6
逻辑单元数量	2 000 000	480 000	352 000	760 000	150 000
RAM 块容量(Mb)	68	34	19	38	4.8
DSP 块	3600	1920	1040	2016	180
收发器数量	96	32	16	72	5
收发器速度(Gb/s)	28.05	12.5	6.6	11.18	3.2
收发器带宽(全双工)(Gb/s)	2 784	800	211	536	50
PCIe 接口	Gen 3×8	Gen 2×8	Gen 2×4	Gen 2×8	Gen 1×1
存储器接口(Mb/s)	1866	1866	1066	1066	800
最大用户 I/O 数量	1200	500	600	1200	576
I/O 多电压支持(V)	1.2、1.35、1.5、1.8、2.5、3.3	1.2、1.35、1.5、1.8、2.5、3.3	1.2、1.35、1.5、1.8、2.5、3.3	1.2、1.5、1.8、2.5、3.3	1.2、1.5、1.8、2.5

2.4.2　Altera 公司的 CPLD 和 FPGA

Altera 公司是著名的 PLD 生产厂商，多年来一直占据着行业领先的地位，特别是在亚太地区的占有率较高。

Altera 公司的 CPLD 器件以 MAX、MAXⅡ、MAXⅤ系列为代表；Altera FPGA 以 Stratix、Arria、Cyclone 系列为代表。

1. CPLD 器件

MAX 系列包括 MAX7000S、MAX7000AE、MAX7000B、MAX3000A 等系列，其基本结构采用乘积项。MAXⅡ和 MAXⅤ系列基本结构采用查找表，但仍属于非易失性、瞬时接通可编程 CPLD 系列。MAX 各系列参数对比见表 2-13 和表 2-14。

表 2-13　MAX 系列参数对比

特　性	MAX3000A	MAX7000S	MAX7000AE	MAX7000B
内核电压(V)	3.3	5.0	3.3	2.5
宏单元数量	32～512	32～256	32～512	32～512
LAB 数量	2～32	2～16	2～32	2～32
GCLK 数量	2	2	2	2
封装引脚数量	44～256	44～208	44～256	44～256
用户 I/O 数量	34～208	36～164	36～212	36～212
I/O 多电压支持(V)	2.5、3.3、5.0	3.3、5.0	2.5、3.3、5.0	1.8、2.5、3.3
最小 t_{PD}(ns)	4.5	5.0	4.5	3.5
最大 fcnt(MHz)	227.3	175.4	227.3	303.0

表 2-14　MAXⅡ和 MAXⅤ系列参数对比

特　性	MAXⅡ	MAXⅤ
供电电压(V)	3.3/2.5(MAXⅡ) 1.8(MAXⅡ G/Z)	1.8
内核电压(V)	1.8	1.8
LE 数量	240～2210	40～2210
等效宏单元数量	192～1700	32～1700
用户闪存 UFM(bits)	8192	8192
GCLK 数量	4	4
封装引脚数量	68～324	64～324
用户 I/O 数量	54～272	30～271
I/O 多电压支持 V_{CCIO}(V)	1.5、1.8、2.5、3.3	1.2、1.5、1.8、2.5、3.3
最小 t_{PD}(ns)	4.7	6.2
最大 fcnt(MHz)	304	304

　　MAXⅡ和 MAXⅤ系列能够在工作状态下下载第二个设计，可降低升级成本。MAXⅡ还有片内电压调整器，能够支持 3.3 V、2.5 V 或是 1.8 V 的电源输入，可减少电源电压的种类，简化电路板的设计。MAXⅤ仅能采用 1.8 V 的电源输入。

2．FPGA 器件

　　Altera 主流的 FPGA 主要有三类：高端 Stratix 系列、中端 Arria 系列和低成本 Cyclone 系列。

　　高端 Stratix 系列包括 Stratix、Stratix GX、StratixⅡ、StratixⅡGX、StratixⅢ、StratixⅣ和 StratixⅤ系列。2002 年推出的 Stratix 系列是第一代系列产品，采用 130 nm 的工艺制造，引入了 DSP 硬核以及 TriMatrix 片内存储器。2003 年，推出的 Stratix GX 系列仍然采

用 130 nm 工艺，但相比于第一代产品，融合了 3.1875 Gb/s 收发器技术，这是 Altera 首次将集成收发器技术的概念带入 FPGA 市场。2004 年，推出的 Stratix Ⅱ 系列采用 90 nm 工艺，逻辑单元(LE)数量高达 180 K，嵌入式存储器达到 9 Mb/s；首次引入自适应逻辑模块(ALM)的体系结构，采用 8 输入自适应查找表(ALUT)替代 4 输入 LUT，使得设计更加灵活、高效；但该系列不具有嵌入式收发器。2005 年，推出的 Stratix Ⅱ GX 系列，在 Stratix Ⅱ 系列基础上，集成了 20 个收发器，工作范围为 622 Mb/s～6.375 Gb/s，有较强的噪声抑制能力和优异的抖动性能。2006 年推出的 Stratix Ⅲ 系列，采用 65 nm 工艺，引入了独特的可编程功耗技术和可选内核电压技术，功耗比前一代降低了 50%。2008 年，推出的 Stratix Ⅳ 系列，采用 40 nm 工艺，逻辑单元(LE)数量高达 680 K，嵌入式存储器达到 22.4 Mb/s，含有 48 个 8.5 Gb/s 的高速收发器以及 1067 Mb/s 的 DDR3 存储器接口。2010 年，推出的 Stratix Ⅴ 系列，采用 28 nm 工艺，逻辑单元(LE)数量高达 950 K，提供最高 28.05 Gb/s 的收发器，适用于需要超带宽和超高性能的应用。另外，所有 Stratix 系列都有等价的 HardCopy ASIC 器件，能够提供低风险、低成本量产。

中端 Arria 系列包括 Arria GX、Arria Ⅱ GX、Arria Ⅱ GZ、Arria Ⅴ 系列，主要用于对成本和功耗敏感的收发器。2007 年，推出 Arria GX 系列，采用 90 nm 工艺，收发器速率达到 3.125 Gb/s，支持 PCI Express、千兆以太网、Serial RapidIO、SDI、XAUI 等多种协议。2009 年，推出 Arria Ⅱ GX 系列，采用 40 nm 工艺，提供 16 个 6.375 Gb/s 收发器。2010 年，推出 Arria Ⅱ GZ 系列(它和 Arria Ⅱ GX 系列统称为 Arria Ⅱ)，提供 24 个 6.375 Gb/s 收发器，密度更大，存储器更多，数字信号处理(DSP)功能更强。2011 年，推出 Arria Ⅴ 系列，采用 28 nm 工艺，有四种型号，其中包含基于 ARM 的硬核处理器系统(HPS)的 SoC FPGA，提供两种速率为 6.375 Gb/s 和 10.3125 Gb/s 的收发器。

低成本 Cyclone 系列包括 Cyclone、Cyclone Ⅱ、Cyclone Ⅲ、Cyclone Ⅳ、Cyclone Ⅴ，是 Altera 公司低成本、高性价比的 FPGA。该系列综合考虑了逻辑、存储器、锁相环等性能，却针对低成本进行设计，是成本敏感的大批量应用的首选。2002 年，推出 Cyclone 系列，它是第一代低成本 FPGA，采用 130 nm 工艺。2004 年，推出 Cyclone Ⅱ，采用 90 nm 工艺，包含 68 K 个 LE、1.1 Mbit 的嵌入式存储器、高达 150 个 18×18 的嵌入式乘法器等。2007 年，推出 Cyclone Ⅲ，采用 65 nm 工艺，具有高达 200 K 个 LE、8 Mbit 存储器、396 个嵌入式乘法器；采用 TSMC 的 LP 工艺，静态功耗不足四分之一瓦。Cyclone Ⅲ 系列还包含一类具有安全性的低功耗系列 Cyclone Ⅲ LS。2009 年，推出 Cyclone Ⅳ，采用 60 nm 工艺。Cycolne Ⅳ 系列包含两种型号：适用于通用逻辑应用的 Cyclone Ⅳ E 和集成了 8 个 3.125 Gb/s 收发器的 Cyclone Ⅳ GX。2011 年，推出 Cyclone Ⅴ，采用 28 nm 工艺，实现了一些独特的创新技术，如以硬核处理器系统(HPS)为中心，采用了双核 ARM CortexTM-A9 MPCoreTM 处理器以及丰富的硬件外设，从而降低了系统功耗和成本，减小了电路板面积。Cyclone Ⅴ 系列共有六种型号可供选择，分别是：只提供逻辑的 Cyclone Ⅴ E、具有 3.125 Gb/s 收发器的 Cyclone Ⅴ GX、具有 5 Gb/s 收发器的 Cyclone Ⅴ GT、具有基于 ARM 的硬核处理器系统(HPS)和逻辑的 Cyclone Ⅴ SE SoC FPGA、具有基于 ARM 的 HPS 和 3.125 Gb/s 收发器的 Cyclone Ⅴ SX SoC FPGA、具有基于 ARM 的 HPS 和 5 Gb/s 收发器的 Cyclone Ⅴ ST SoC FPGA。

Cyclone 各代系列参数对比见表 2-15，Cyclone Ⅴ 系列参数对比见表 2-16 和表 2-17。

表 2-15　Cyclone 系列各代参数对比

特　性	Cyclone	Cyclone II	Cyclone III	Cyclone III LS	Cyclone IV E	Cyclone IV GX
LE 数量	2910～20 060	4608～68 416	5136～119 088	70 208～198 464	6272～114 480	14 400～149 760
存储器总容量(b)	59 904～294 912	119 808～1 152 000	423 936～3 981 321	3 068 928～8 211 456	270 000～3 888 000	540 000～6 480 000
PLL 数量	1～2	2～4	2～4	4	2～4	3～8
嵌入式乘法器	0	13～150	23～288	200～396	15～266	0～360
全局时钟	8	16	10/20	20	10/20	20/30
封装引脚数量	100～400	144～896	144～780	484～780	144～780	148～896
用户 I/O 数量	65～301	85～622	82～535	226～429	79～532	72～475

表 2-16　Cyclone V 系列参数对比(1)

特　性	Cyclone V E	Cyclone V GX	Cyclone V GT
LE 数量(K)	25～301	31.5～301	77～301
M10K 存储器模块数量	176～1220	119～1220	446～1220
存储器逻辑阵列模块(Kb)	196～1717	159～1717	424～1717
18×18 乘法器	50～684	102～684	300～684
精度可调 DSP 模块	25～342	51～342	150～342
PLL	4～6	4～8	6～8
封装引脚数量	256～896	324～1152	484～1152
用户 I/O 数量	128～480	112～560	224～560
存储控制器	1～2	1～2	2

表 2-17　Cyclone V 系列参数对比(2)

特　性	Cyclone V SE SoC	Cyclone V SX SoC	Cyclone V ST SoC
LE 数量(K)	25～110	40～110	85～110
ALM 数量	9434～41 590	15 094～41 509	32 075～41 509
M10K 存储器模块数量	140～514	224～514	397～514
存储器逻辑阵列模块(Kb)	1400～5140	220～621	480～621
18×19 乘法器	72～224	116～224	174～224
精度可调 DSP 模块	36～112	58～112	87～112
收发器最大数量	0	6～9	9
FPGA PLL	4～6	5～6	6
HPS PLL	3	3	3
封装引脚数量	484～896	672～896	896
FPGA 用户 I/O 数量	66～288	124～288	288
HPS 用户 I/O 数量	161～188	188	188
FPGA 硬核存储器控制器	0～1	1	1
HPS 硬核存储器控制器	1	1	1
处理器内核(ARM CortexTM-A9 MPCoresTM)	1～2	2	2

2.4.3　Lattice 公司的 CPLD 和 FPGA

20 世纪 80 年代初，Lattice 公司成功推出了 GAL 器件并得到了广泛应用。20 世纪 80 年代末，又提出了 ISP 的概念，使 PLD 的应用有了巨大的发展。

Lattice 公司的 CPLD 以 ispMACH、ispXPLD、MachXO 系列为代表；Lattice FPGA 以 ECP2/M、ECP3、ECP4、SC/M、XP、XP2 系列为代表。此外，还有可编程模拟器件 ispPAC，主要用于为电路板提供全面的供电定序控制与电源监控功能。

1. CPLD 器件

ispMACH 系列包含 5 V 的 ispMACH4A5 系列和主流的 ispMACH4000 系列，其中 ispMACH4000 系列又包含 ispMACH4000V、ispMACH4000B、ispMACH4000C、ispMACH4000Z 和 ispMACH4000ZE 等品种。IspMACH4000V/B/C 几个品种主要的供电电压不同，分别是 3.3 V、2.5 V 和 1.8 V。ispMACH4000Z 被称为零功耗 CPLD，其待机电流低至 10 μA。IspMACH4000ZE 基于 4000Z 系列的架构，对每个管脚实行功耗检测及控制，并采用了 0.4 mm 间距的更小封装。ispMACH4000 系列主要参数对比见表 2-18。

表 2-18　ispMACH4000 系列主要参数对比

特　　性	ispMACH4000V	ispMACH4000B	ispMACH4000C	ispMACH4000Z	ispMACH4000ZE
供电电压 (V)	3.3	2.5	1.8	1.8	1.8
内核电压	1.8	1.8	1.8	1.8	1.8
待机电流	11.3～13 mA	11.3～13 mA	1.3～3 mA	10～13 μA	10～13 μA
宏单元数量	32～512	32～512	32～512	32～256	32～256
GCLK 数量	4	4	4	4	
最小 t_{PD}(ns)	2.5	2.5	2.5	3.5	4.4
最大 f_{max}(MHz)	400	400	400	267	260
用户 I/O + 专用输入	30 + 2～208 + 4	30 + 2～208 + 4	30 + 2～208 + 4	32 + 4～128 + 4	32 + 4～108 + 4

ispXPLD(eXpanded Programmable Logic Devices)系列的代表是 ispXPLD 5000MX 系列，包括 ispXPLD 5000MV、ispXPLD 5000MB、ispXPLD5000MC 等品种，供电电压依次为 3.3 V、2.5 V 和 1.8 V。该系列器件采用了新的构建模块——多功能块(MFB, Multi-Function Block)。这些 MFB 可以根据用户的应用需要，被分别配置成 SuperWIDE 超宽(136 个输入)逻辑、单口或双口存储器、先入先出堆栈或 CAM。具体参数请读者自行查阅数据手册。

MachXO 系列被称为非易失性 CPLD，利用了 FPGA 查找表的结构进行设计，采用 0.13 μm Flash 工艺，不需要重新加载，瞬时上电即可工作，该系列专为各种低密度应用而设计。MachXO2 与前一代 MachXO 系列比较，采用 65 nm Flash 工艺，增加了 3 倍逻辑密度，增加了 10 倍的嵌入式存储器，减少了超过 100 倍的静态功耗，成本降低了 30%。此外，

MaxhXO2 系列还固化了一些在系统应用和消费电子应用中最流行的功能，如 I^2C、SPI、定时器等，为从事低密度应用的设计人员提供了一个"全功能的 PLD"。MachXO 系列和 MachXO2 系列主要参数对比见表 2-19。

表 2-19　MachXO 和 MachXO2 主要参数对比

特　性	MachXO	MachXO2
LUT 数量	256～2280	256～6864
分布式 RAM/Kb	2.0～7.7	2～54
EBR SRAM/Kb	0～27.6	0～240
EBR SRAM 块数量	0～3	0～26
PLL	0～2	0～2
最小 t_{PD}(ns)	3.5	9.35
最大 f_{max}(MHz)	388	324
封装引脚数量	100～324	25～484
用户 I/O 数量	73～271	19～335

2. FPGA 器件

Lattice 公司 ECP2 系列器件属于低成本 FPGA，采用 90 nm 工艺，1.2 V 内核供电，是目前的主力产品，主攻低成本通用 FPGA 市场。该系列能提供高达 28.6GMAC DSP 带宽的高性能嵌入式 DSP 模块。ECP2M 系列提供了与 ECP2 系列相同的特性，但集成了 3.125 Gb/s 的 SERDES 高速集成收发器，并且将存储器的容量提高到 5.3 Mb，DSP 功能提升到 63GMAC，适合对成本要求敏感的高速接口应用。ECP2M 系列最多可提供高达 95K 个 LUT，静态功耗低于 0.35 W。ECP3 系列是 Lattice 公司的第三代高价值 FPGA，提供多协议的兼容 XAUI 抖动的 3.2G SERDES，逻辑密度为 17 K～149 K 个 LUT。创新的第 4 代 ECP4 系列提供了高效的 MACO(Multi-Access Cost Optimized)通信引擎，用于高效的协议处理，能够实现流行的通信协议。ECP4 拥有高达 16 个 6 Gb/s SERDES，可工作速度在 155 Mb/s～6 Gb/s，适用于有线、无线以及系统设计协议，拥有功能强大的 DSP 模块，高达 576 个可级联的 18×18 乘法器，可针对无线和视频应用构建复杂的滤波器，逻辑密度 LUT 高达 250K。

Lattice SC/M(System Chip/MACO，Masked Array for Cost Optimization)系列属于高性能 FPGA，采用 90 nm 工艺，1.2 V 内核供电，带高速串行接口，是高端主力产品，主攻高性能和需要高速串行接口的系统级应用的 FPGA 市场；逻辑密度 LUT 高达 115K，集成高达 32 个 3.8 Gb/s SERDES、2 Gb/s 高速并行 I/O，拥有高达 7.8 Mb 的嵌入式 RAM 以及 1.8 Mb 的分布式 RAM；采用片上结构化 ASIC 模块，提供低功耗、低成本、工程预制 IP。

Lattice XP 和 XP2 系列均采用将非易失的 Flash 单元和查找表结构结合在一起的架构，具有瞬时上电、不需要配置器件、芯片面积小等特点，属于单芯片的 FPGA。XP2 系列相比于 XP 系列，以高性能和低成本为出发点进行了优化，增加了增强的 sysDSP 模块和可供用户自己使用的存储空间。

ECP 系列器件以及 SC 和 XP 系列器件的相关参数分别见表 2-20 和表 2-21。

表 2-20　ECP 系列器件主要参数对比

特　性	ECP2	ECP2M	ECP3	ECP4
LUT 数量(K)	6~68	19~95	17~149	33~241
分布式 RAM(Kb)	12~136	41~202	36~303	263~1926
EBR SRAM(Kb)	55~1032	1217~5308	700~6850	1180~10620
EBR SRAM 块数量	3~56	66~288	38~372	64~576
18×18 乘法器	12~88	24~168	24~320	64~576
PLL	2~6	8	2~10	8
封装引脚数量	144~900	256~1152	256~1156	484~1152
用户 I/O 数量	90~583	140~520	116~586	224~512
SERDES 通道	0	4~16	2~16	4~16
MACO 通信模块	0	0	0	1~4

表 2-21　SC 和 XP 系列器件主要参数对比

特　性	SC	XP	XP2
LUT 数量(K)	15~115	3.1~19.7	5~40
分布式 RAM(Kb)	240~1840	12~79	10~83
EBR SRAM(Kb)	1030~7800	54~396	166~885
EBR SRAM 块数量	56~424	6~44	9~48
PLL	8	2~4	2~4
封装引脚数量	256~1704	100~484	132~672
用户 I/O 数量	139~942	62~340	86~540
SERDES 通道	4~32	0	0
MACO 通信模块	4~12	0	0

习　　题

2-1　简述 PLD 的发展历史。

2-2　简述 PLD 的分类方法。

2-3　CPLD 的英文全称是什么？主要结构由哪几部分组成？每一部分的作用是什么？

2-4　FPGA 的英文全称是什么？主要结构由哪几部分组成？每一部分的作用是什么？

2-5　说明 CPLD 和 FPGA 的区别与各自的特点。

2-6　解释编程和配置这两个概念。

2-7　Altera 公司的 FPGA 器件有哪几种配置模式？各自有什么特点？

2-8　Altera 公司有哪几种下载电缆类型？分别有什么特点？

2-9　通过公司网站，熟悉三大 PLD 生产厂商 Xilinx、Altera、Lattice 的主流器件，学习阅读各器件数据手册。

第 3 章　VHDL 语言入门

本章首先介绍 VHDL 语言的基本硬件模型，然后从 2 选 1 多路选择器、半加器两个简单的例子出发，直观感性地引入 VHDL 语言，避免计算机语言传统学习方法中枯燥语法的讲解，使读者先对 VHDL 语言有一定的了解和熟悉，达到快速入门的目的。接下来对 VHDL 语言的 5 个基本组成部分：库、程序包、实体、结构体和配置一一进行讲述，并引出 VHDL 结构化建模和行为建模的特点、区别。最后讲述层次结构的 VHDL 描述和简单时序电路——D 触发器的设计。读者可利用数字电路相关知识，在 EDA 软件中采用原理图的形式进行简单电路的设计，并比较原理图设计与 VHDL 语言设计的优缺点。

3.1　VHDL 语言概述

VHDL 的主要目的是进行系统的描述、行为的建模与仿真。尽管所有的 VHDL 代码都是可以仿真的，但并不是所有代码都是可以综合的，这取决于各 EDA 厂商综合器对 VHDL 的支持程度。

与其他的硬件描述语言相比，VHDL 具有更强的行为描述能力，从而决定了它成为数字系统设计领域最佳的硬件描述语言之一。强大的行为描述能力是使其避开具体的器件结构，从逻辑行为上成为描述和设计大规模电子系统的重要保证。

VHDL 语言的优势如下：

(1) VHDL 有丰富的语句形式和库函数，使其在系统的设计早期就能从行为特性上查验系统的功能可行性，并随时可对设计进行仿真。

(2) VHDL 语句的行为描述能力和代码结构决定了它具有支持大规模设计的分解和已有设计的再利用功能，符合大规模系统所需的多人协同高效工作的要求。

(3) VHDL 对设计的描述具有相对独立性，开发者可以不懂硬件的结构，也不必关心最终设计实现的目标器件是什么，便可进行相对独立的设计。

(4) VHDL 与设计平台无关，可移植性较好。

(5) VHDL 是最早成为 IEEE 标准的硬件描述语言，使用广泛，资料分享和查找非常方便，对初学者学习非常有帮助。

需要特别注意的是，VHDL 与常规计算机高级程序设计语言有所不同，VHDL 语句从根本上讲是并发执行的，只有在进程(Process)、函数(Function)和过程(Procedure)内部的语句才是顺序执行的。

VHDL 描述了电路设计的行为、功能、输入以及输出，其本质是用程序语言的方式来描述硬件。图 3-1 显示了 VHDL 的基本硬件模型。VHDL 将一个电路系统分为外部可见部分和内部隐藏部分。利用 VHDL 实现一个电路系统，首先需要定义实体(Entity)，在实体定义中完成与外部接口的定义，包括输入接口(Input Ports)和输出接口(Output Ports)的定义，这是可见部分。实现电路功能的具体算法则在结构体(Architecture)中定义。当其他设计需要引用该设计时(或称为对其进行重用时)，这部分像一个黑盒子一样，是隐藏的。结构体内部往往包含相互连接的多个进程和元件，它们都是并行运行的。结构体由信号赋值语句、进程语句和元件例化语句等组成。进程中可以调用子程序。不同的进程之间通过信号进行信息的交互。VHDL 里的进程既可以生成由触发器等构成的时序电路，也可以生成由逻辑门构成的组合电路。

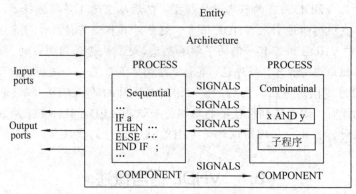

图 3-1　VHDL 基本硬件模型

3.2　两个简单的组合电路示例

本节以两个简单的示例引出 VHDL 语言的基本结构、语句表述及一些语法规则。

3.2.1　2 选 1 多路选择器的设计

在数字电路中，2 选 1 多路选择器是组合电路的典型代表。假设有 a 和 b 两个数据，控制信号为 s，当 s 取值为 0 时，选择数据 a 作为输出；否则，选择数据 b 作为输出。按照数字电路的设计方法，首先需要列出真值表、卡诺图，然后通过化简卡诺图得到最简逻辑表达式，再根据所选择逻辑器件的要求(如采用与门、或门实现电路，或只能采用与非门实现电路)进行表达式的变换，确认最终的电路形式。图 3-2 是 2 选 1 多路选择器的卡诺图及化简后的逻辑表达式，图 3-3 是根据逻辑表达式确定的最终电路形式。

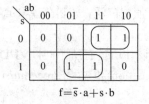

$$f = \bar{s} \cdot a + s \cdot b$$

图 3-2　2 选 1 多路选择器卡诺图及逻辑表达式　　　　　图 3-3　2 选 1 多路选择器的电路结构

例 3-1 是与图 3-3 电路结构相对应的采用 VHDL 语言实现的电路描述。

【例 3-1】

```
L1   --------------------------------------------实体描述--------------------------------------------
L2   ENTITY mux21 IS
L3          PORT( a, b, s    : IN    BIT;     --输入端口 a、b、s，数据类型为 BIT
L4              y           : OUT   BIT);    --输出端口 y
L5   END ENTITY mux21;
L6   --------------------------------------------结构体描述--------------------------------------------
L7   ARCHITECTURE construct OF mux21 IS
L8   BEGIN
L9       y <= ( b  AND  s ) OR ( NOT s   AND   a );
L10  END ARCHITECTURE construct;
L11  ------------------------------------------------------------------------------------------------
```

由例 3-1 可见，此电路的 VHDL 描述由两部分组成，其中 L2～L5 是实体描述，L7～L10 是结构体描述。下面就本例涉及到的一些语法作简单的讲解。

(1) 以关键词 ENTITY 为引导、END ENTITY 为结束的语句部分，称为实体。其中 mux21 是设计者自行取定的实体名，取名最好依据相应功能来确定，使其具有可读性。VHDL 的实体描述了电路器件的外部情况及信号端口的基本性质，如信号流动的方向(输入、输出或其他)、在其上流动的信号的数据类型等。关键词 PORT 表示定义端口。本例中定义了 a、b、s 三个输入端口(输入信号)，其数据类型为位(BIT)数据类型。BIT 数据类型的信号取值只有逻辑"0"和"1"两种，在 VHDL 中表达时必须加单引号，否则 VHDL 综合器会将其解释为另一种数据类型——整型。BIT 数据类型可以参与逻辑运算，其结果仍是逻辑位的数据类型。VHDL 语法规定，任何一种数据对象的应用都必须严格限定其数据类型和取值范围，不同数据类型和取值范围的数据对象将不能相互赋值或进行其他操作。本例还定义了一个输出端口(输出信号)y，其数据类型也是 BIT。

(2) 以关键词 ARCHITECTURE 为引导、END ARCHITECTURE 为结尾的语句部分，称为结构体。其中 construct 是结构体的名称，也是由设计者自行定义的。VHDL 的结构体负责描述电路器件的内部逻辑功能和电路结构。关键词 BEGIN 意味着具体算法的开始。符号"<="称为赋值符号，即把符号右边的数据向符号左边的输出端口 y 传递。VHDL 要求赋值符号"<="两边的信号数据类型必须一致。L9 中出现的 AND、OR、NOT 是逻辑操作符号，分别表示与、或、非。VHDL 一共有 7 种逻辑操作符，它们分别是 AND(与)、OR(或)、NOT(非)、NAND(与非)、NOR(或非)、XOR(异或)、XNOR(同或)，其功能与数字电路中常用的逻辑门相同。具体逻辑符号的使用请参见第 4 章。

(3) 关键词是 VHDL 语言中预定义的有特殊含义的英文词语，只能用作固定的用途。关键词不能再用作用户自定义的名称。虽然在 EDA 工具编译和综合时，关键词并不区分大小写，但是对关键词采用大写字母，对设计者自己定义的实体名称、信号名称等其他名称使用小写字母，能够提高代码的可读性，使其更加规范。一般而言，EDA 工具的文本编辑器都能够识别关键词，即关键词敏感型，EDA 会用不同的颜色来显示关键词，所以在编辑代码时一般不会误用关键词。

(4) 实体名称 mux21，结构体名称 construct，输入端口名称 a、b、s 以及输出端口名称

y 都统称为标识符。所谓标识符就是设计者在 VHDL 代码中自定义的、用于不同名称的词语。使用标识符也要遵循一定的规则：① 标识符由字母、数字、下划线构成，但必须以字母开头；② 只能是单一下划线，且不能以下划线作为标识符的结束；③ VHDL 的关键词不能再用作标识符；④ EDA 工具库中已定义好的元件名不能作为标识符，如 and2、dff 等。虽然标识符与关键词一样，在编译和综合时并不区分大小写，但是为保证代码书写的规范，我们建议标识符采用小写字母。

(5) 分号的作用。分号用于语句的分割，每条 VHDL 语句都有一个分号表示结束。需要注意的是，最后一个端口定义处的分号在括号外，如 L4 所示。

(6) 规范的代码书写。尽管 VHDL 代码的书写格式要求十分宽松，但规范的书写习惯是高效的电路设计所必备的。最顶层的 ENTITY、ARCHITECTURE 描述语句需要放在最左侧，比它们低一层次的描述语句(如 PORT)，需要向右靠 4 个小写字母的间隔。相同层次的语句需要对齐。

(7) 双横线“--”是注释符。在 VHDL 代码中的任何一行，只要出现了“--”，其后的文字或语句都不再参加编译和综合。良好的注释有助于设计者阅读、理解 VHDL 代码。

例 3-1 对应的元件符号如图 3-4 所示。采用 QuartusⅡ软件仿真后的结果如图 3-5 所示。可以清楚地看到，当控制端口 s 取值为“0”时，输出 y 即为输入信号 a 的值；反之，则为输入信号 b 的值，满足设计要求。

mux21
a
b
s
y

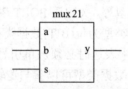

图 3-4　mux21 元件符号

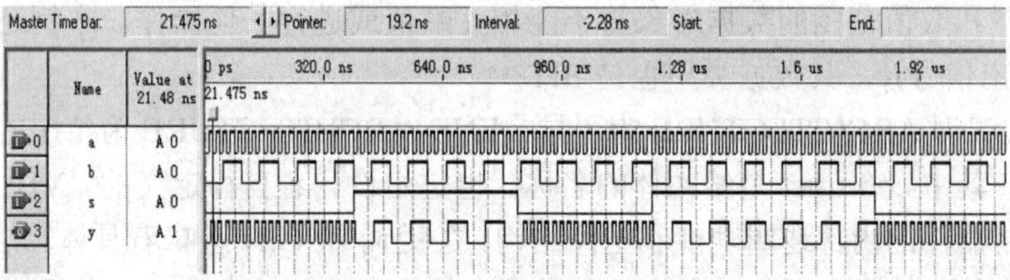

Master Time Bar:
21.475 ns
Pointer:
19.2 ns
Interval:
-2.28 ns
Start:
End:
Name
Value at 21.48 ns
0 ps
320.0 ns
640.0 ns
960.0 ns
1.28 us
1.6 us
1.92 us
21.475 ns
a
b
s
y
A 0
A 0
A 0
A 1

图 3-5　2 选 1 多路选择器电路的时序波形

例 3-1 采用的 VHDL 描述与其电路结构是一一对应的，读者可能会疑惑，这样的描述形式似乎并不能体现 VHDL 行为描述的优势，且设计者必须搞清楚电路结构才能进行 VHDL 代码的编辑。其实 VHDL 有多种不同的描述方式，在后续章节中会详细介绍，例 3-1 的目的是让读者能够以数字电路的知识作为铺垫，快速进入 EDA 的学习。

3.2.2　半加器的设计

下面再通过一个半加器的例子来说明 VHDL 的基本结构形式。半加器指两个 1 位二进制数相加，只考虑两个加数本身，而没有考虑由低位来的进位。图 3-6 显示了半加器的真值表和逻辑表达式，其中 a、b 是两个加数，co 是进位端，so 是求和端。图 3-7 是半加器的电路结构。例 3-2 是半加器的 VHDL 描述，此例仍然采用逻辑操作符描述电路结构的方式。

a	b	co	so
0	0	0	0
0	1	0	1
1	0	0	1
1	1	1	0

co＝a·b
so＝a ⊕ b

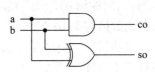

图 3-6 半加器真值表和逻辑表达式　　　　　　图 3-7 半加器电路结构

【例 3-2】

```
L1   --------------------------------------库和程序包--------------------------------------
L2   LIBRARY  ieee ;
L3   USE ieee.std_logic_1164.all;
L4   --------------------------------------实体--------------------------------------
L5   ENTITY halfadd IS
L6       PORT ( a,  b  : IN    STD_LOGIC;
L7              co, so    : OUT   STD_LOGIC );
L8   END ENTITY halfadd;
L9   --------------------------------------结构体--------------------------------------
L10  ARCHITECTURE construct OF halfadd IS
L11  BEGIN
L12      co <= a AND b ;
L13      so <= a XOR b ;
L14  END ARCHITECTURE construct;
L15  --------------------------------------------------------------------------------
```

例 3-2 与例 3-1 相比，除了包含实体和结构体两个部分外，还增加了库和程序包的声明(L2～L3)。例 3-2 所涉及的相关语法讲解如下：

(1) L2 以关键词 LIBRARY 为引导，LIBRARY ieee 表示打开 IEEE 库。L3 以关键词 USE 为引导，表示允许使用 IEEE 库中的 std_logic_1164 程序包中的所有内容(.all)。例 3-2 使用库和程序包的原因是本例中用到了数据类型 STD_LOGIC，该数据类型的相关定义都是包含在 std_logic_1164 程序包中的，而该程序包在 IEEE 库中，所以在使用前必须先给予声明。如将例 3-2 去掉 L2～L3 后，再次使用 Quartus Ⅱ软件进行编译，将会产生如图 3-8 所示错误，提示数据类型 STD_LOGIC 未声明。这进一步说明了此处声明库和程序包的作用。

❌　　Error (10482): VHDL error at halfadd.vhd(6): object "STD_LOGIC" is used but not declared
⊞ ❌　Error: Quartus II Analysis & Synthesis was unsuccessful. 1 error, 0 warnings

图 3-8 例 3-2 不声明 IEEE 库和 std_logic_1164 程序包报错信息

读者也许会问，例 3-1 也使用了数据类型 BIT，为什么不需要进行库和程序包的声明呢？数据类型 BIT 的定义是包含在 VHDL 标准程序包 standard 中的，而该程序包包含于 VHDL 标准库 STD 中。由于 VHDL 标准中规定 STD 库是默认打开的，因此就不需要像例

3-2 这样将库和程序包以语句显式地表达在 VHDL 代码的开头。

(2) 数据类型 STD_LOGIC 称为标准逻辑位数据类型，共定义了九种取值，分别是："U"（未初始化的）、"X"（强未知的）、"0"（强逻辑 0）、"1"（强逻辑 1）、"Z"（高阻态）、"W"（弱未知的）、"L"（弱逻辑 0）、"H"（弱逻辑 1）、"-"（忽略）。可以发现，数据类型 STD_LOGIC包含的内容比数据类型 BIT 要丰富和完整，它可以使设计者精确地模拟一些未知的和具有高阻态的线路的情况，更适用于数字系统的设计。STD_LOGIC 型数据能够被综合器接受的一般只有 "X"（或 "-"）、"0"、"1"、"Z" 这几种，其他的取值则不可综合，只能用于仿真器。

例 3-2 的仿真结果如图 3-9 所示。

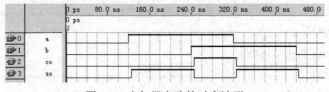

图 3-9　半加器电路的时序波形

3.2.3　VHDL 代码设计基本结构

从例 3-1 和例 3-2 可以看出，一个能够被综合的 VHDL 代码至少须包含实体和结构体两个部分，如果有需要还要进行库和程序包的声明。

一般来说，把一个完整的、可综合的 VHDL 设计称为设计实体。VHDL 代码有比较固定的结构格式，一般首先出现的是库和程序包的使用声明，然后是实体的描述以及结构体的描述。当然，同一个电路系统可能有不同的实现方法，有不同的电路结构，VHDL 允许一个实体对应一个或多个结构体，不同的结构体意味着不同的实现方式。如何从对应的多个结构体中选择特定的一个结构体，将其指定给实体，就需要用到配置。总结说来，VHDL代码设计基本结构如图 3-10 所示。

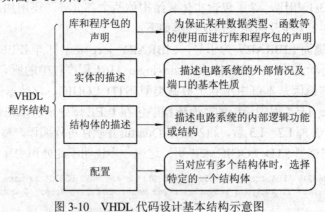

图 3-10　VHDL 代码设计基本结构示意图

3.3　库和程序包

库是一些常用 VHDL 代码的集合，包括：数据类型的定义、函数的定义、子程序定义、元件引用声明、常量的定义等一些可复用或是共享的 VHDL 代码，类似于 C 语言中的头文件。这些已定义的数据类型、子程序、常数等通常收集在程序包(Package)中，多个程序包再并入一个库中，引用了库之后就可以在设计者自己的代码中使用库中的 VHDL 代码。库和程序包的使用使得设计人员能够遵循某些统一的语言标准或数据格式，也能够方便地调用一些已设计好的内容，提高设计效率，这一点对于多组开发人员并行工作的大规模电路系统的设计尤为重要。

库和程序包的声明总是放在设计单元的最前面，以便后续设计能够随时使用库中指定的程序包中的内容。每当综合器在较高层次的 VHDL 源文件中遇到库语言，就将随库指定的源文件读入，并参与综合。在 VHDL 语言中可以存在多个不同的库，但是库与库之间是独立的，不能互相嵌套。

3.3.1　库和程序包的种类

当前在 VHDL 语言中存在的库大致可以归纳为五种：IEEE 库、STD 库、WORK 库、VITAL 库和用户自定义库。

1. IEEE 库

IEEE 库是 VHDL 设计中最常用的库之一，它包含 IEEE 标准的程序包以及其他一些支持工业标准的程序包。下面就几个常用和重要的程序包作一定介绍，相关内容还可参见 4.3 节以及附录 A。附录 A 中给出了相关程序包的具体定义，有助于读者了解程序包内定义的内容，进一步理解使用不同程序包的目的。

(1) std_logic_1164 程序包。该程序包是最重要和最常用的程序包，是 IEEE 的标准程序包。std_logic_1164 程序包定义了 STD_LOGIC 和 STD_ULOGIC 数据类型以及它们的矢量类型和相关操作(如适用于该数据类型的逻辑操作符 AND、OR 等)，数据类型 BIT 和数据类型 STD_LOGIC、STD_ULOGIC 的转换函数，数据类型 BIT_VECTOR 和数据类型 STD_LOGIC_VECTOR、STD_ULOGIC_VECTOR 的转换函数，等等。

(2) std_logic_arith 程序包。该程序包是 Synopsys 公司定义的程序包，虽然它并不是 IEEE 标准，但由于已经成为事实上的工业标准，所以也都并入了 IEEE 库。std_logic_arith 程序包在 std_logic_1164 程序包的基础上定义了有符号(SIGNED)、无符号(UNSIGNED)、小整型(SMALL_INT)数据类型，其中有符号和无符号数据类型均是基于 STD_LOGIC 数据类型的。该程序包还定义了这些数据类型之间的相互转换函数，以及适用于它们的一些操作符，如算术操作符、比较操作符等。

(3) std_logic_signed 程序包。该程序包也是由 Synopsys 公司定义的，同样并入 IEEE 库。std_logic_signed 程序包对 INTEGER(整型)、STD_LOGIC、STD_LOGIC_VECTOR 数据类型的定义进行了扩展，重载了用于这些数据类型的混合运算的运算符，以及一个由 STD_LOGIC_VECTOR 数据类型到 INTEGER 的转换函数。

(4) std_logic_unsigned 程序包。该程序包同样是由 Synopsys 公司定义的，并入 IEEE 库。std_logic_unsigned 程序包定义内容与 std_logic_signed 程序包相似。所不同的是，std_logic_signed 程序包中定义的内容是基于有符号(SIGNED)数据类型的，即考虑了符号；而 std_logic_unsigned 程序包中定义的内容是基于无符号(UNSIGNED)数据类型的。

此外，IEEE 库还包括了 math_real、numberic_bit、numberic_std 等程序包，它们是 IEEE 正式认可的标准程序包集合。一般来说，基于 FPGA/CPLD 的开发，使用 std_logic_1164、std_logic_arith、std_logic_signed 以及 std_logic_unsigned 这 4 个程序包已经能够满足大多数的需要。所以，其他几个程序包不再一一进行讲述，读者如有兴趣，可查阅相关资料。

2. STD 库

STD 库中含有 VHDL 语言标准定义的两个标准程序包，即 standard 程序包和 textio 程序包。

(1) standard 程序包。该程序包是 VHDL 标准程序包，使用时默认打开。所以设计者在使用时，并不需要像 IEEE 库中的程序包那样使用关键词 LIBRARY 和 USE 进行显式的声明。如：例 3-1 中 BIT 数据类型并没有做库的声明格式，就是因为 BIT 数据类型是定义在 standard 程序包中的。standard 程序包定义了诸如 BOOLEAN(布尔型)、BIT(位型)、CHARACTER(字符型)、INTEGER(整型)、REAL(实数型)、TIME(时间型)等数据类型以及相关的操作。

(2) textio 程序包。该程序包主要供仿真器使用，综合器会忽略此程序包。设计者可以用文本编辑器建立一个数据文件，文件中包含仿真时需要的数据。仿真时利用 textio 程序包中提供的用于访问文件的过程，即可获得这些数据或将仿真结果保存于文件中。textio 程序包实际上是专为 VHDL 模拟工具提供的与外部计算机文件管理系统进行数据交换的通道，使用前需要使用 USE 语句。8.2.3 节将讲解该程序包的使用。

3. WORK 库

WORK 库是用户进行 VHDL 设计的现行工作库，用于存放用户设计和定义的一些设计单元和程序包，是用户自己设计的仓库。VHDL 标准规定 WORK 库总是可见的，因此在实际使用时，也不需要使用 LIBRARY 和 USE 语句显式的打开。VHDL 标准要求为设计的项目建立一个文件夹，与此项目相关的工程、文件等都保存于此文件夹内。VHDL 综合器会将此文件夹默认为 WORK 库，指向该文件夹的路径。需要注意的是，WORK 库并不是这个文件夹的名字，它是一个逻辑名。

4. VITAL 库

VITAL 库符合 IEEE 标准，由含有精确 ASIC 时序模型的时序程序包集合 vital_timing 和基本元件程序包集合 vital_primitives 构成，支持以 ASIC 单元的真实时序数据对一个 VHDL 设计进行精确的模拟验证，提高 VHDL 门级时序模拟的精度。但由于各 FPGA/CPLD 生产厂商的适配工具都能够为各自的芯片生成带时序信息的 VHDL 门级网表，用 VHDL 仿真器仿真该网表就可以得到精确的时序仿真结果。因此，在 FPGA/CPLD 设计开发过程中，一般不需要使用 VITAL 库中的程序包来进行仿真。

5. 用户自定义库

用户为自身设计需要所开发的公共包集合和实体等，可以汇集在一起定义为一个库，即用户自定义库，供其他开发者调用，但在使用时同样要首先说明库名。

此外，各 EDA 开发商为了便于开发设计，还提供了一些自己的库，如 Altera 公司的 LPM 库(本书配套的《EDA 技术与 VHDL 设计实验指导》一书中会对 LPM 库进行讲解)、

Synopsys 公司的 Synopsys 库等。

3.3.2　库和程序包的使用

在前面提到的几类库中，除了 STD 库和 WORK 库以外，其他库在使用前都需要首先进行声明。声明格式如下：

LIBRARY　　<库名>;

USE <库名>.<程序包名>.all;

其中：第一条语句表示使用什么库；第二条语句表示使用库中的哪一个程序包。此处，all代表打开库中指定程序包内的所有资源。当然，也可以只打开程序包内所选定的某个项目或函数，其声明格式如下：

LIBRARY　　<库名>;

USE <库名>.<程序包名>.<项目>;

例 3-3 给出了两种不同的声明格式。

【例 3-3】

LIBRARY ieee;

USE ieee.std_logic_1164.std_ulogic; --打开 std_logic_1164 程序包中的 std_ulogic 数据类型

USE ieee.std_logic_1164.all　　　　　--打开 std_logic_1164 程序包中的所有资源

库声明语句的范围从一个实体说明开始，到它所属的结构体、配置为止。当一个源程序中出现两个以上的实体时，两条作为库使用声明的语句必须在每个实体说明语句前重复书写。

3.3.3　程序包的定义

程序包(Package)说明类似于 C 语言中的 include 语句，用来单纯地罗列 VHDL 语言中所用到的各种常数定义，数据类型定义，元件、函数和过程定义等。程序包是一个可编译的设计单元，也是库结构中的一个层次。程序包可分为预定义程序包和用户自定义程序包两类。上述的 std_logic_1164、std_logic_arith 等程序包属于常用的预定义程序包。

定义程序包的一般结构如下：

PACKAGE <程序包名> IS　　　　　　　　--程序包首

　　说明语句;

END PACKAGE <程序包名>;

[PACKAGE BODY <程序包名> IS　　　　--程序包体

　　说明语句;

END PACKAGE BODY <程序包名>;]

一个程序包的定义由两大部分组成：程序包首和程序包体。一个完整的程序包中，程序包首和程序包体的名称应是同一个。程序包体是一个可选项，当没有定义函数和过程时，程序包可以只由程序包首构成。程序包首的说明语句部分进行数据类型的定义，常数的定义，元件、函数及过程的声明等。程序包体的说明语句部分进行具体函数、过程功能的描述。例 3-4 给出了一个程序包定义的示例，其程序包名称是 my_package，在其中定义了一个新的数据类型 color、一个常数 x 以及一个函数 positive_edge。由于函数必须要有具体的内容,所以在程序包体内进行描述。如果该程序包在当前 WORK 库中已定义,则要使用该程序包中的内容,可利用 USE 语句,如例 3-5 所示。例 3-4 相关的语法知识会在后续章节中陆续介绍,这里只是让读者体会程序包的格式和用法。

【例 3-4】

```
L1  -------------------------------------------------------------------------------
L2  LIBRARY ieee;
L3  USE ieee.std_logic_1164.all;
L4  -------------------------------------------------------------------------------
L5  PACKAGE my_package IS          --程序包首,程序包名称为 my_package
L6      TYPE color IS(red,green,blue);     --定义枚举类型 color,取值为 red、green、blue 中任一种
L7      CONSTANT x: STD_LOGIC:= '0'; --定义常量 x,数据类型为 STD_LOGIC,取值为 "0"
L8      FUNCTION positive_edge(SIGNAL s: STD_LOGIC) RETURN BOOLEAN;     --声明函数
L9  END my_package;                --程序包首结束
L10 -------------------------------------------------------------------------------
L11 PACKAGE BODY my_package IS      --程序包体
L12     FUNCTION positive_edge(SIGNAL s: STD_LOGIC) RETURN BOOLEAN IS
L13                                 --函数的描述部分
L14     BEGIN
L15         RETUREN(s' EVENT AND s=' 1'); --判断是否有信号的上升沿到来
L16     END positive_edge;
L17 END my_package;                --程序包体结束
L18 -------------------------------------------------------------------------------
```

【例 3-5】

USE WORK.my_package.all;　--由于 WORK 库是默认打开的,因此可以省去 LIBRARY WORK 语句

3.4　实　体　描　述

3.4.1　实体描述语句的结构

实体(Entity)用于一个设计实体与其他设计实体或外部电路进行接口的描述,是设计实体对外的一个通信界面。实体描述包括实体名、类属声明以及端口声明。实体描述的一般语句格式如下:

```
ENTITY 实体名 IS
    [GENERIC(参数名: 数据类型 [:= 设定值];     --类属声明
                ...
            参数名: 数据类型 [:= 设定值]);]
    PORT(端口名: 端口模式    数据类型;              --端口声明
            ...
```

　　　　　　　端口名: 端口模式　数据类型);

　　END ENTITY 实体名;

　　实体名是实体的标识, 由设计者自行定义, 一般为设计实体逻辑功能简称的英文字符, 但要符合标识符命名的规则, 如实体名 clkdiv 表示分频器。考虑到某些 EDA 工具的限制(如 Quartus Ⅱ 软件)、VHDL 代码的特点以及调用的方便性等, 建议源程序所保存的文件名与实体名保持一致, 如保存文件名为 clkdiv.vhd(后缀名 .vhd 代表采用 VHDL 语言编写)。此外, 在同一个库中, 实体名必须是唯一的。

　　在进行模块化设计时, 有时需要在不改变 VHDL 源代码的基础上, 对设计实体的某些参数进行修改, 从而改变设计实体内部的电路结构或规模, 这时就需要用到类属参量, 即在类属声明中声明的参数。类属参量提供了可供外部修改参数的通道或是窗口。当调用该设计实体时, 通过对类属参量进行重新赋值就能够实现对设计实体内部相应逻辑功能的修改, 这样既保证了电路功能的可修改性, 又不会破坏 VHDL 程序的一致性, 提高了代码的复用性。类属声明部分是可选项, 不是必须的, 如例 3-1 和例 3-2 中都没有类属声明。

　　端口声明确定了端口的数目、端口上通过的信号的数据类型以及信号的流动方向, 这是硬件描述语言的一大特点。硬件电路中信号的流向, 即信号从什么地方来、做了怎样的处理、最后输出到哪里去。

　　综上所述, 实体描述的主要内容包括:

　　(1) 给实体取一个有意义的名称;

　　(2) 根据设计实体的外部接口, 设计相应的端口并为端口确定符合逻辑功能的名称, 规定信号的流动方向和数据类型;

　　(3) 根据需要声明相应的类属参量。以下就端口声明和类属声明再进一步讲解。

3.4.2　端口声明

　　端口声明确定了输入、输出端口的数目和类型, 以关键词 PORT 引导, 有端口名、端口模式、数据类型三个要点。

1. 端口名

　　端口名是指赋予每个端口(引脚)的名称, 通常用一个或几个英文字母或者字母加数字的方式来命名, 如 d0、d1、sel、q、qb、input1 等。

2. 端口模式

　　端口模式是指这些通道上数据的流动方向, IEEE 1076 标准包中定义了四种常用的端口模式: 输入(IN)模式、输出(OUT)模式、双向(INOUT)模式、缓冲(BUFFER)模式。

　　(1) 输入模式用保留字 IN 来声明。采用输入模式声明的端口信号的数据流向为实体外部到实体内部, 即数据只能通过此端口被读入, 如例 3-1 中的端口 a、b、s。如果一个端口信号被声明为输入模式, 则其只能作为赋值语句的右值存在, 任何给该端口信号赋值的语句都会被综合器报错。

　　(2) 输出模式用保留字 OUT 来声明。采用输出模式声明的端口信号的数据流向为实体内部到外部, 即数据只能通过此端口输出, 如例 3-1 中的端口 y。如果一个端口信号被声明为输出模式, 则其只能作为赋值语句的左值存在, 任何读取该端口信号的语句都会被综合器报错。

(3) 双向模式用保留字 INOUT 来声明。采用双向模式既可以从实体内部输出，也可以从实体外部输入。但是同一时刻只能进行某一个数据流向的操作，因此双向模式声明的端口信号一般需要一个信号进行方向的控制。

(4) 缓冲模式用保留字 BUFFER 来声明。BUFFER 模式与 INOUT 模式类似，既可以输出，也可以输入。但是，其输入的数据只允许回读内部输出的信号。

3．数据类型

端口信号必须确定其数据类型，即在其上流动的数据的类型。在 VHDL 中有多种数据类型，例 3-1 和例 3-2 分别用到了 BIT 和 STD_LOGIC 数据类型。相关的数据类型还有 BOOLEAN(布尔型)、INTEGER(整型)、BIT_VECTOR(位矢量型)、STD_LOGIC_VECTOR(标准逻辑矢量型)、TIME(时间型)、REAL(实数型)等数据类型。

VHDL 从语言属性上讲是一种强类型语言。VHDL 规定，任何一种数据对象的应用都必须严格限定其取值范围和数值类型，不同数据对象在不同数据类型之间的赋值要作明确的界定，这一点和传统 C 语言在数据对象的赋值上有比较大的区别。虽然这样的做法在语言的灵活性上要差一些，但在大规模电路描述的排错上却是十分有益的，这是 VHDL 的特点之一。

3.4.3　类属声明

类属声明可以声明多个类属参量(或称类属值、类属变量)，其中参数名和数据类型是必须的。将例 3-1 稍作改动，如例 3-6 所示。

【例 3-6】

```
L1   -------------------------------------------------------------------------------------------------
L2   ENTITY mux21 IS
L3        GENERIC(m      : TIME := 10ns);
L4        PORT(a,  b,  s  : IN   BIT;
L5                y          : OUT BIT);
L6   END ENTITY mux21;
L7   -------------------------------------------------------------------------------------------------
L8   ARCHITECTURE construct OF mux21 IS
L9        SIGNAL temp: BIT;
L10  BEGIN
L11       temp <= (b AND s) OR (NOT s   AND a);
L12       y <= temp   AFTER   m;
L13  END ARCHITECTURE construct;
L14  -------------------------------------------------------------------------------------------------
```

(1) 在例 3-6 中加入了以关键词 GENERIC 引导的语句(L3)，该语句声明了类属参量 m，其数据类型为 TIME(时间类型)。设置了一个缺省值 10 ns，当没有传入其他具体参数值时，结构体内凡是用到 m，其值都为 10 ns。GENERIC 语句所定义的类属参量与常量十分类似，但它能从外部动态地接受不同的赋值。

(2) 本例中还引入了一个新的数据对象，即使用关键词 SIGNAL 定义的信号 temp(L9)，其数据类型是 BIT。读者可以将其理解为 C 语言的变量，作为数据的一种暂存节点。由于 temp 在结构体内定义，属于内部节点信号，数据的进出不像端口那样受方向的限制，所以不必定义其端口模式(即输入、输出方向，如 IN、OUT)。使用关键词 SIGNAL 定义的标识符是信号，信号属于数据对象(Data Objects)中的一种。VHDL 中共有三类数据对象，分别是：常量(CONSTANT)、变量(VARIABLE)和信号(SIGNAL)。在第 4 章中会对三种数据对象进一步讲解，使读者掌握它们的用法和区别。

(3) 语句 y <= temp AFTER m; 表示延迟 m(本例是 10 ns)后再将 2 选 1 数据选择器的选择结果送到输出端口 y 上。

类属参量多用于模块化设计时不同层次模块之间信息的传递，读者可以将其理解为高层次模块传递给底层模块的形参。例 3-6 仅仅是类属参量的一个简单示例，目的是使读者了解它的声明格式等，在讲解了层次型结构后，将会用一个更加完善的例子来进一步认识类属参量实现参数传递的功能。

3.5　结构体描述

3.5.1　结构体描述语句结构

结构体负责描述设计实体的内部逻辑功能和电路结构。结构体一般由结构体名、说明语句和功能描述语句组成，其一般语句格式如下：

ARCHITECTURE 结构体名 OF 实体名 IS

　　[说明语句];

BEGIN

　　功能描述语句;

END ARCHITECTURE 结构体名;

结构体名是结构体的标识，由设计者自行定义，可以根据结构体的描述方式来命名，如结构化描述形式可以使用结构体名 construct，行为描述形式可以使用结构体名 behavior(或简写为 bhv)；但需要注意的是，结构体名也需要符合标识符命名的规则。结构体描述部分的实体名应和结构体对应实体的名称一致。如果一个实体具有多个结构体，结构体的取名不可相重，但不同实体的结构体可以同名。

结构体说明语句位于关键词 ARCHITECTURE 和 BEGIN 之间，主要是对结构体功能描述语句中将要用到的数据类型、常量、信号、子程序、函数、元件等的声明。说明语句并非必须的。在一个结构体中，说明语句部分声明的数据类型、常量、信号、子程序、函数、元件等只能用于该结构体。如果希望它们能够用于其他的设计实体，则需要作为程序包来处理。

结构体功能描述语句位于关键词 BEGIN 和 END ARCHITECTURE 之间，负责具体逻辑功能和电路结构的描述，可以是并行语句、顺序语句或是二者的混合。

结构体描述的结束语句"END ARCHITECTURE 结构体名;"是符合 VHDL93 标准的

语法要求的。若根据 VHDL87 标准的语法要求，可写为"END 结构体名；"或直接使用
"END；"。对于实体描述的结束语句，"END ENTITY 实体名；"也是符合 VHDL93 标准语
法规则的，也可根据 VHDL87 标准语法要求写成"END 实体名；"或"END；"的形式。
由于目前大多数 EDA 工具中的 VHDL 综合器可以兼容两种标准的语法规则，所以在后面
的示例中不再特别指出二者的区别。需要注意的是，如果综合器支持的 VHDL 标准不同，
仍需要按照不同的语法规则进行代码的编写。

3.5.2　说明语句

　　例 3-7 显示了在结构体说明语句部分使用关键词 TYPE 声明了两个新的数据类型
my_std_logic 和 color，关键词 SIGNAL 声明了一个信号 temp，关键词 CONSTANT 声明了
一个常量 x，关键词 COMPONENT 声明了半加器元件 halfadd，关键词 FUNCTION 声明了
一个函数 max。具体相关语法将在后续章节中继续介绍。

【例 3-7】

```
ARCHITECTURE bhv OF mux21 IS
    TYPE my_std_logic IS (7 DOWNTO 0)OF STD_LOGIC;
    --新的数据类型 my_std_logic，含 8 个元素的矢量，每个元素的数据类型都是 STD_LOGIC
    TYPE color IS (red, green, blue);        --新的数据类型 color，属于枚举型
    SIGNAL temp  : BIT;                      --信号 temp，数据类型是 BIT
    CONSTANT x  : INTEGER := 7;              --常量 x，数据类型是整型，取值为 7
    COMPONENT halfadd                        --元件声明，将一个现成的设计实体定义为一个元件
    PORT( a, b   : IN STD_LOGIC;             --表示在结构体功能描述语句部分将要调用该半加器元件
        co, so : OUT STD_LOGIC);
    END COMPONENT halfadd;                   --元件声明结束
    FUNCTION max( a, b : IN STD_LOGIC_VECTOR ) RETUN STD_LOGIC_VECTOR;
    --声明函数 max，用于比较 a 和 b 的大小，a、b 的数据类型是标准逻辑矢量，返回值是 a、b 中的最
    大值，其数据类型也是标准逻辑矢量
    BEGIN
        …
    END ARCHITECTURE bhv;
```

3.5.3　功能描述语句

　　结构体功能描述语句负责描述具体电路的逻辑实现。功能描述语句中可以包含进程、
并行信号赋值语句、元件例化语句、子程序调用语句等几类。这几类语句都是以并行方式
工作的，即语句的执行不以书写语句的顺序为顺序。而在每一种语句结构的内部可能含有
并行运行的逻辑描述或是顺序运行的逻辑描述。相对于 C 语言一类的软件描述语言，并行
语句结构是 VHDL 语言最大的特色。

　　按照具体电路逻辑实现的方式进行分类，VHDL 的描述方式可分为结构化建模和行为
建模两类，下面分别进行介绍。

1. 结构化建模

结构化建模通过明确的硬件实现来指定电路的功能，它描述设计单元的硬件结构，表示元件之间的互连。例 3-1 和例 3-2 都采用了结构化建模的形式进行电路系统的描述。以 2 选 1 多路选择器为例，它的逻辑电路由与门、或门和非门构成，而这些基本的逻辑门电路都已经是现成的设计单元，那么将这些现成的设计单元连接就可以构成新的电路系统，类似于电路原理图中所画器件的连接。

另一种常见的结构化建模的描述方式是根据设计的逻辑功能进行模块的划分，首先进行各个模块的设计和验证；然后在顶层文件中对多个模块进行调用，描述底层各模块之间的连接关系，即层次型的 VHDL 描述，该描述主要采用元件声明和元件例化语句完成。层次型的 VHDL 描述将在 3.7 节中具体讲述。

2. 行为建模

行为建模只规定了电路系统的功能或行为，不关心电路的实际结构，没有明确指明涉及的硬件及连线等，即只关心"做什么"，不关心"怎么做"。行为建模是 VHDL 语言描述的一大特色，是 VHDL 编程的核心，它使得设计者可以在不了解硬件电路结构的情况下实现电路系统。行为建模的描述形式充分体现了 VHDL 语言相对于其他硬件描述语言的优势。行为建模通常由一个或多个进程构成，每一个进程内包含了一系列的顺序语句。下面仍以 2 选 1 多路选择器为例来说明行为建模的描述方式。

【例 3-8】

```
L1    ----------------------------------------------------------------------
L2    LIBRARY ieee;
L3    USE ieee.std_logic_1164.all;
L4    ----------------------------------------------------------------------
L5    ENTITY mux21 IS
L6        PORT( a, b, s    : IN   STD_LOGIC;
L7                y        : OUT STD_LOGIC);
L8    END ENTITY mux21;
L9    ----------------------------------------------------------------------
L10   ARCHITECTURE behavior OF mux21 IS
L11   BEGIN
L12       PROCESS(a, b, s)              --进程
L13       BEGIN
L14           IF s = '0' THEN y <= a;
L15           ELSE y <= b;
L16           END IF;
L17       END PROCESS;
L18   END ARCHITECTURE behavior;
L19   ----------------------------------------------------------------------
```

(1) 以关键词 PROCESS 引导开始、关键词 END PROCESS 结束(L12～L17)的是进程语句。进程语句是最具有 VHDL 语言特色的语句,因为它提供了一种用算法描述硬件行为的方法。在一个结构体中可以有一个或多个进程,不同的进程间是并行运行的,进程内部是由一系列顺序语句构成的。进程语句的一般结构如下:

[进程标号:] PROCESS [(敏感信号参数表)][IS]

　　　[进程说明部分]

BEGIN

　　　顺序描述部分

END PROCESS [进程标号];

进程语句结构一般由三部分组成:敏感信号参数表、进程说明部分以及顺序描述部分,其中敏感信号参数表以及进程说明部分都是可以省略的。进程标号是由设计者自行定义的标识符,也是可以省略的。

进程说明部分用于定义进程所需的局部数据环境,通常是数据类型、常数、子程序、变量等,它们将在顺序描述语句中被使用,例 3-8 没有说明语句部分。但需要注意,在进程说明部分不允许定义信号和全程变量(4.2.2 节中讲述)。以关键词 BEGIN 引导开始的顺序语句是一段顺序执行的语句,如 IF 语句、CASE 语句、LOOP 语句等。顺序语句只在进程和函数、过程结构中使用,在第 5 章中会对各类语句进一步讲述。

关键词 PROCESS 后的(a,b,s)称为进程的敏感信号参数表,通常要求将进程中所有的输入信号都放在敏感信号参数表中。由于 PROCESS 语句的执行依赖于敏感信号的变化,即当某一敏感信号发生改变,如信号 s 从"1"跳变到"0"时就将启动进程语句,于是进程内部的顺序语句就被执行一遍,然后返回进程的起始端,进入等待状态,直到下一次敏感信号参数表中的敏感信号再次发生变化。

(2) 以关键词 IF 引导开始、END IF 结束(L14～L16)的是条件语句。条件语句是 VHDL 中重要、常用的顺序语句,必须放置在进程中使用。关键词 IF 后的"s = '0'"是判断表达式,如果判断表达式成立(即 s 为低电平),则返回一个布尔型的数据类型 TRUE,执行关键词 THEN 后的语句"y <= a";如果判断表达式不成立(即 s 为高电平),则返回 FALSE,执行关键词 ELSE 后的语句"y <= b"。

例 3-9 显示一个结构体中含有两个进程(pro_1 和 pro_2)的情况。该例中就使用了进程的标号,用于区分不同的进程。两个进程的执行是并行、独立的,由各自的敏感参数触发。进程之间通过信号 temp 进行通信,信号具有全局性,因此信号的定义不能放置于进程内部。进程 pro_1 用于实现数据 a 和 b 的选择,当控制端 selx 取值为"0"时,选择数据 a;反之,选择数据 b。进程 pro_1 选择的数据存于信号 temp 中。进程 pro_2 用于实现数据 c 和 temp 的选择,当控制端 sely 取值为"0"时,选择 temp;反之,选择 c。因此,该例通过两个控制信号 selx 和 sely 实现 3 选 1 数据选择器。

【例 3-9】

```
L1    --------------------------------------------------------------------------------
L2    ENTITY mulit IS
L3        PORT(a, b, c, selx, sely : IN   BIT;
L4            dout              : OUT BIT);
```

L5   END mulit;

L6   --

L7   ARCHITECTURE bhv OF mulit IS

L8   SIGNAL temp : BIT;

L9   BEGIN

L10   pro_1 : PROCESS(a, b, selx)   --进程 pro_1

L11   BEGIN

L12   If (selx = '0')   THEN temp <= a;

L13   ELSE temp <= b;

L14   END IF;

L15   END PROCESS pro_1;

L16   --

L17   pro_2 : PROCESS(temp, c, sely)   --进程 pro_2

L18   BEGIN

L19   IF (sely = '0 ')   THEN dout <= temp;

L20   ELSE dou t<= c;

L21   END IF;

L22   END PROCESS pro_2;

L23   END bnv;

L24   --

下面再通过一个 4 位二进制比较器的例子来说明 PROCESS 语句的结构和顺序语句的应用。

【例 3-10】

L1   --

L2   LIBARAY ieee;

L3   USE ieee.std_logic_1164.all;

L4   --

L5   ENTITY comparator IS

L6   PORT(a, b : IN   STD_LOGIC_VECTOR(3 DOWNTO 0);

L7   y   : OUT STD_LOGIC);

L8   END comparator;

L9   --

L10   ARCHITECTURE bhv OF comparator IS

L11   BEGIN

L12   PROCESS (a, b)

L13   BEGIN

L14   IF (b <= a)   THEN   y <= '0 ';

L15   ELSE   y <= '1 ';

L16   END IF;

L17   END PROCESS;

L18 END bhv;

L19 --

(1) 例 3-10 中，进程语句定义了敏感信号 a 和 b。a 和 b 为输入数据端口。当输入端口的信号发生变化时将启动进程的执行。进程中的顺序语句为条件语句，语句执行时进行条件判断，条件表达式使用了关系操作符小于等于 "<=" 来对两个端口的数据进行比较，如果条件成立则输出端口 y 赋值 "0"，否则 y 被赋值 "1"。

(2) 例 3-10 涉及到一个新的数据类型——标准逻辑矢量 STD_LOGIC_VECTOR(L6)，该类型和 STD_LOGIC 数据类型一样，都定义在 std_logic_1164 程序包中。数据类型 STD_LOGIC_VECTOR 是一维数组，数组中每个元素的数据类型都是 STD_LOGIC 型。STD_LOGIC_VECTOR 数据类型需要定义数组的宽度，即数组中元素的个数，如例 3-10 中 L6 通过 "3 DOWNTO 0" 定义其数组宽度为 4，即信号 a 和 b 的数据类型都是一个具有 4 位位宽的矢量，即端口上的值由 4 位二进制数构成。通过数组元素排列指示关键词 "DOWNTO" 确定数组元素下标从左向右依次递减：a(3)、a(2)、a(1)、a(0)和b(3)、b(2)、b(1)、b(0)。假设 a 值为 "1110"，b 值为 "1101"，则利用关系操作符从左向右依次比较每一位的值：a(3) = b(3) = '1'、a(2) = b(2) = '1'、a(1) = '1'> b(1) = '0'，所以最后结果为 a > b，即判断表达式不成立。另一常用的数组元素排列指示关键词 "TO" 用于确定数组元素下标从左向右递增，如：a(0)、a(1)、a(2)、a(3)。需要注意的是，关系操作符进行判断都是通过从左至右逐一对元素进行比较来决定的，并不管原数组的下标定义顺序，即不管数组下标是使用 DOWNTO 还是 TO，比较都是从左至右。

3.6 配　　置

对既定的电路功能，对应的电路结构并不是唯一的，它可以对应不同的电路结构方式。这意味着一个 VHDL 的设计只能有一个实体，但是可以有几个结构体，即使用几种方案实现一种功能，其中每个结构体的地位是相同的，但结构体名不能重复。

配置(Configuration)可以把特定的结构体指定给一个确定的实体，它描述实体与结构体之间的连接关系。在仿真时，可以利用配置语句来为同一实体配置不同的结构体，进行性能对比以得到最佳的设计方法。配置语句的一般语句格式如下：

CONFIGURATION　配置名　OF 实体名　IS

　　[配置说明];

END CONFIGURATION 配置名;

配置语句根据不同的情况，其配置说明有简有繁，以下是最简单的缺省配置格式的结构：

CONFIGURATION　配置名　OF 实体名　IS

　　　FOR 选配结构体名

　　　END FOR;

END CONFIGURATION 配置名;

该配置格式用于不包含块(Block)和元件(Component)的结构体。例 3-11 是以 2 选 1 多路选择器为例配置语句的应用。

【例 3-11】

```
L1   ------------------------------------------------------------------------------------------------------
L2   LIBRARY ieee;
L3   USE ieee.std_logic_1164.all;
L4   ------------------------------------------------------------------------------------------------------
L5   ENTITY mux21 IS
L6       PORT(a, b, s : IN   STD_LOGIC;
L7             y      : OUT STD_LOGIC);
L8   END ENTITY mux21;
L9   ------------------------------------------------------------------------------------------------------
L10  ARCHITECTURE construct OF mux21 IS
L11      SIGNAL e : STD_LOGIC;
L12      SIGNAL d : STD_LOGIC;
L13  BEGIN
L14      d<= a AND (NOT S);
L15      e<= b AND s;
L16      y<= d OR e;
L17  END ARCHITECTURE construct;
L18  ------------------------------------------------------------------------------------------------------
L19  ARCHITECTURE behavior OF mux21 IS
L20  BEGIN
L21      PROCESS(a, b, s)
L22      BEGIN
L23          IF s='0' THEN y <= a;
L24          ELAE y <= b;
L25          END IF;
L26      END PROCESS;
L27  END ARCHITECTURE behavior;
L28  ------------------------------------------------------------------------------------------------------
L29  CONFIGURATION mux_cfg1 OF mux21 IS       --配置名为 mux_cfg1
L30      FOR construct            --选择结构体 construct
L31      END FOR;
L32  END CONFIGURATION mux_cfg1;
L33  --CONFIGURATION mux_cfg2 OF mux21 IS       --配置名为 mux_cfg2
L34      --FOR behavior           --选择结构体 behavior
L35      --END FOR;
L36  --END CONFIGURATION mux_cfg2;
L37  ------------------------------------------------------------------------------------------------------
```

3.7　层次结构的 VHDL 描述

对于大规模的电路系统设计，可以将设计分成多个文件，使用层次化、分模块的设计方式，它能够使一个大型设计分工协作，仿真测试更加容易，代码维护或升级更加便利。

3.7.1　元件声明和元件例化

下面以一个 4 选 1 多路选择器的例子来说明层次结构的 VHDL 描述形式。例 3-1(或例 3-8)已经使用 VHDL 语言实现了 2 选 1 多路选择器，接下来就可以利用已经实现的 2 选 1 多路选择器构建 4 选 1 多路选择器，其电路结构如图 3-11 所示。d0、d1、d2、d3 是 4 个输入数据，s0、s1 是控制端口，决定数据的输出。2 选 1 多路选择器是底层文件，作为顶层文件待调用的元件。例 3-12 是按照图 3-11 结构完成的顶层文件。需要注意的是，例 3-1 中使用的数据类型是 BIT，如果使用例 3-1 中设计的 2 选 1 多路选择器作为底层待调用元件，需要将数据类型改为 STD_LOGIC。

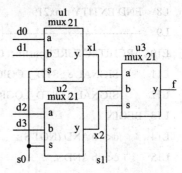

图 3-11　4 选 1 多路选择器电路结构

【例 3-12】

```
L1    -----------------------------------------------------------------------
L2    LIBRARY ieee;
L3    USE ieee.std_logic_1164.all;
L4    -----------------------------------------------------------------------
L5    ENTITY mux41 IS
L6        PORT (d0, d1, d2, d3   : IN   STD_LOGIC;
L7             s0, s1           : IN   STD_LOGIC;
L8             f                : OUT STD_LOGIC);
L9    END ;
L10   -----------------------------------------------------------------------
L11   ARCHITECTURE construct OF mux41 IS
L12       SIGNAL x1 : STD_LOGIC;
L13       SIGNAL x2 : STD_LOGIC;
L14       COMPONENT mux21                 --元件声明
L15           PORT( a, b, s   : IN   STD_LOGIC;
L16               y          : OUT   STD_LOGIC);
L17       END COMPONENT;
L18   BEGIN
L19       u1 : mux21 PORT MAP ( a => d0, b => d1, s => s0, y => x1 );    --元件例化
```

L20　　　u2 : mux21 PORT MAP (a => d2, b => d3, s => s0, y => x2);

L21　　　u3 : mux21 PORT MAP (a => x1, b => x2, s => s1, y => f);

L22　END;

L23　--

例 3-12 确定了顶层文件实体名 mux41,在实体描述部分定义了顶层的输入、输出端口。结构体部分首先在说明语句处定义了信号 x1 和 x2,用于器件内部的连接线;利用关键词 **COMPONENT** 声明了底层待调用元件 mux21。结构体功能描述语句部分利用端口映射语句 **PORT MAP** 将三个 mux21 元件连接起来构成了 4 选 1 多路选择器。由此例可以看出,层次结构的 VHDL 描述包含两个内容:元件声明和元件例化。

1. 元件声明

元件声明是把一个现成的设计实体定义为一个元件,即封装,只留出对外的接口界面。元件声明语句的功能是对待调用的元件作出调用声明,它的一般语句格式如下:

COMPONENT　元件名
　　　[GENERIC (类属表);]
　　　PORT(端口名表);
END　COMPONENT　元件名;

元件声明以关键词 **COMPONENT** 开始,元件名是待调用底层设计实体的实体名。类属表部分不是必须的,当有需要传递的类属参量时才需要。端口名表需要列出该元件对外通信的各端口名,与实体中的PORT语句一致。所以,对需要调用的元件可以将对应的VHDL代码的实体描述部分直接复制过来即可,但不要忘记关键词需要由 **ENTITY** 改为 **COMPONENT**。元件声明必须放在关键词 **ARCHITECTURE** 和 **BEGIN** 之间,即结构体说明语句部分。

2. 元件例化

元件例化语句是底层元件与当前设计实体的连接说明,一般语句格式如下:

例化名 : 元件名　 **PORT MAP** 　([端口名 =>] 连接端口名,
　　　　　　　　　　　　　　　[端口名 =>] 连接端口名,
　　　　　　　　　　　　　　　…　　　　);

例化名是必须的,且在结构体中是唯一的,可以看做顶层电路系统中需要接受底层元件的一个插座的编号名称。元件名与声明时的元件名一致,即为待调用设计实体的实体名。**PORT MAP** 语句可实现端口之间的映射(连接)。端口名指元件定义语句中定义的端口名称,即底层待调用元件的端口。符号"=>"是连接符号,它仅代表连接关系而不代表数据流动的方向。符号"=>"左侧放置端口名,右侧放置连接端口名。连接端口名指当前电路系统中准备与接入元件相连的端口,即顶层系统端口或顶层文件中定义的信号。从语句格式中可以看出,端口名和连接符号不是必须的,也就是说端口间的映射关系有两种方式:名称映射和位置映射。

(1) 名称映射是利用对应的接口名称进行连接,就是将元件的各端口名称赋予顶层系统中的信号名称,即端口名与连接端口名的映射。例 3-12 采用的就是这种方式。名称映射的优点是端口的顺序可以任意变化,如例 3-13 所示,与例 3-12 完全一致。

【例 3-13】

u1 : mux21 PORT MAP (s => s0, b => d1,a => d0, y => x1);　　　--改变端口顺序

u2 : mux21 PORT MAP (b => d3, a => d2, s => s0, y => x2);

u3 : mux21 PORT MAP (a => x1, s => s1, b => x2, y => f);

(2) 位置映射是指在 PORT MAP 语句中不写出端口名和连接符号 "=>"，仅指定连接端口名,但连接端口名的书写顺序必须与元件端口说明中信号的书写顺序一一对应。例 3-14 将显示采用位置映射方式实现的 4 选 1 多路选择器的元件例化。如果将例化 u1 改为 "u1 : mux21 PORT MAP (d0, s0, d1, x1);",则由于书写顺序的不对应,将控制端口 s0 连接到元件 mux21 的数据端口 b 上,而将数据 d1 连接到 mux21 的控制端口 s 上,最后造成错误的结果。

【例 3-14】

u1 : mux21 PORT MAP (d0, d1, s0, x1);

u2 : mux21 PORT MAP (d2, d3, s0, x2);

u3 : mux21 PORT MAP (x1, x2, s1, f);

元件例化也可采用直接例化的形式,即可以省略元件声明部分。例 3-15 将显示采用直接例化的形式实现 4 选 1 多路选择器。

【例 3-15】

ARCHITECTURE construct OF mux41 IS

　　SIGNAL x1 : STD_LOGIC;

　　SIGNAL x2 : STD_LOGIC;

BEGIN

　　u1 : ENTITY WORK.mux21 PORT MAP (a => d0, b => d1, s => s0, y => x1);　　--直接例化

　　u2 : ENTITY WORK.mux21 PORT MAP (a => d2, b => d3, s => s0, y => x2);

　　u3 : ENTITY WORK.mux21 PORT

MAP (a => x1, b => x2, s => s1, y => f);

END;

最后, 请读者根据元件声明和元件例化的相关内容以及 3.2.2 节中设计的半加器, 以半加器为底层元件, 采用层次结构的 VHDL 描述形式, 实现一位全加器的设计, 其电路结构图如图 3-12 所示。

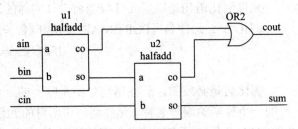

图 3-12　全加器电路结构图

3.7.2　类属参量的应用

如 3.4.3 节所述, 类属参量多用于模块化设计时不同层次模块之间信息的传递, 可以将其理解为高层次模块传递给底层模块的形参。下面通过两个例子来进行介绍。例 3-17 是一个顶层文件, 它通过例化语句调用了例 3-16, 对其进行了参数的传递。在例 3-16 中, 类属参量 n 的缺省取值为 3, 但 n 的具体取值可通过例 3-17 中参数传递映射 GENERIC MAP 语句动态指定。

【例 3-16】

```
L1   --------------------------------------------------------------------------------------------
L2   LIBRARY ieee;
L3   USE ieee.std_logic_1164.all;
L4   --------------------------------------------------------------------------------------------
L5   ENTITY andn IS                              --底层实体 andn
L6       GENERIC (n :  INTEGER := 3 ); --声明类属参量 n，其数据类型是整型
L7       PORT(a    :  IN     STD_LOGIC_VECTOR(n-1 DOWNTO   0);
                          --端口信号 a，数据类型是标准逻辑矢量，包含元素个数为 n
L8             c  :  OUT    STD_LOGIC);
L9    END andn;
L10  --------------------------------------------------------------------------------------------
L11  ARCHITECTURE bhv OF andn IS
L12  BEGIN
L13      PROCESS(a)
L14          VARIABLE int : STD_LOGIC;       --定义变量 int，数据类型是标准逻辑位
L15      BEGIN
L16          int := '1';                             --int 初值为"1"
L17          FOR i IN a' LENGTH-1 DOWNTO 0 LOOP    --循环语句 FOR，循环次数为 n
L18              IF a (i) ='0'    THEN   int := '0';
L19              END IF;
L20          END   LOOP;
L21          c <= int;
L22      END PROCESS;
L23  END bhv;
L24  --------------------------------------------------------------------------------------------
```

【例 3-17】

```
L1   --------------------------------------------------------------------------------------------
L2   LIBRARY ieee;
L3   USE ieee.std_logic_1164.all;
L4   --------------------------------------------------------------------------------------------
L5   ENTITY exn IS                              --顶层实体 exn
L6       PORT(d1, d2, d3, d4, d5, d6  : IN  STD_LOGIC;
L7              q1, q2                : OUT STD_LOGIC);
L8   END exn;
L9   --------------------------------------------------------------------------------------------
L10  ARCHITECTURE one OF exn IS
L11      COMPONENT andn                        --声明元件 andn
L12          GENERIC (n :  INTEGER);
```

```
L13          PORT( a    :   IN    STD_LOGIC_VECTOR(n-1 DOWNTO 0);
L14              c    :   OUT   STD_LOGIC);
L15      END COMPONENT;
L16  BEGIN
L17      u1: andn GENERIC MAP( n => 2 )          --参数传递，n 赋值为 2
L18              PORT MAP( a(0 )=> d1, a(1) => d2, c => q1 );
L19      u2: andn GENERIC MAP( n => 4 )          --参数传递，n 赋值为 4
L20              PORT MAP( a(0) => d3, a(1) => d4, a(2) => d5, a(3) => d6,c => q2 );
L21  END one;
L22  --------------------------------------------------------------------------------------------------------
```

(1) 例 3-16 中的 L6 使用关键词 GENERIC 声明了类属参量 n，其数据类型为整型，设置缺省值为 3。L7 利用 n 值来确定端口信号矢量 a 的长度，即标准逻辑矢量所包含的元素个数。

(2) 例 3-16 中的 L14 使用关键词 VARIABLE 声明了变量 int，用于数据的暂时存储。变量的声明必须在进程内部，它是一个局部量，不能跳出声明它的进程使用。变量的赋值符号是 ":="，L16 为变量赋初值 1。如前所述，变量与信号都属于数据对象，它们的功能相似，但应注意变量与信号的区别：① 声明位置不同，信号的声明在结构体的说明语句部分，变量的声明在进程或子程序内部；② 声明位置的不同决定了它们的使用范围不同，如在结构体说明语句部分声明的信号在整个结构体内都可以使用，但在进程和子程序中声明的变量则只能在该进程或子程序内部使用；③ 赋值符号的不同，信号的赋值符号是 "<="，而变量的赋值符号是 ":="。其区别将在第 4 章中进一步深入介绍。

(3) 例 3-16 中的 L17～L20 使用了循环语句 LOOP，属于 FOR/LOOP 语句。关键词 FOR 后的循环变量 i 是一个临时变量，由设计者自行命名，属于 LOOP 语句的局部变量，因此不需要事先定义，但在 LOOP 语句的范围内不能再使用其他与此循环变量同名的标识符。关键词 IN 后用来确定循环次数，循环变量从循环次数指定的初值开始，每执行完一次就加 1，直至达到循环次数指定的最大值为止。FOR/LOOP 语句的一般语句格式如下：

[LOOP 标号:] FOR 循环变量 IN 循环次数范围 LOOP
　　顺序语句；
END LOOP [LOOP 标号];

(4) 例 3-17 中的 L11～L15 对元件 andn 进行声明，L17～L20 是元件例化，其中使用参数传递映射语句 GENERIC MAP 实现了对类属参量 n 的赋值。以元件 u1 为例，n 取值为 2，即信号 a 含有两个元素，LOOP 语句实现两次循环，最终实现一个 2 输入与门的逻辑。

3.8　简单时序电路的描述

以上所述示例都是组合逻辑电路，VHDL 语言能够进行时序逻辑电路的描述，且因为它行为建模的特点，描述时序电路更加方便。触发器是最简单、最具代表性的时序电路，它是数字系统设计中最基本的底层时序单元。触发器的 VHDL 描述包含了 VHDL 许多有特色的语言现象，例 3-18 显示了一个 D 触发器的描述，其仿真结果如图 3-13 所示。

【例 3-18】

```
L1    ----------------------------------------------------------------------------------------------
L2    LIBRARY ieee;
L3    USE ieee.std_logic_1164.all;
L4    ----------------------------------------------------------------------------------------------
L5    ENTITY my_dff IS
L6        PORT   (clk, d   : IN    STD_LOGIC;
L7                 q       : OUT STD_LOGIC);
L8     END my_dff;
L9    ----------------------------------------------------------------------------------------------
L10   ARCHITECTURE bhv OF my_dff IS
L11       SIGNAL q1: STD_LOGIC;
L12   BEGIN
L13       PROCESS (clk,d)
L14       BEGIN
L15           IF clk' EVENT AND clk = '1'     THEN q1 <= d;
L16           END IF;
L17       END PROCESS;
L18       q <= q1;
L19   END bhv；
L20   ----------------------------------------------------------------------------------------------
```

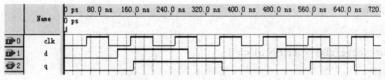

图 3-13　D 触发器时序波形

从仿真结果可以看出，当时钟信号 clk 上升沿到来时，输出信号 q 随输入信号 d 的变化而变化，以实现 D 触发器的功能。例 3-18 涉及的相关语法如下：

(1) IF 语句中的判断表达式 "clk' EVENT AND clk = '1' " 用于检测时钟信号 clk 的上升沿(L15)，即只要有时钟信号 clk 的上升沿到来，表达式将输出 TURE，执行赋值语句"q1 <= d"，从而实现 D 触发器的功能。

(2) 关键词 EVENT 是预定义的信号类属性，用来获得指定对象行为的信息，其格式一般是：<对象> 'EVENT。属性 EVENT 表示如果信号在很短的时间内发生变化，则返回 TURE。L15 表示：信号 clk 在一小段时间内发生变化，且变化后 clk 取值为 "1"，两者都成立的情况下，可以推断 clk 出现了一个上升沿，判断表达式输出为 TURE。

(3) 也可采用其他的方式来进行上升沿的检测，如例 3-19～例 3-21 所示。由于 clk 信号的数据类型是 STD_LOGIC，则它可能的取值有 9 种，那么语句"clk' EVENT AND clk='1'"并不能保证信号 clk 发生跳变前的值是 "0" (有可能是从 "Z" 到 "1" 的跳变)，这样就不能确保 clk 出现了一个上升沿。例 3-19 使用了信号属性 LAST_VALUE，它表示在最后一次事件发生前信号的值，如果"clk'LAST_VALUE='0'"成立，则确保了信号 clk 发生变化前的值为"0"。例 3-21 使用了函数 rising_egde( )，该函数是在 IEEE 库的标准程序包 std_logic_1164 中的预定义函数，只能用于数据类型 STD_LOGIC，指定信号的值必须是"0"到"1"的转换，不允许"Z"或"X"到 1 的转换。同样在 std_logic_1164 程序包中还定义了测试下降沿的函数 falling_edge( )，指定信号的值必须是"1"到"0"的转换。需要注意的是，在使用这两个函数前必须打开 IEEE 库和 std_logic_1164 程序包。虽然，例 3-19～例 3-21 是更为严格的上升沿的检测方式，但考虑到多数综合器并不理会边沿检测语句中信号的 STD_LOGIC 数据类型，所以最常用的检测语句仍是"clk' EVENT AND clk='1'"。

【例 3-19】

```
PROCESS (clk)
BEGIN
    IF clk'EVENT AND clk ='1' AND clk'LAST_VALUE='0'    THEN q1 <= d;
    END IF;
END PROCESS;
```

【例 3-20】

```
PROCESS (clk)
BEGIN
    IF clk ='1' AND clk'LAST_VALUE='0'    THEN q1 <= d;
    END IF;
END PROCESS;
```

【例 3-21】

```
PROCESS (clk)
BEGIN
    IF rising_edge (clk)    THEN q1 <= d;
    END IF;
END PROCESS;
```

(4) 例 3-18 的 IF 语句属于单分支条件语句，对于不满足条件(即没有上升沿到来)的情况，VHDL 的综合器会解释成跳过赋值语句 q1<=d 不予执行，这意味着保持 q1 的原值不变。对于数字电路来说，当输入改变后仍能保持原值不变，就意味着使用了具有存储功能的元件，必须引进时序元件(寄存器)来保存 q1 的原值，直到满足 IF 语句的判断条件后才能更新 q1 的值。然而必须注意，虽然在构成时序电路方面，可以利用这种单分支条件语句所具有的独特功能构成时序电路，但在利用条件语句进行纯组合电路设计时，如果没有充分考虑到电路中所有可能出现的条件，即没有列出所有的条件及其对应的处理方法就会综合出设计者不希望得到的组合与时序电路的混合体。因此初学者在使用 IF 语句形式的时候要特别注意单分支 IF 语句的使用。

习　题

3-1　VHDL 代码一般由哪几个部分组成？简述每个部分的作用。

3-2　VHDL 语言中常见的库有哪些？如何使用库？

3-3　VHDL 中常见的预定义程序包有哪些？分别定义了什么样的数据类型、函数等？怎样使用这些预定义程序包？

3-4　什么是关键词？列举几个关键词。

3-5　什么是标识符？标识符的定义有什么样的规定？

3-6　数据类型 BIT 和数据类型 STD_LOGIC 有什么不同？

3-7　数据类型 STD_LOGIC 和数据类型 STD_LOGIC_VECTOR 有什么不同？

3-8　解释以下的实体描述，说明实体名、端口定义、数据类型等，并画出对应的元件符号。

```
ENTITY cnt IS
    PORT( clk，load，reset    : IN    STD_LOGIC;
          cout               : OUT   STD_LOGIC_VECTOR(7 DOWNTO 0));
END ENTITY cnt;
```

3-9　VHDL 有哪两种建模方式？它们有什么区别？

3-10　设计一个 2 输入或运算，并在 Quartus II 下完成编译和仿真。

3-11　试编写一段 VHDL 代码，实现图 3-14 所示的电路。要求不使用 PROCESS 语句，采用逻辑操作符(AND、OR 等)实现电路结构。

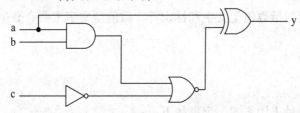

图 3-14　题 3-12 电路结构

3-12　试用行为建模的描述形式设计一个 4 选 1 多路选择器。

3-13　采用行为建模和结构化建模的形式设计一个全加器，假设加数 ain、bin，低位进位信号 cin，求和结果 sum，高位进位 cout，电路结构可参见图 3-12。

3-14　利用全加器实现 4 位串行进位的加法器，即实现带有低位进位信号的 4 位二进制数的相加。

3-15　设计一个一位二进制全减器。要求首先设计一位半减器，然后用例化语句将它们连接起来。图 3-15 所示是一位全减器的电路结构，其中 ain 是被减数，bin 是减数，c_i 是低位借位，d 是差值、c_{i+1} 是高位借位。

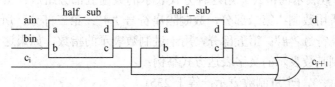

图 3-15　一位全减器电路结构

3-16　在 VHDL 语言中配置的主要功能是什么？试举例说明。

3-17　如何测定时钟信号 clk 的上升沿到来？下降沿呢？

第 4 章　VHDL 语言要素

VHDL 语言是一种硬件描述语言，与软件语言(如：C 语言)有一定的相似之处：有相似的运算操作符、表达式、子程序、函数等。通过第 3 章对 VHDL 语言有了大致感性的理解后，本章系统地讲解 VHDL 语言要素，包括：文字规则、数据对象、数据类型、操作符和属性等，是 VHDL 语言学习的基础。

需要注意的是，虽然 VHDL 语言与软件语言有相似之处，但它仍需要经过编译，然后综合成可实现的硬件结构，再通过布局布线后下载到 PLD 器件中；并不像软件语言，编译后由 CPU 执行即可。

4.1　VHDL 文字规则

VHDL 文字主要包括数值型文字和标识符。数值型文字主要有数字型、字符串型。

4.1.1　数值型文字

1. 数字型

数字型文字有多种表达方式，列举如下：

(1) 整数(Integer)。整数是十进制数，与算数整数相似，包括正整数、负整数和零，表示范围是 $-(2^{31}-1)\sim(2^{31}-1)$，即 $-2\,147\,483\,647\sim2\,147\,483\,647$。整数的表达方式举例：

　　　1，234，567E2(= 56700)，12_345_678(= 12 345 678)

其中，数字间的下划线仅仅是为了提高文字的可读性，相当于一个空的间隔符，没有其他意义，也不影响文字本身的数值。

(2) 实数(Real)。实数也是十进制的数，但必须带有小数点。它类似于数学上的实数，或称浮点数，表示范围是 $-1.0E38\sim1.0E38$。实数的表达方式举例：

　　　0.0，123.45，6.0，78.99E – 2(= 0.7899)，12_345.678_999(=12345.678999)

(3) 以数制基数表示的格式。用这种方式表示的数由五部分组成：第一部分，基数，用十进制数表明所用数制；第二部分，数制隔离符号 "#"；第三部分，所要表达的数；第四部分，指数隔离符号 "#"；第五部分，用十进制数表示的指数，如果这一部分为 0 可以省去不写。以数制基数表示的文字表达方式举例：

　　　10#235#　　　　　(十进制数表示，等于 235)

　　　2#1110_1011#　　(二进制数表示，等于 235)

　　　8#353#　　　　　 (八进制数表示，等于 235)

　　　16#EB#　　　　　(十六进制数表示，等于 235)

　　16#E#E1　　　　　　　（十六进制数表示，等于 16#E0#，等于 2#11100000#，等于 224）

　　16#F.01#E2　　　　　（十六进制数表示，等于 16#F01#，等于 3841.00）

　　(4) 物理文字量。物理文字量包括时间、电阻、电流等，但此类文字综合器不能接受，多用于仿真。物理文字量的表达方式举例：

　　55 ns，177 A，23 m

它一般由整数和单位两部分组成，整数与单位间至少留一个空格。

2. 字符串型

　　字符是用单引号引起来的 ASCII 字符，可以是数值，也可以是符号或字母，如 'A'、'8'、'a'、'-'。字符串是字符的一维数组，必须使用双引号引起来。VHDL 中有两种字符串：文字字符串和数位字符串。

　　(1) 文字字符串。文字字符串即用双引号引起来的一串文字，举例：

　　"STRING"，"Both A and B equal to 0"

　　(2) 数位字符串。数位字符串即位矢量，用双引号引起来的一维位(BIT，VHDL 预定义数据类型)数据，采用基数符加字符串的表达形式，举例：

　　B"1_1101_0010"　　　（二进制数组，位矢量长度是 9）

　　O"34"　　　　　　　（八进制数组，位矢量长度是 6，相当于 B"011100"）

　　X"1AB"　　　　　　（十六进制数组，位矢量长度是 12）

其中，B 代表二进制基数符号，表示二进制数位 0 或者 1，字符串中的每一位表示一个 BIT；O 代表八进制基数符号，字符串中的每一位代表一个八进制数，即 3 位 BIT 的二进制数；X 代表十六进制基数符号，字符串中的每一位代表一个十六进制数，即一个 4 位的二进制数。

　　分析下面表达方式的正确性：

　　B"1000_1110"　　　　--二进制数组，数组长度 8，表达正确

　　B"10001110"　　　　　--二进制数组，数组长度 8，表达正确

　　"1000_1110"　　　　　--表达错误，如果省去 B，则不能加下划线

　　"10001110"　　　　　--表达正确

　　"1AB"　　　　　　　--表述错误，除二进制外，八进制和十六进制不能省去基数符

4.1.2　标识符

　　VHDL 中的标识符可以是常量、变量、信号、端口、子程序或参数的名称。使用标识符要遵守一定的法则，这不仅是对电子系统设计工程师的一个约束，同时也为各种 EDA 工具提供标准的书写规范，使之在综合仿真过程中不产生歧义，易于仿真。VHDL 中的标识符分为基本标识符和扩展标识符两种。基本标识符的规则如下：

　　(1) 标识符由字母(A~Z，a~z)、数字(0~9)和下划线(_)组成。

　　(2) 任何标识符必须以英文字母开头。

　　(3) 不允许出现多个连续的下划线，只能是单一下划线，且不能以下划线结束。

　　(4) 标识符不区分英文字母大小写。

　　(5) VHDL 定义的保留字或关键词，不能用作标识符。

　　(6) VHDL 中的注释文字一律由两个连续的连接线"--"开始，可以出现在任一语句后

面，也可以出现在独立行。

分析下面标识符的合法性：

_decoder	--非法标识符，起始不能是非英文字母
3dop	--非法标识符，起始不能是非英文字母
large # number	--非法标识符，"＃"不能成为标识符的构成
sig_N	--合法标识符
state0	--合法标识符
NOT-ACK	--非法标识符，"-"不能成为标识符的构成
Data_ _bus	--非法标识符，不能含有多个下划线
Copper_ _	--非法标识符，不能以下划线结束
Return	--非法标识符，关键字不能用作标识符
tx_clk	--合法标识符

VHDL93 标准还支持扩展标识符，以反斜杠来界定，免去了 87 标准中基本标识符的一些限制，如：可以以数字打头，允许包含图形符号，允许使用 VHDL 保留字，区分字母大小写等。扩展标识符举例：\entity\、\2chip\、\EDA\、\eda\、\aa\\bb\。但目前仍有较多 VHDL 工具不支持扩展标识符，所以本书仍以 87 标准为准。由于 VHDL 语言不区分大小写，在书写时一定要养成良好的书写习惯。一般而言，应用关键词时应大写，自行定义的标识符应小写。

4.2　数 据 对 象

在 VHDL 中，凡是可以赋予一个值的客体称为数据对象。数据对象是数据类型的载体，可以把它看做一个容器，能够接收不同数据类型的赋值。常用的数据对象有：常量(CONSTANT)、变量(VARIABLE)和信号(SIGNAL)。

4.2.1　常量

常量是指在设计描述中不会变化的值。常量的使用主要是为了使代码更容易阅读和修改。在 VHDL 描述中，一般用常量名代替数值。常量是一个恒定不变的值，一旦作了数据类型和赋值定义后，在代码中就不能再改变，因而具有全局意义。常量声明的格式如下：

CONSTANT 常量名 ： 数据类型 := 取值;

【例 4-1】

CONSTANT width_s　：INTEGER := 8;　　　　--声明常量 width_s，数据类型为整型，值为 8

CONSTANT delay　　：TIME := 25ns;　　　　--声明常量 dealy 作为延时时间 25 ns

CONSTANT fbus　　：BIT_VECTOR := "010100";　--声明常量 fbus 为位矢量类型

常量的使用注意以下几个要点：

(1) 常量的赋值必须符合声明的数据类型。

(2) 常量一旦赋值就不能再改变。若要改变常量值，必须要改变设计，改变常量的声明。

(3) 常量声明所允许的范围有实体、结构体、进程、子程序、块和程序包。

(4) 常量具有可视性规则，即常量的声明位置决定它的使用范围。如果常量是在程序包中声明的，则调用此程序包的所有设计实体都可以使用，此时具有最大的全局化特征；常量如果声明在设计实体中，则这个实体定义的所有结构体都可以使用；常量如果声明在结构体内，则只能用于该结构体；如果声明在某进程中，则只能在该进程中使用。

4.2.2 变量

变量用于对数据的暂时存储。变量是一个局部量，只能在进程和子程序中使用。变量声明的格式如下：

VARIABLE 变量名 ： 数据类型 [:=初始值];

【例 4-2】

VARIABLE   count: INTEGER RANGE 0 TO 99 := 0; --声明变量 count，数据类型为整型，初值为 0

VARIABLE   result : STD_LOGIC := '1';   --变量 result 为标准逻辑位数据类型，初值为 '1'

VARIABLE   x,y,z : STD_LOGIC_VECTOR(7 DOWNTO 0); --声明变量 x、y、z 为标准逻辑矢量数据

类型，没有定义初值

虽然变量可以在声明时赋予初始值，但综合器并不支持初始值的设置，使用时将忽略。初始值仅对仿真器有效。当变量在声明语句中没有赋予初值时，可以通过变量赋值语句在使用时对其赋值。变量赋值语句的格式如下：

目标变量名 ： = 表达式;

【例 4-3】

VARIABLE x,y,z : STD_LOGIC_VECTOR(7 DOWNTO 0); --声明变量 x、y、z

x := "01001010";

y := "00010001";

z := x(0 TO 3) & y(4 TO 7);

需要注意的是，赋值语句中的表达式必须与目标变量具有相同的数据类型。变量在使用时还需注意以下几个要点：

(1) 变量是一个局部量，只用于进程和子程序。变量不能将信息带出对它作定义的设计单元。

(2) 变量的赋值是立即发生的，不存在任何延时的行为。

(3) VHDL 语言规则不支持变量附加延时语句。

(4) 变量常用在实现某种运算的赋值语句中。变量赋值和初始化赋值都使用符号 ":="。

(5) 变量不能用于硬件连线。

在 VHDL 93 标准中对变量的类型作了增加，引入了全程变量，可以把值传送到进程外部，参见例 4-4。从分析可知，定义了一个全程变量 v，用于在进程 P0 和 P1 间传递信息。需要注意的是，全程变量也不能作为进程的敏感参数，并且可能导致一些不确定性，使用全程变量必须小心。

【例 4-4】

L1   ---

L2   ARCHITECTURE bhv OF example IS

L3   SHARED VARIABLE   v : STD_LOGIC_VECTOR(1 DOWNTO 0);

```
L4      BEGIN
L5      P0 : PROCESS(a,b)
L6      BEGIN
L7            v := a & b;
L8      END PROCESS p0;
L9      p1 : PROCESS(c)
L10     BEGIN
L11        IF     v =    "11" THEN y <= c;
L12        ELSE y <= "0000";
L13        END IF;
L14     END PROCESS p1;
L15  END bhv;
L16  -----------------------------------------------------------------------------------------------------------------
```

4.2.3 信号

信号是电路内部硬件实体相互连接的抽象表示，可以实现进程之间的通信。信号声明的格式如下：

SIGNAL 信号名 ：　数据类型 [：=初始值]；

【例 4-5】

SIGNAL sys_clk：BIT　:= '0';　　　　　　　　　--声明位型的信号 sys_clk，初始值为低电平

SIGNAL temp　: STD_LOGIC_VECTOR(7 DOWNTO 0); --信号 temp，数据类型为标准逻辑矢
　　　　　　　　　　　　　　　　　　　　　　　　　量，没有设置初始值

SIGNAL s1，s2：STD_LOGIC;　　　　　　　--声明了两个 STD_LOGIC 类型的信号 s1 和 s2

与变量相同，对信号初始值的设置也不是必须的，并且仅在仿真中有效。一般在设计中对信号进行赋值，信号赋值语句的格式如下：

目标信号名<=表达式；

【例 4-6】

SIGNAL a,b,c,d : STD_LOGIC_VECTOR(7 DOWNTO 0);

a <= "10101010";　　　　--以二进制形式将 8 个比特一次赋值完毕

b <= X"AA";　　　　　　--以十六进制形式赋值，在 VHDL 97 标准中定义

c(7 DOWNTO 4) <= "1100";　--比特分割，信号 c 的高 4 位被赋值"1100"

d(7) <= '1';　　　　　　--单比特赋值

信号的使用需要注意以下几个要点：

(1) 信号的声明范围是程序包、实体和结构体。信号不能在进程和子程序中声明，但可以使用。

(2) 与常量相似，信号也具有可视性规则。在程序包中声明的信号，对于所有调用此程序包的设计实体都可见；在实体中声明的信号，在其对应的所有结构体中都可见；在结构体中声明的信号，此结构体内部都可见。

(3) 实体中定义的输入、输出端口也是信号，只是附加了数据流动的方向。

(4) 符号"：="用于对信号赋初始值，符号"<="用于信号的代入赋值。代入赋值可以设置延时，如：a<= "10101010 "AFTER 5ns。

(5) 信号包括 I/O 引脚信号和 IC 内部缓冲信号，有硬件电路与之对应，所以即使没有设置延时，信号之间的传递也有实际的附加延时。

(6) 信号能够实现进程间的通信，即把进程外的信息带入进程内部，把进程内部的信息带出进程。所以，信号能够列入进程的敏感列表，而变量不能列入。

(7) 信号的赋值可以出现在进程中，也可以直接出现在结构体的并行语句中，但它们的运行含义不同。前者属于顺序信号赋值，允许同一信号有多个驱动源(赋值源)，但只有最后的赋值语句进行有效的赋值操作，如例 4-7 中的 y 被赋值为 c；后者属于并行信号赋值，赋值操作是各自独立并行发生的，不允许对同一信号多次赋值,如例 4-8 中的 y 被赋值为 a+b，z 被赋值为 c，不允许对 y 多次赋值。同样地，也不允许在不同的进程中对同一信号进行赋值操作。

【例 4-7】
```
ARCHITECTURE bhv OF adder IS
    SIGNAL a，b，c，y, z : INTEGER;
BEGIN
    PROCESS(a，b，c)
    BEGIN
        y <= a+b;
        y <= c;
    END PROCESS;
END bhv;
```

【例 4-8】
```
ARCHITECTURE bhv OF adder IS
    SIGNAL a，b，c，y，z: INTEGER;
BEGIN
    y <= a+b;
    z <= c;
END bhv;
```

(8) 在使用信号赋值语句时，可以一个信号定义几个值，见例 4-9。这些值应一一枚举，中间使用逗号分开，**AFTER** 后的延时值必须为升序。但需要特别注意的是，综合工具不支持这种描述方法，该描述更多地使用在仿真测试中。更多的例子可以参见第 8 章。

【例 4-9】

	时刻	输出信号 c 值
c <= '0',	0	'0'
'1'　AFTER 5ns,	5	'1'
a　AFTER 10ns,	10	a
b　AFTER 15ns;	15	b

4.2.4　变量与信号的比较

在 VHDL 语言中，变量和信号是常用的数据对象，在形式上非常相似，但本质上却有很大的差别。

变量赋值语句用来给变量赋值或改变变量值，使用赋值符号"：="，且只能在 VHDL 的顺序语句部分(进程和子程序)声明和使用。当给变量赋值时，赋值操作立即执行，该变量一直保留所赋值，直到下次赋值操作发生为止。变量一般用作局部数据的临时存储单元。

信号赋值语句可以改变当前进程中信号的驱动值，使用赋值符号"<="。信号只能在 VHDL 并行语句部分声明，但既可以用在并行语句部分，也可以用在顺序语句部分。当给信号赋值时，赋值操作并没有立即生效，必须要等待一个延时，在每个进程结束时才完成赋值。信号一般用作电路单元的互联。

当然，变量类型和信号类型如果完全一致，数据类型也完全相同，允许二者相互赋值。

例 4-10 和例 4-11 显示了信号和变量在进程中赋值的区别。由于实体定义部分完全与例 4-10 相同，所以例 4-11 只显示了结构体部分。两个例子的区别仅在于例 4-10 使用的是信号 a 和 b，而例 4-11 使用的是变量 a 和 b。

【例 4-10】

```
L1    ----------------------------------------------------------------
L2    LIBRARY ieee;
L3    USE ieee.std_logic_1164.all;
L4    USE ieee.std_logic_unsigned.all;
L5    ----------------------------------------------------------------
L6    ENTITY temp1 is
L7        PORT(x   : IN    STD_LOGIC_VECTOR(7 DOWNTO 0);
L8            clk : IN    STD_LOGIC;
L9            y   : OUT  STD_LOGIC_VECTOR(7 DOWNTO 0));
L10   END;
L11   ----------------------------------------------------------------
L12   ARCHITECTURE bhv OF temp1 IS
L13       SIGNAL a,b : STD_LOGIC_VECTOR(7 DOWNTO 0);
L14       ATTRIBUTE keep: BOOLEAN;
L15       ATTRIBUTE keep OF a,b : SIGNAL IS TRUE;
L16       --对信号 a、b 定义 KEEP 属性，使其在综合时不被删去或优化，可以观察仿真结果
L17   BEGIN
L18       PROCESS(clk)
L19       BEGIN
L20           IF clk'EVENT AND clk = '1' THEN    a <= x; b <= a-1; y <= b-2;
L21           END IF;
L22       END PROCESS;
```

L23　END bhv;

L24　---

【例 4-11】

L1　---

L2　　ARCHITECTURE bhv OF temp2 IS

L3　BEGIN

L4　　　PROCESS(clk)

L5　　　　　VARIABLE a,b : STD_LOGIC_VECTOR(7 DOWNTO 0);

L6　　　BEGIN

L7　　　　　IF clk'EVENT AND clk = '1' THEN　　a := x; b := a-1; y <= b-2;

L8　　　　END IF;

L9　　　END PROCESS;

L10　END bhv;

L11　---

图 4-1 和图 4-2 分别是例 4-10 和例 4-11 综合后的 RTL 电路图,可以看出其结果有了较大的差别,这是由信号和变量不同的赋值特性所引起的。变量的赋值是立即执行没有延时的,所以 a:=x 和 b:=a 这两条语句能够立即执行。

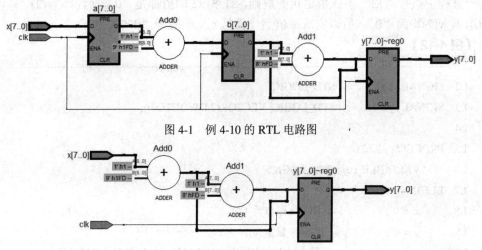

图 4-1　例 4-10 的 RTL 电路图

图 4-2　例 4-11 的 RTL 电路图

信号的赋值是有延时的,当进程启动后,进程有固定的运行时间 δ,在进程内的语句是顺序执行的。所有进程内的信号赋值语句均顺序启动各自的延时 δ 定时器(顺序启动的间隔几乎为 0),准备在定时结束后执行赋值操作。可以发现,只有执行到 END PROCESS 语句时,δ 延时才结束,模拟器的时钟才能向前推进。因此,进程中所有信号的赋值操作几乎是在同时完成赋值的。所以,对于例 4-9 来说(仿真结果见图 4-3),当第 2 个时钟上升沿到来后,启动一次进程,信号 a 能够在延时 δ 后获得新的输入信号 x 的值 1,信号 b 也能在延时 δ 后完成赋值语句 b<=a-1 操作,但此时对赋值语句 b 而言,a 值仍然是原有的 a 值 0,而不是新的 a 值 1,这是因为新的 a 值是基本与 b 的赋值同时完成得到的,所以完成赋

值操作后 b 值仍然为 −1。同样地，对于输出信号 y，也在延时 δ 后完成赋值语句 y<=b−2，得到 y 值为 −3。对于两个例子赋值更新的数据可参见图 4-3 和图 4-4。可以看到，采用信号的例 4-10 比采用变量的例 4-11 慢了两个时钟周期，与 RTL 电路图的结构相符。

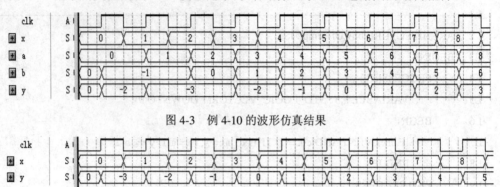

图 4-3　例 4-10 的波形仿真结果

图 4-4　例 4-11 的波形仿真结果

分析例 4-12 代码片段，说明信号 s_v 的最后赋值结果。

从例 4-12 的注释中可以看出，由于变量是立即赋值的，所以 s_v(0) 和 s_v(1) 得到了变量 x 和 y 第一次赋值，为 "1"，随后变量 x 和 y 进行了第二次赋值，并将值传递给了 s_v(4) 和 s_v(5)，使得 s_v(4) 和 s_v(5) 为 "0"。虽然信号 s1 和 s2 也分别有两次赋值操作，但按照在同一进程中执行最后一条赋值语句的规则，s1 和 s2 的值都是 "0"，所以 s_v(2)、s_v(3)、s_v(6)、s_v(7) 均为 "0"。所以完成赋值后，信号 s_v 应等于 "00000011"。

【例 4-12】

```
L1  ----------------------------------------------------------------------------------------
L2  SIGNAL s1,s2      : STD_LOGIC;
L3  SIGNAL s_v        : STD_LOGIC_VECTOR(7 DWONTO 0);
L4          … …
L5  PROCESS( s1, s2)
L6      VARIABLE x ,y : STD_LOGIC;
L7  BEGIN
L8      x := '1';         --立即将 x 赋值为 1
L9      y := '1';         --立即将 y 赋值为 1
L10     s1 <= '1';        --进程中对同一信号进行多次赋值，执行最后一条赋值语句
L11     s2 <= '1';        --同样不是最后一条赋值语句，不执行
L12     s_v(0) <= x;      --将 x 上面的值 "1" 赋值给 s_v(0)
L13     s_v(1) <= y;      --将 y 上面的值 "1" 赋值给 s_v(1)
L14     s_v(2) <= s1;     --将最终获得的 s1 值赋值给 s_v(2)
L15     s_v(3) <= s2;     --将最终获得的 s2 值赋值给 s_v(3)
L16     x := '0';         --重新对 x 赋值 0
L17     y := '0';         --重新对 y 赋值 0
L18     s1 <= '0';        --最后一条信号 s1 赋值语句，执行赋值操作
```

L19　　　s2 <= '0';　　　　　--最后一条信号 s2 赋值语句，执行赋值操作

L20　　　s_v(4) <= x;　　　　--将新的 x 值 0 赋值给 s_v(4)

L21　　　s_v(5) <= y;　　　　--将新的 y 值 0 赋值给 s_v(5)

L22　　　s_v(6) <= s1;　　　--将信号 s1 值赋值给 s_v(6)

L23　　　s_v(7) <= s2;　　　--将信号 s2 值赋值给 s_v(7)

L24　　　END PROCESS;

L25　　　---

为便于读者分析，下面再列举两个实例进行比较。

例 4-13 和例 4-14 的目的是完成一个移位寄存器，例 4-14 的实体部分与例 4-13 相同，这里略去。比较两个例子，可以发现信号和变量的基本区别：声明、使用的范围不同。这也是例 4-14 中的语句"q <= reg"必须放在进程内的原因。观察两个例子的仿真结果，例 4-13 仿真结果正确，在第一个时钟上升沿到来时，置入数据"10010010"，然后从第 2 个时钟上升沿开始，每经过一次时钟的上升沿，数据从低位向高位移位一次，最低位移入"1"。例 4-14 的仿真结果不正确，究其原因是因为变量立即赋值的特性。从例 4-14 的 L10 行可知，先进行 reg(0) 的赋值，再进行移位操作，这样就使得移位时的 reg(0) 已经是得到赋值"1"后的新值了。可以看出，信号赋值的书写顺序不影响最后的结果；而变量由于具有立即赋值的特性，赋值的书写顺序就十分重要。当然，可以通过更改两条赋值语句的前后顺序来更正例 4-14。

例 4-13 和例 4-14 都使用了 IF 语句的嵌套。IF 语句首先判断是否有时钟信号 clk 的上升沿到来(例 4-13 中的 L16)，如有，则执行嵌套在内的 IF 语句(例 4-13 中的 L17～L19)，判断控制置数信号 ctl 是否为高电平"1"。这意味着，赋值语句"reg <= d"执行的条件是时钟信号 clk 的上升沿到来和信号 ctl 取值为"1"同时成立；而 L18 的两条赋值语句执行的条件是 clk 上升沿到来，但信号 ctl 取值为"0"。IF 语句的嵌套在使用时应注意 END IF 结束句要与嵌入的条件句数量一致；且为方便代码的阅读和理解，每一层嵌套的 IF 语句相比于高一层次，应有缩进。

例 4-13 和例 4-14 的仿真波形图如图 4-5 和图 4-6 所示。

【例 4-13】

L1　　　---

L2　　LIBRARY ieee;

L3　　USE ieee.std_logic_1164.all;

L4　　　---

L5　　ENTITY shift IS

L6　　　　PORT(clk ,ctl　: IN　　STD_LOGIC;

L7　　　　　　　　d　　　: IN　　STD_LOGIC_VECTOR(7 DOWNTO 0);

L8　　　　　　　　q　: OUT　　STD_LOGIC_VECTOR(7 DOWNTO 0));

L9　　END;

L10　　　---

L11　　ARCHITECTURE bhv OF shift IS

L12　　　　SIGNAL reg　　: STD_LOGIC_VECTOR(7 DOWNTO 0);

L13　　BEGIN

```
L14        PROCESS(clk, ctl)
L15        BEGIN
L16            IF clk'EVENT AND clk = '1' THEN
L17                IF ctl = '1' THEN reg <= d;              --IF 语句的嵌套使用
L18                ELSE reg(0) <= '1' ; reg(7 DOWNTO 1) <= reg(6 DOWNTO 0);
L19                END IF;                          --嵌套 IF 语句结束
L20            END IF;
L21        END PROCESS;
L22        q<=reg;
L23    END;
L24    --------------------------------------------------------------------------------------------------
```

【例 4-14】

```
L1     --------------------------------------------------------------------------------------------------
L2     ARCHITECTURE bhv OF shift IS
L3     BEGIN
L4        PROCESS(clk, ctl)
L5            VARIABLE reg : STD_LOGIC_VECTOR(7 DOWNTO 0);
L6        BEGIN
L7            IF clk'EVENT AND clk = '1' THEN
L8                IF ctl = '1' THEN reg := d;
L9                ELSE reg(0) := '1' ; reg(7 DOWNTO 1) := reg(6 DOWNTO 0);
L10               END IF;
L11           END IF;
L12           q<=reg;
L13       END PROCESS;
L14    END;
L15    --------------------------------------------------------------------------------------------------
```

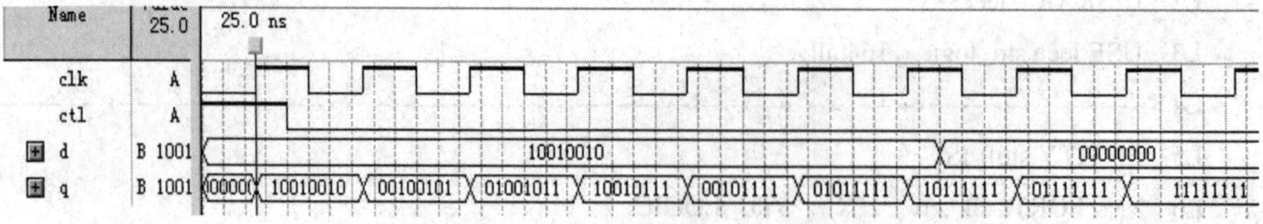

图 4-5　例 4-13 仿真波形结果

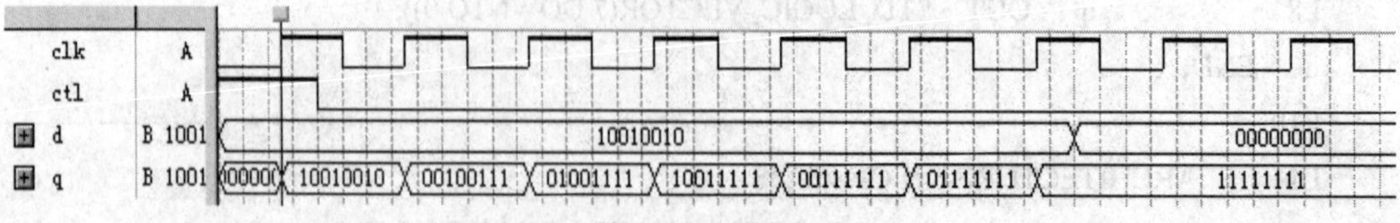

图 4-6　例 4-14 仿真波形结果

4.3　VHDL 的数据类型

VHDL 是硬件设计语言，是一种类型概念很强的语言。任何的数据对象、函数或参数在声明时必须要声明数据类型，并且只能携带或返回该类型的值。不同的数据类型之间不能相互传递和作用。数据类型一般可以分为两大类：可以从现成程序包中随时获得的预定义数据类型和用户自定义数据类型。预定义数据类型在 standard、std_logic_1164、std_logic_arith 等多个程序包中定义。用户自定义数据类型，其基本元素一般仍然是 VHDL 的预定义数据类型。需要注意的是，VHDL 的综合器并不支持所有的预定义数据类型和用户自定义数据类型，如 TIME、FILE、REAL 等，但仿真器支持所有的数据类型。

4.3.1　预定义数据类型

1. VHDL 预定义数据类型

VHDL 标准程序包 standard 中定义了 VHDL 的基本数据类型，包括布尔(BOOLEAN)数据类型、位(BIT)数据类型、位矢量(BIT_VECTOR)数据类型、字符(CHARACTER)数据类型、字符串(STRING)数据类型、整数(INTEGER)数据类型、自然数(NATURAL)数据类型、正整数(POSITIVE)数据类型、实数(REAL)数据类型和时间(TIME)数据类型等。standard 程序包属于 STD 库中的预编译程序包，STD 库符合 VHDL 标准，在使用时已自动包含 VHDL 的源文件，因而不需要通过 USE 语句显示调用。具体程序包定义参见附录 A。也可以通过打开 Quartus Ⅱ 软件将其调出，选择 File → Open 菜单，在软件安装目录下选择 quartus/libraries/vhdl 即可看到不同库中的程序包。

(1) BOOLEAN 数据类型。布尔数据类型是一个二值枚举型数据类型，它的取值只有 TURE 和 FALSE 两种。综合器使用一位二进制数表示 BOOLEAN 型的变量或信号。一般而言，综合器将 TRUE 翻译为 1，FALSE 翻译为 0。布尔型不属于数值，不能用于计算，只能通过关系运算符获得。

【例 4-15】
```
IF a > b THEN y <= a;
ELSE y <= b;
END IF;
```
当 a>b 成立时，关系运算表达式的结果是布尔量 TRUE，执行 y <= a；反之为 FALSE，执行 y <= b。

(2) BIT 数据类型。位数据类型也是一个二值的枚举数据类型，取值只能是"1"或者"0"。位数据类型的数据对象，可以参与逻辑运算，结果仍然是位数据类型。VHDL 综合器使用一位二进制数表示位数据类型，如：
```
SIGNAL s1 : BIT := '1';
SIGNAL s2 : BIT := '0' ;
```
(3) BIT_VECTOR 数据类型。位矢量是基于位数据类型的数组，使用位矢量必须注明位宽，即数组中的元素个数和排列情况，如：

    SIGNAL s1 : BIT_VECTOR(7 DOWNTO 0); --信号 s1 被定义为一个 8 位位宽的位矢量,数组元素排列
        指示关键词 DOWNTO，表示最左位是 s1(7)，下标名按照降序排列，最右位是 s1(0)

    SIGNAL s2 : BIT_VECTOR(0 TO 7);   --信号 s2 被定义为一个 8 位位宽的位矢量，数组元素排
        列指示关键词 TO，表示最左位是 s2(0)，下标名按照升序排列，最右位是 s2(7)

    一般而言，DOWNTO 更适合于硬件设计者通常的思维方法，即最左边是权值最高的位(MSB，Most Significant Bit)。下面进一步理解数组排列指示关键词以及数组的赋值和运算。例 4-16 完成了对信号 x、y、z 的赋值，其中符号 "&" 表示串联，即把操作数或数组合并连接起来组成新的数组，如 "0" & "1" & "0" 结果为 "010"，"001" & "100" 结果为 "001100"，"100" & "001" 结果为 "100001"，"VH" & "DL" 结果为 "VHDL"。例 4-17 显示的是对数组进行逻辑运算，需要注意的是，如果对位矢量进行逻辑操作，其结果仍为位操作，如位与。另外，逻辑操作符要求两个矢量具有相同的长度，并要求被赋值的矢量也是相同的长度。

【例 4-16】

```
SIGNAL x : BIT_VECTOR(1 DOWNTO 0);
SIGNAL y : BIT_VECTOR(0 TO 1);
SIGNAL z : BIT_VECTOR(3 DOWNTO 0);
SIGNAL t : BIT_VECTOR(7 DOWNTO 0);
x <= a & b;                -- x(1) = a ，x(0) = b
y <= a & b;                -- y(0) = a，y(1) = b
z <= '1' & x(1) & y(0);    -- z = "1aa"
t(7 DOWNTO 4) <= "0001";   -- 对数组的片的赋值，注意赋值时片的下标方向要与声明时一致
```

【例 4-17】

```
SIGNAL a , b , c ,d : BIT_VECTOR(0 TO 3);
a <= "1010";
b <= "1000";
c <= a AND b;             -- c = "1000"
d <= a OR b;              -- d = "1010"
```

    (4) CHARACTER 数据类型。字符数据类型枚举了 ASCII 字符集，用单引号引起来。字符类型区分大小写，如："A"、"a" 不同。

    (5) STRING 数据类型。字符串数据类型是字符类型的一个非限定数组。字符串类型必须用双引号引起来，如："bule"、"abcd"。

    (6) INTEGER 数据类型。整数数据类型包括正整数、负整数和零。VHDL 语言中，整数使用 32 位的有符号的二进制数表示，即整数的取值范围是 $-2^{31} \sim +2^{31}$($-2\,147\,483\,647 \sim +2\,147\,483\,647$)。在实际应用时，综合器一般将整型作为无符号数处理，仿真器一般将整型作为有符号数处理。使用整数时，需要利用 RANGE 子句为所声明的数限定范围，然后根据所限定的范围来决定表示此信号或变量的二进制数的位数。如果在声明时没有限定取值范围，则综合器会自动采用 32 位二进制数来表示，假设实际中的整数只需 4 位二进制数即可，就会造成较大的资源浪费。

整数数据类型的声明如下：

SIGNAL s1 : INTEGER RANGE 0 TO 15 ；　--声明信号 s1，数据类型是整型，取值范围 0～15 共 16 个值，可用 4 位二进制数来表示

(7) NATURAL 数据类型。自然数数据类型是整数类型的子类型，用来表示自然数(即非负的整数)。

(8) POSITIVE 数据类型。正整数数据类型也是整数类型的子类型，包含整数中非零和非负的数值。

(9) REAL 数据类型。实数的取值范围是$-1.0E38\sim+1.0E38$。实数必须带有小数点。通常情况下，实数类型仅能在仿真器中使用，综合器不支持实数类型。实数的书写格式可参见 4.1.1 节。

(10) TIME 数据类型。VHDL 中唯一的预定物理类型是时间。时间类型包括整数和物理量单位两个部分，且整数和单位之间至少留一个空格，如 2 ns、10 ms。综合器也不支持时间类型。

2. IEEE 预定义数据类型

IEEE 库是 VHDL 设计中最为常用的库，包含 IEEE 标准的程序包和其他一些支持工业标准的程序包，如 std_logic_1164、numeric_std、numeric_bit、std_logic_arith、std_logic_unsigned、std_logic_signed 等。在这些程序包内还定义了一些常用的数据类型，但由于这些程序包并非符合 VHDL 标准，所以在使用相应的数据类型前，需要在设计的最前面以显式的形式表达出来。

IEEE 库中的 std_logic_1164 这个程序包是 IEEE 的标准程序包，定义了两个重要且常用的数据类型：标准逻辑位 STD_LOGIC 和标准逻辑矢量 STD_LOGIC_VECTOR。从前面的内容分析可知，如果要使用这两个数据类型，必须先通过 LIBRARY 语句打开 IEEE 库，然后通过 USE 语句显式调用 std_logic_1164 这个程序包。

程序包 std_logic_arith 是由美国 Synopsys 公司加入 IEEE 库的，虽然并非 IEEE 标准，但已成为事实上的工业标准。该程序包在 std_logic_1164 程序包的基础上扩展了三个数据类型：无符号(UNSIGNED)数据类型、有符号(SIGNED)数据类型以及小整型(SMALL_INT)数据类型，并定义了相关的算数运算符和转换函数。

在 IEEE 库中，numeric_std 标准程序包和 numeric_bit 程序包也定义了 UNSIGNED 型和 SIGNED 型数据类型，其中，numeric_std 程序包是针对 STD_LOGIC 数据类型的无符号数和有符号数，而 numeric_bit 程序包是针对 BIT 数据类型的。当综合器中没有附带 std_logic_arith 程序包时，可以使用这两个程序包。

(1) STD_LOGIC 数据类型。STD_LOGIC 数据类型共定义了九种取值，分别是："U"——未初始化；"X"——强未知的；"0"——强 0；"1"——强 1；"Z"——高阻态；"W"——弱未知的；"L"——弱 0；"H"——弱 1；"-"——忽略。这就意味着 STD_LOGIC 数据类型能够比 BIT 数据类型描述更多的线路情况，如："Z"和"-"常用于三态的描述，"L"和"H"可用于描述下拉和上拉。但就综合而言，STD_LOGIC 数据类型在数字器件中实现的只有其中的四种取值("0"、"1"、"-"、"Z")。当然，这九种值对于仿真都有重要的意义。

(2) STD_LOGIC_VECTOR 数据类型。STD_LOGIV_VECTOR 数据类型是基于

STD_LOGIC 的一维数组，即数组中每个元素的数据类型都是 STD_LOGIC，采用双引号引起来。需要注意的是，位宽相同、数据类型相同才能进行赋值或运算操作。STD_LOGIC_VECTOR 数据类型的相关操作与 BIT_VECTOR 数据类型类似，这里不再赘述。

(3) STD_ULOGIC 和 STD_ULOGIC_VECTOR 数据类型。STD_ULOGIC 数据类型也是在 std_logic_1164 程序包中定义的，也定义了九种取值，它与 STD_LOGIC 数据类型的区别在于：STD_LOGIC 数据类型是 STD_ULOGIC 数据类型的一个子集，是一个决断类型。所谓决断是指：如果一个信号由多个驱动源驱动，则需要调用预先定义的决断函数以解决冲突并确定赋予信号哪个值。由于 STD_ULOGIC 不是决断类型，如果一个这样的信号由两个以上的驱动源驱动，将导致错误。由于 STD_ULOGIC 的限制，使用 STD_LGOIC 数据类型更为方便。具体决断的相关知识请参见 7.2.3 节。

同样地，STD_ULOGIC_VECTOR 数据类型是基于 STD_ULOGIC 数据类型的一维数组。

(4) UNSIGNED 数据类型。UNSIGNED 数据类型代表一个无符号的数。在综合器中，这个数值被解释为一个二进制数，最左位是最高位。如果声明一个变量或信号为 UNSIGNED 数据类型，则其位矢长度越长，所能代表的数值就越大，如：位矢长度为 8 位，最大值为 255。不能使用 UNSIGNED 声明负数。例 4-18 是 UNSIGNED 数据类型的示例。

【例 4-18】

```
VARIABLE v1 : UNSIGNED(0 TO 7);          --声明变量 v1，8 位二进制数，最高位为 v1(0)
SIGNAL    s1 : UNSIGNED(7 DOWNTO 0);      --声明变量 s1，最高位为 s1(7)
```

(5) SIGNED 数据类型。SIGNED 数据类型表示一个有符号的数，最高位是符号位，一般用"0"表示正，"1"表示负，综合器将其解释为补码。例 4-19 是 SIGNED 数据类型的示例。

【例 4-19】

```
ARCHITECTURE bhv OF ex IS
    SIGNAL    s1    : SIGNED(3 TO 0);   --声明信号 s1 为有符号数
BEGIN
    PROCESS(c)
        VARIABLE v1 : SIGNED(0 TO 3); --声明变量 v1 为有符号数
    BEGIN
        v1 := "0101";        --最高位 v1(0)是符号位，v1=+5
        s1 <= "1011";        --最高位 s1(3)是符号位，s1=-5
        …
```

(6) SMALL_INT 数据类型。SMALL_INT 数据类型是 INTEGER 数据类型的子类型，按照在 std_logic_arith 程序包中定义的源代码，它将 INTEGER 约束到只含有 2 个值。程序包 std_logic_arith 中声明 SMALL_INT 的源代码如下：

```
SUBTYPE SMALL_INT IS INTEGER RANGE 0 TO 1;
```

4.3.2　用户自定义数据类型

除了上述预定义数据类型外，用户还可以定义自己所需的数据类型。一般采用类型定义语句 TYPE 和子类型定义语句 SUBTYPE 来实现。

1. TYPE 语句

TYPE 语句能够定义一种全新的数据类型，其语法格式如下：

TYPE 数据类型名 IS 数据类型定义 [OF 基本数据类型]；

其中，数据类型名由用户自行定义，可有多个，采用逗号分开；数据类型定义部分用来描述所定义的数据类型的表达方式和表达内容；关键词 OF 后的基本数据类型是指数据类型定义中所定义的元素的基本数据类型，一般是已有的预定义数据类型，如：BIT、STD_LOGIC 等。例 4-20 是使用 TYPE 定义新数据类型并声明数据对象的示例。

【例 4-20】

TYPE btype IS ARRAY (7 DOWNTO 0) OF BIT;

　　--定义数据类型 btype，具有 8 个元素的数组型，每一个元素的数据类型都是 BIT

TYPE color IS (blue, green, red, yellow); --定义数据类型 color，共有 4 个元素，属于枚举类型

SIGNAL　　s1　　　: btype;　　--声明信号 s1 为 btype 型

VARIABLE　v1　　　: color;　　--声明变量 v1 为 color 型

...

s1 <= "10001000";　　　　　--对 s1 赋值

v1 := green;　　　　　　　　--对 v1 赋值

2. SUBTYPE 语句

SUBTYPE 语句定义子类型，即已有数据类型的子集，它满足原数据类型(称为基本数据类型)的所有约束条件。子类型定义的语法格式如下：

SUBTYPE 子类型名 IS 基本数据类型 [范围]；

子类型的定义只是在基本数据类型的基础上作一些约束，它并没有定义新的数据类型。上述的 POSITIVE 和 NATURAL 就是 INTEGER 数据类型的子类型。只要值在合适的子类型范围内，这些子类型都可以完成相加、乘、比较、赋值等操作。例 4-21 给出了 POSITIVE 和 NATURAL 之间的有效和无效的赋值示例。例 4-22 是子类型定义示例。

【例 4-21】

VARIABLE v_n : NATURAL;　　--声明变量 v_n 为 NATURAL 类型

VARIABLE v_p : POSITIVE;　　--声明变量 v_p 为 POSITIVE 类型

...

v_n := 0;　　　　--对 v_n 赋值 0

v_p := v_n;　　　--把 v_n 赋值给 v_p，此处错误，0 超过了 POSITIVE 数据类型的取值范围

...

v_p :=5;　　　　--对 v_p 赋值 5

v_n :=v_p+1;　　--把 v_p+1 赋值给 v_n，赋值有效

【例 4-22】

SUBTYPE my_int IS INTEGER RANGE 0 TO 1023; --定义子类型 my_int，取值范围 0～1023

SUBTYPE my_std IS STD_LOGIC_VECTOR(15 DOWNTO 0); --定义子类型 my_type，16 位数组

TYPE btype IS ARRAY (NATURAL RANGE <>) OF BIT;　--定义 btype 为非限定 BIT 数组

SUBTYPE my_type IS btype (0 TO 15);　--定义 my_type 为 btype 数据类型的子类型

下面以一个实例进一步说明 TYPE 语句和 SUBTYPE 语句定义的数据类型的区别。

【例 4-23】

L1　--

L2　LIBRARY ieee;

L3　USE ieee.std_logic_1164.all;

L4　--

L5　ENTITY example IS

L6　　　PORT(clk　: IN　STD_LOGIC;

L7　　　　　　　d　: IN　STD_LOGIC_VECTOR(3 DOWNTO 0);

L8　　　　　　　q　: OUT STD_LOGIC_VECTOR(3 DOWNTO 0));

L9　END;

L10　--

L11　ARCHITECTURE bhv OF example IS

L12　　　TYPE btype IS ARRAY (3 DOWNTO 0) OF STD_LOGIC;　--定义数据类型 btype

L13　　　SIGNAL s : btype;　　--声明信号 s 为 bytpe 数据类型

L14　BEGIN

L15　　　PROCESS(clk)

L16　　　BEGIN

L17　　　　　IF clk'EVENT AND clk = '1' THEN

L18　　　　　　　s <= d;　　　--在时钟上升沿时，将输入信号 d 赋值给信号 s

L19　　　　　END IF;

L20　　　END PROCESS;

L21　　　q <= s;

L22　END bhv;

L23　--

编译例 4-23，软件会报错，具体错误原因如图 4-7 所示，即输入信号 d 并不符合 btype 数据类型。从例 4-23 的 L12 行可以看到，定义了一个数据类型 btype，是一个有 4 个元素的数组，每个元素的数据类型都是 STD_LOGIC；输入信号 d 的数据类型为标准逻辑矢量。虽然从表面来看，二者的形式完全一致，但它们不是一种数据类型，所以不能完成赋值操作。再次强调，使用 TYPE 语句定义的类型是一个全新的数据类型，VHDL 不允许不同的数据类型直接进行操作运算，必须进行数据类型的转换。如果将 L12 行改为 "SUBTYPE btype IS STD_LOGIC_VECTOR(3 DOWNTO 0);"，即使用子类型定义语句，该例将能通过编译。子类型与其基本数据类型属于同一种数据类型，所以属于子类型的和属于基本数据类型的数据对象间的相互赋值可以直接进行，而不必进行数据类型的转换。

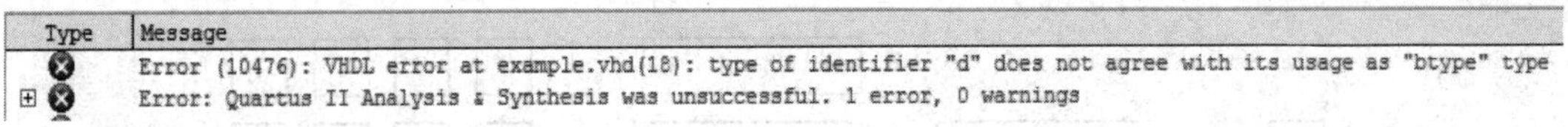

Type	Message
✖	Error (10476): VHDL error at example.vhd(18): type of identifier "d" does not agree with its usage as "btype" type
⊞ ✖	Error: Quartus II Analysis & Synthesis was unsuccessful. 1 error, 0 warnings

图 4-7　例 4-23 编译出错信息

3. 常用用户自定义类型

VHDL 常用的用户自定义数据类型有：枚举类型、整数类型、数组类型、记录类型等。

(1) 枚举类型。顾名思义，枚举类型即为通过枚举该类型的所有可能值来定义。枚举类型的示例如例 4-24 所示。

【例 4-24】

TYPE color IS (blue, green, red, yellow);　　　--定义数据类型 color，共有 4 个元素

TYPE my_std_logic IS ('0' ,'1', 'Z', '-');　　--定义数据类型 my_std_logic，包含 4 个元素

在使用状态机进行 VHDL 设计时，一般采用枚举类型来枚举所有的状态。具体状态机的设计方法参见第 6 章。在综合时，会把用文字符号表示的枚举值用一组二进制数来表示，称为枚举编码。编码比特向量的长度由枚举值的个数所决定，一般确定为所需表达的最少比特数。例 4-24 中的枚举类型 color，需要 2 bit 的编码向量就能完成对所有值的表示。如果一个枚举类型有 5 个值，则需要 3 bit 的编码向量。默认的编码方式是顺序编码，如：blue = "00"，green = "01"，red = "10"，yellow = "11"。

当然，也可以不采用枚举默认编码的方式，而利用 enum_encoding 属性来实现自己的编码。enum_encoding 属性是由综合器供应商提供的一个常用的用户自定义属性，有关预定义属性和用户自定义属性的相关内容请参见 4.5 节。例 4-25 显示了如何利用 enum_encoding 属性更改默认编码。

【例 4-25】

ATTRIBUTE enum_encoding : STRING;　--属性声明

ATTRIBUTE enmu_encoding OF color : TYPE IS "11 00 10 01";　　--属性描述

(2) 整数类型。此处自定义的整数类型即为使用 TYPE 语句或 SUBTYPE 语句根据实际需要，利用关键词 RANGE 限定整数的取值范围，提高芯片资源的利用率。整数类型的示例如下。

【例 4-26】

TYPE int1 IS RANGE 0 TO 100;　　　　　　　　--7bit 矢量

TYPE int2 IS RANGE -100 TO 100;　　　　　　　--8bit 矢量，最高位是符号位

SUBTYPE int3 IS int2 RANGE 0 TO 15;　　　　　--4bit 矢量

需要注意的是，VHDL 综合器对整数的编码方式：如果是负数，则编码为二进制补码；如果是正数，则编码为二进制原码。

(3) 数组类型。数组是同类型元素的集合，可以是一维数组、二维数组或一维×一维数组，当然也可以是更高维数的数组，但 VHDL 综合器通常不支持更高维数的数组。其实前面讲述 VHDL 预定义数据类型时已经接触过一维数组了，如 BIT_VECTOR、STD_LOGIC_VECTOR。图 4-8 进一步解释数组的构成，(a)显示单个元素；(b)显示一维数组；(c)显示一维 × 一维数组；(d)显示二维数组。

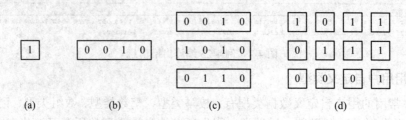

图 4-8　数组构成示意

VHDL 既允许限定数组，又允许非限定数组，二者的区别在于：限定数组下标的取值范围在数组定义时就被确定了，而非限定数组下标的取值范围留待具体数据对象使用时再确定。

限定数组定义语法的格式如下：

TYPE 数组名 IS ARRAY (数组范围)OF 数据类型；

其中，数组名是新定义的限定数组类型的名称；数组范围明确指出数组元素的数量和排列形式，以整数来表示数组下标；数据类型即为数组内各元素的数据类型。

非限定数组定义语法的格式如下：

TYPE 数组名 IS ARRAY (数组下标名 RANGE< >)OF 数据类型；

其中，数组名是新定义的非限定数组类型的名称；数组下标名是一个整数类型或子类型的名称；符号 < > 表示下标范围待定，用到该数组类型时，再填入具体的取值范围；数据类型为数组中每个元素的数据类型。

限定数组示例见例 4-27，非限定数组示例见例 4-28。

【例 4-27】

TYPE btype IS ARRAY (7 DOWNTO 0) OF BIT;

　　--限定数组类型 btype，有 8 个元素，下标排列是 7、6、5、4、3、2、1、0

SIGNAL s1 : btype;;　　　　　　　　　--声明信号 s1，数据类型为限定数组 btype

【例 4-28】

TYPE my_std IS array (NATURAL RANGE<>) OF STD_LOGIC;

　　--非限定数组类型 my_std，下标可以取值在自然数范围内

VARIABLE v1 : my_std(1 TO 8);　　--声明变量 v1，将数组的取值范围确定为 1～8

TYPE my_std1 IS array (INTEGER RANGE<>) OF STD_LOGIC;

　　--非限定数组类型-my_std1，下标可以取值在整数范围内

VARIABLE v2 : my_std1 (-3 TO 4);　　--声明变量 v2，将数组的取值范围确定为-3～4

例 4-29 显示一维 × 一维数组的定义。

【例 4-29】

TYPE row IS ARRAY (3 DOWNTO 0) OF STD_LOGIC;　　--一维数组类型 row

TYPE matrix IS ARRAY (0 TO 3) OF row;　　　--一维 × 一维数组类型 matrix，共有 0 到 3 四个元素；

　　　　　　　　　　　　　　　　　　　　每个元素又是一个一维数组类型 row，包含 3～0 共四

　　　　　　　　　　　　　　　　　　　　个数据类型为 STD_LOGIC 的元素

SIGNAL s1 : matrix;　　　　　　　　　　--信号 s1，数据类型为 matrix

TYPE my_type IS ARRAY (O TO 7) OF STD_LOGIC_VECTOR(7 DOWNTO 0);

　　　　　　--定义一维×一维数组类型的另一方法，数组类型 my_type 为 8×8 位

SIGNAL s2 : my_type;　　　　　　　　　　　--信号 s2，数据类型为 my_type

例 4-30 显示一个二维数组的定义。

【例 4-30】

TYPE matrix2D IS ARRAY (0 TO 3, 7 DOWNTO 0) OF STD_LOGIC;

　　需要注意的是，二维数组的结构是建立在单个元素上的，而不像一维×一维数组是建立在矢量上的。

　　对一维数组的赋值在 4.3.1 节中已经讲解，这里不再赘述。当给一个一维×一维或二维数组赋值时，可以有多种方法，具体见例 4-31。

【例 4-31】

L1　　---

L2　　--数组类型定义和信号声明

L3　　TYPE row IS array (7 DOWNTO 0) OF STD_LOGIC;　　　--一维数组类型 row

L4　　TYPE matrix1 IS ARRAY (0 TO 3) OF row;　　　　　　--一维×一维数组类型 matrix1

L5　　TYPE matrix2 IS ARRAY (0 TO 3) OF STD_LOGIC_VECTOR(7 DOWNTO 0);

　　　　　　　　　　　　　　　　　　　　　　　--一维×一维数组类型 matrix2

L6　　TYPE matrix2D IS ARRAY (0 TO 3 ,7 DOWNTO 0) OF STD_LOGIC;

　　　　　　　　　　　　　　　　　　　　　--二维数组类型 matrix2D

L7　　SIGNAL r　 : row;

L8　　SIGNAL m1 : matrix1;

L9　　SIGNAL m2 : matrix2;

L10　SIGNAL m3 : matrix2D:

L11　---

L12　--数组中单个元素的赋值

L13　r(0) <= m1(2)(1);　　　　　--正确赋值，注意一维×一维使用两对括号

L14　r(1) <= m2(2)(3);　　　　　--正确赋值

L15　r(2) <= m3(0,7);　　　　　--正确赋值，注意二维只使用一对括号

L16　m1(0)(7) <= r(7);　　　　　--正确赋值

L17　m1(0)(6) <= m2(0)(7);　　　--正确赋值

L18　m1(0)(5) <= m3(0,7);　　　　--正确赋值

L19　---

L20　--数组或数组的片的赋值

L21　r <= m1(2);　　　　　　　--正确赋值

L22　r <= m2(2);　　　　　　　--错误赋值，信号 r 的数据类型是 row，而 m2(2)的数据类型是
　　　　　　　　　　　　　　　　STD_LOGIC_VECTOR

L23　r<= m3(2);　　　　　　　--错误赋值，信号 m3 数据类型为二维数组，必须有两个坐标

L24　m2(2) <= m1(3);　　　　　--错误赋值，数据类型不匹配

L25　m1(1)(7 DOWNTO 3) <= r(4 DOWNTO 0);　　　--正确赋值

L26　m2(1)(7 DOWNTO 3) <= r(4 DOWNTO 0);　　　--错误赋值，数据类型不匹配

```
L27   m3(1,7 DOWNTO 3) <= r(4 DOWNTO 0);          --错误赋值，数据类型不匹配
L28   -------------------------------------------------------------------------------------------------
L29   m1(3) <= "00011000";        --正确赋值
L30   m1 <= ("00000001", "10000000", "10001000","00011000");   --正确赋值，对 m1 全部赋值
L31   m2 <= (others=>'0');         --正确赋值，整个数组清零
L32   m2(0)(7) <= '1';            --正确赋值，单个元素赋值
L33   m3(0,7) <= '1';            --正确赋值，单个元素赋值
L34   -------------------------------------------------------------------------------------------------
```

(4) 记录类型。记录类型和数组类型非常相似，所不同的是记录类型所包含的元素的数据类型不相同。记录类型定义语法的格式如下：

TYPE 记录类型名 IS RECORD

　　　元素名：　元素数据类型；

　　　元素名：　元素数据类型；

　　　…

END RECORD [记录类型名]；

例 4-32 显示如何定义一个记录类型并对其赋值。从例 4-32 中可以看到，对记录类型的数据对象赋值，既可以对其中的单个元素进行赋值，也可以采用整体赋值的形式。对单个元素进行赋值，在记录类型对象名后加点（“.”），再跟赋值元素的元素名。对整体赋值时，有两种表达方式：名称关联和位置关联。使用名称关联方式时，赋值项可以以任何顺序出现，如 s2 <= (int => 15, btype => "11110000"); 等价于例 4-32 中的 s2 赋值。使用位置关联方式时，元素的赋值顺序必须与记录类型声明时的顺序相同。可以使用 OTHERS 选项对元素进行赋值，但如果有两个或更多元素都由 OTHERS 选项来赋值，则这些元素必须具有相同的数据类型。

【例 4-32】

```
TYPE my_record IS RECORD     --定义记录类型 my_record
    btype    : BIT_VECTOR(7 DOWNTO 0);
    int      : INTEGER RANGE 0 TO 15;
END RECORD;
SIGNAL s1 , s2, s3 ,s4 : my_record;
  ...
s1.btype <= "00010001";                 --单个元素赋值
s1.int <= 6;                            --单个元素赋值
s2 <= (btype => "11110000", int => 15);   --名称关联方式
s3 <= ("00001111", 0);                  --位置关联方式
s4 <= ("00000001", OTHERS => 0);
```

4.3.3 数据类型的转换

VHDL 是一种强类型语言，不允许不同的数据类型之间直接进行操作，如算术运算、逻辑运算等。所以，设计者常常需要将数据类型进行转换。设计者可以通过调用预先定义

在程序包中的函数来进行数据类型的转换，也可以自定义转换函数。

如果两种数据类型是密切相关的(所有抽象数字类型，如整数类型和实数类型)，则可以采用数据类型名称来实现直接转换。例 4-33 显示了整数类型和实数类型间的转换。例 4-34 再一次体现数据类型间的直接转换方式。

【例 4-33】

```
VARIABLE v1 ,v2 : INTEGER;
v1 := INTEGER( 25.63 * REAL( v2 ) );
```

【例 4-34】

```
TYPE long IS INTEGER RANGE -100 TO 100;
TYPE short IS INTEGER RANGE -10 TO 10;
SIGNAL s1 : long;
SIGNAL s2 : short;
...
s1 <= s2+5;            --错误，数据类型不匹配
s1 <= long(s2+5);      --正确，最后赋值给 s1，数据类型为 long
```

当然，在 std_logic_1164、std_logic_arith、std_logic_unsigned、std_logic_signed 中还提供了很多数据类型转换函数，用于不同数据类型间的转换，具体转换函数的定义可参见附录 A。

std_logic_1164 程序包所包含的转换函数如下：

➤　to_stdlogicvector(p)：将 BIT_VECTOR 类型转换为 STD_LOGIC_VECTOR 类型，p 是待转换数据对象。

➤　to_bitvector(p)：将 STD_LOGIC_VECTOR 类型转换为 BIT_VECTOR 类型。

➤　to_stdlogic(p)：将 BIT 类型转换为 STD_LOGIC 类型。

➤　to_bit(p)：将 STD_LOGIC 类型转换为 BIT 类型。

std_logic_arith 程序包所包含的转换函数如下：

➤　conv_integer(p)：将 INTEGER、UNSIGNED、SIGNED、STD_ULOGIC 类型转换为 INTEGER 类型。

➤　conv_unsigned(p，b)：将 INTEGER、SIGNED、UNSIGNED、STD_ULOGIC 类型转换为 UNSIGNED 类型，参数 b 是 UNSIGNED 数据类型的位长。

➤　conv_signed(p，b)：将 INTEGER、SIGNED、UNSIGNED、STD_ULOGIC 类型转换为 SIGNED 类型。

➤　conv_std_logic_vector(p，b)：将 INTEGER、UNSIGNED、SIGNED、STD_ULOGIC 类型转换为 STD_LOGIC_VECTOR 类型。

std_logic_unsigned 程序包所包含的转换函数如下：

➤　conv_integer(p)：将 STD_LOGIC_VECTOR 类型转换为 INTEGER 类型。

std_logic_signed 程序包所包含的转换函数如下：

➤　conv_integer(p)：将 STD_LOGIC_VECTOR 类型转换为 INTEGER 类型。

例 4-35 调用了程序包 std_logic_1164 中的转换函数 to_stdlogicvector 和程序包 std_logic_arith 中的 conv_std_logic_vector 实现数据类型的转换。

【例 4-35】

```
L1    -----------------------------------------------------------------------------
L2    LIBRARY ieee;
L3    USE ieee.std_logic_1164.all;
L4    USE ieee.std_logic_arith.all;
L5    -----------------------------------------------------------------------------
L6    ENTITY example IS
L7        PORT(a          : IN   INTEGER RANGE 0 TO 7;
L8               b1, b2    : IN   BIT_VECTOR(3 DOWNTO 0);
L9               c1, c2    : IN   UNSIGNED(3 DOWNTO 0);
L10              y1,y2,y3  : OUT STD_LOGIC_VECTOR(3 DOWNTO 0));
L11   END;
L12   -----------------------------------------------------------------------------
L13   ARCHITECTURE bhv OF example IS
L14   BEGIN
L15       y1 <= conv_std_logic_vector(a, 4);
L16       y2 <= to_stdlogicvector(b1 AND b2);
L17       y3 <= conv_std_logic_vector((c1+c2), 4);
L18   END bhv;
L19   -----------------------------------------------------------------------------
```

4.4　VHDL 操作符

　　VHDL 的各种表达式是由操作数和操作符组成的，其中操作数是各种运算的对象，而操作符是规定运算的方式。VHDL 提供了七种类型的预定义操作符，分别是：分配操作符(Assignment Operators)、逻辑操作符(Logic Operators)、算术操作符(Arithmetic Operators)、关系操作符(Relational Operators)、移位操作符(Shift Operators)、串联操作符(Concatenation Operators)和符号操作符(Sign Operators)。使用操作符完成运算，需要特别注意两点：第一，操作数是相同的数据类型，如果是矢量则需要有相同的长度；第二，操作数的数据类型与操作符所要求的数据类型一致。

　　以下逐一介绍每一种操作符。

4.4.1　分配操作符

　　分配操作符用于对信号、变量、常量分配数值，其实在之前的讲述中已经多次用到，又称为赋值操作符。分配操作符包含三个：

　　(1) <=　用于对信号赋值；

　　(2) :=　用于对变量赋值；

　　(3) =>　用于对单个数组元素赋值或 OTHERS 赋值。

【例 4-36】

```
SIGNAL s1       : STD_LOGIC;
SIGNAL s2, s3   : STD_LOGIC_VECTOR(7 DOWNTO 0);

...

VARIABLE v1    : STD_LOGIC_VECTOR(7 DOWNTO 0);

...

s1 <= '1';
s2 <= "11000011";
s3 <= ( 0, 2, 3 => '1', OTHERS => '0');    --s3= "00001101"
v1 := "00010001";
```

4.4.2　逻辑操作符

逻辑操作符用于完成逻辑运算，包含七个：

(1) NOT　　取反；

(2) AND　　与；

(3) OR　　　或；

(4) NAND　与非；

(5) NOR　　或非；

(6) XOR　　异或；

(7) XNOR　同或。

逻辑操作符支持对 BOOLEAN、BIT、BIT_VECTOR、STD_LOGIC、STD_LOGIC_
VECTOR、STD_ULOGIC 以及 STD_ULOGIC_VECTOR 数据类型的运算。需要注意的是，
在这七种逻辑操作符中，NOT 优先于其他任意逻辑操作符，剩下的六种逻辑操作符具有相
同的优先级。XNOR 操作符定义在 VHDL93 标准中。由于 AND、OR、XOR 这三个操作符
的运算结果不会因为运算次序的不同而改变。所以，如果在一串运算中，只用到这三个操
作符中的一个，可以不使用括号；如果一串运算中的操作符不同或有连续多个除上述三个
操作符外的操作符，则必须使用括号。另外，逻辑操作符是按位操作。例 4-37 显示了一些
正确和错误的逻辑操作符的使用示例。

【例 4-37】

```
SIGNAL   a,  b,  c,  d        : STD_LOGIC_VECTOR(3 DOWNTO 0);
SIGNAL   e,  f,  g,  h        : BIT_VECTOR(1 DOWNTO 0);
SIGNAL   i,  j,  k,  l        : STD_LOGIC;

...

c <= NOT a AND b;            --正确，NOT 优先级最高，相当于(NOT a)AND b
d <= a AND b AND c;         --正确，两个操作符都是 AND，可以不加括号
g <= NOT (d AND e);         --错误，矢量长度不匹配
h <= e NAND f NAND g;       --错误，两个或以上的 NAND 符号必须加括号
k <= i NAND j;              --正确
```

l <= i OR j XOR k;　　　　　--错误，多个操作符必须加括号

4.4.3　算术操作符

算术操作符用于完成算术运算，可支持的数据类型包括：INTEGER、SIGNED、UNSIGNED 以及 REAL(REAL 数据类型不能被综合)。算术操作符包含以下八个：

(1) +　　　　加；
(2) –　　　　减；
(3) *　　　　乘；
(4) /　　　　除；
(5) **　　　乘方；
(6) MOD　　取模；
(7) REM　　取余；
(8) ABS　　取绝对值。

八个算术操作符可分为三类，分别是：加减操作符、乘除操作符和混合操作符。

1．加减操作符

"+"、"–" 操作符的运算规则与常规的加减法是一致的。加减操作符示例见例 4-38。

【例 4-38】

```
SIGNAL s1, s2, s3, s4 : INTEGER RANGE 0 TO 255;
...
s3 <= s1+s2;
s4 <= s1-s2;
```

【例 4-39】

```
L1    -------------------------------------------------------------------------
L2    LIBRARY ieee;
L3    USE ieee.std_logic_1164.all;
L4    -------------------------------------------------------------------------
L5    ENTITY adder IS
L6        PORT(clk  : IN   STD_LOGIC;
L7               q    : OUT STD_LOGIC_VECTOR(3 DOWNTO 0));
L8    END;
L9    -------------------------------------------------------------------------
L10   ARCHITECTURE bhv OF adder IS
L11       SIGNAL reg : STD_LOGIC_VECTOR(3 DOWNTO 0);
L12   BEGIN
L13       PROCESS(clk)
L14       BEGIN
L15           IF clk 'EVENT AND clk = '1' THEN    reg <= reg+1;
L16           END IF;
```

L17 END PROCESS;

L18 q <= reg;

L19 END bhv;

L20 --

例 4-39 的目的是完成一个 4 位的二进制加法器,在时钟上升沿到来时进行加 1 计数。但是在编译时却出现了如图 4-9 所示错误:不能确定"+"的定义。观察 L15 可以发现,信号 reg 的数据类型是 STD_LOGIC_VECTOR,而 1 是整型。按照前面对算术操作符的讲述可知,其支持的数据类型并不包括 STD_LOGIC_VECTOR,所以不能完成数据类型 STD_LOGIC_VECTOR 和 INTEGER 的相加操作。其实,在 IEEE 库中的 std_logic_unsigned 或者 std_logic_signed 程序包中,重新定义了加、减算术操作符,使其可以在 STD_LOGIC_VECTOR 与 STD_LOGIC_VECTOR 数据类型以及 STD_LOGIC_VECTOR 与 INTEGER 数据类型间进行加法和减法运算,具体函数定义参见附录 A。这类函数名称相同,但所定义的操作数的数据类型不同的函数,被称为重载函数。所以,例 4-39 只需要在 L3 行后加上语句 USE ieee.std_logic_unsigned.all 表示允许使用该程序包内的预定义函数,就能实现 reg 和 1 的无符号相加。如果调用的是程序包 std_logic_signed,则能够实现有符号相加。

Type	Message
	Error (10327): VHDL error at adder.vhd(15): can't determine definition of operator ""+"" -- found 0 possible definitions
	Error: Quartus II Analysis & Synthesis was unsuccessful. 1 error, 0 warnings

图 4-9 例 4-39 错误信息

2. 乘除操作符

VHDL 的乘除操作符包含 4 个:" * "、" / "、"MOD"和"REM",其中"MOD"和"REM"的本质与除法操作是一致的。需要注意的是,从优化的角度出发,最好不要轻易使用乘除操作符,因为当位数较多时,将会占用非常多的硬件资源,如 16 位的" * "运算将耗费几百个逻辑单元才能实现。乘除运算可以通过其他变通的方法来实现,如:移位相加、LPM 模块、DSP 模块等。

"MOD"和"REM"的操作数类型只能是整数,且运算结果也是整数。如果操作数都是正整数,则"MOD"和"REM"运算结果相同,都可以看做普通取余运算。但如果操作数出现负整数的情况,二者运算结果不同。例 4-40 显示了"MOD"与"REM"运算结果的差别。

【例 4-40】

L1 --

L2 ENTITY ex IS

L3 PORT(a ,b : IN INTEGER RANGE -10 TO 10;

L4   y ,z : OUT INTEGER RANGE -10 TO 10);

L5 END;

L6 --

L7 ARCHITECTURE bhv OF ex IS

L8 BEGIN

L9 y <= a MOD b;

L10　　　　z <= a REM b;

L11　　END bhv;

L12 --

例 4-40 的仿真结果见图 4-10。可以看到当操作数都是正整数时，二者结果完全一致。还可以得到如下结论：

(1) "MOD" 运算结果的正负与操作数 b 的正负相同，如：5 MOD 3 = 2, 5 MOD(−3)= −1。

(2) "REM" 运算结果的正负与操作数 a 的正负相同，如：5 REM 3 = 2, (−5) REM 3 = −2。

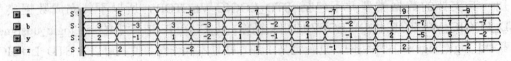

图 4-10　例 4-40 仿真结果

具体来说，二者的运算都可以套用公式 a − b×N 来计算，只是 N 的取值不同。当进行 "MOD" 运算时，N 为除法结果向负无穷取整；而进行 "REM" 运算时，N 为除法结果向零取整。如：5/−3 的除法结果向负无穷取整是 −2，而向零取整是 −1，所以 "MOD" 运算的结果等于 5 − (−3)×(−2) = −1，而 "REM" 运算的结果等于 5 − (−3)×(−1) = 2。

3. 混合操作符

混合操作符包含 "**" 和 ABS 操作符，示例如下。

【例 4-41】

SIGNAL a　: INTEGER RANGE 0 TO 7 := 3;

SIGNAL b　: INTEGER RANGE 0 TO 7 := 2;

SIGNAL c　: INTEGER RANGE -7 TO 7 := -5;

…

y <= a ** b;

z <= abs(c);

4.4.4　关系操作符

关系操作符的作用是将相同数据类型的数据对象进行数值比较或关系排序判断，并将结果以 BOOLEAN 类型的数据表示出来，即结果只有 TRUE 和 FALSE 两种取值。VHDL 提供了六个关系运算操作符：

(1) =　　等于；

(2) /=　　不等于；

(3) <　　小于；

(4) >　　大于；

(5) <=　　小于等于；

(6) >=　　大于等于。

高级综合器原则上支持对所有数据类型的关系操作符。一些针对关系操作符的表达式示例如下。

【例 4-42】

'1' = '1';	--运算结果为 TRUE
"001" = "001" ;	--运算结果为 TURE
"1" > "011" ;	--运算结果为 TRUE
"110" < "101";	--运算结果为 FALSE
UNSIGNED'('1') > UNSIGNED'("011");	--运算结果为 FALSE

　　对于标量型数据 a 和 b，只要它们的数据类型和数值都相同，a＝b 的运算结果就是 TRUE，a /= b 的运算结果就是 FALSE。对于数组类型的操作数，VHDL 编译器将从左向右逐位比较对应位置各位数值的大小，而不管它们下标定义的顺序(TO 或 DOWNTO)。对于"="操作符，只有符号两边的数据中的每一位都相等才返回结果 TURE。对于"/="操作符，符号两边数据中任一位不等就判断为不等，返回结果 TURE。对于"<"、">"、"<="、">="操作符，在从左向右的比较过程中，一旦发现符号两边有不等，便能确定排序情况。如例 4-42 第 3 行："1"与"011"相比较，由于第一个操作数的第一位 1 已经大于第二个操作数的第一位 0，所以判断为"1" > "011"结果为 TRUE。该例同时说明不同长度的数组可以进行比较。如果两个数组具有不同的长度，并且长度较短的数组与长度较长的数组的开始一部分是完全一致的，则短数组小于长数组，排在长数组之前，如"100"小于"100010"。

　　如果上述第 3 行中的数据不是数组，而是表示有符号或无符号的二进制数，就需要将待比较的操作数的数据类型定义为 UNSIGNED 或是 SIGNED，如第 5 行所示，比较两个无符号数的大小，返回结果为 FALSE。

　　例 4-43 再次列出了一些关系表达式的示例。

【例 4-43】

```
SIGNAL a, b    : BIT_VECTOR(3 DOWNTO 0);
SIGNAL c ,d    : STD_LOGIC_VECTOR(1 DOWNTO 0);
SIGNAL e ,f    : BOOLEAN;
SIGNAL x ,y ,z : BOOLEAN;
...
x <= (a = b);
y <= (c <= d);
z <= (e > f);
```

　　对于枚举类型，如 BOOLEAN 类型，大小排序方式与数据类型定义时的顺序一致，即 FALSE<TRUE。

4.4.5　移位操作符

　　移位操作符是在 VHDL93 标准中新增的，共包含六个：
　　(1) sll　逻辑左移，右端空出位置填"0"；
　　(2) srl　逻辑右移，左端空出位置填"0"；
　　(3) sla　算术左移，复制最右端位填充到右端空出位置；

(4) sra　算术右移，复制最左端位填充到左端空出位置；

(5) rol　循环左移，将左端移出的位填充到右端空出的位置；

(6) ror　循环右移，将右端移出的位填充到左端空出的位置。

移位操作符支持的操作数数据类型为 BIT_VECTOR 或 BOOLEAN 类型组成的一维数组，其语法格式如下：

　　<左操作数> <移位操作符> <右操作数>；

其中，左操作数是待移位的数组；右操作数是移位位数，数据类型必须是整型(可加正负号)。

【例 4-44】

```
L1    -------------------------------------------------------------------------
L2    LIBRARY ieee;
L3    USE ieee.std_logic_1164.all;
L4    -------------------------------------------------------------------------
L5    ENTITY shift IS
L6        PORT(clk              : IN    STD_LOGIC;
L7            datain            : IN    STD_LOGIC_VECTOR(7 DOWNTO 0);
L8            load              : IN    STD_LOGIC;
L9            q1,q2,q3,q4,q5,q6  : OUT   STD_LOGIC_VECTOR(7 DOWNTO 0));
L10   END;
L11   -------------------------------------------------------------------------
L12   ARCHITECTURE bhv OF shift   IS
L13       SIGNAL   reg1,reg2,reg3,reg4,reg5,reg6 : STD_LOGIC_VECTOR(7 DOWNTO 0);
L14   BEGIN
L15       PROCESS(CLK)
L16       BEGIN
L17           IF load = '0' THEN
L18               IF CLK'EVENT AND CLK='1' THEN
L19                   reg1<=reg1 SLL 1;
L20                   reg2<=reg2 SRL 1;
L21                   reg3<=reg3 SLA 1;
L22                   reg4<=reg4 SRA 1;
L23                   reg5<=reg5 ROL 1;
L24                   reg6<=reg6 ROR 1;
L25               END IF;
L26           ELSE reg1 <= datain; reg2 <= datain; reg3 <= datain;
L27                reg4 <= datain ;reg5 <= datain; reg6 <= datain;
L28           END IF;
L29       END PROCESS;
L30       q1 <= reg1; q2 <= reg2; q3 <= reg3;
L31       q4 <= reg4; q5 <= reg5; q6 <= reg6;
```

```
L32   END bhv;
L33   ------------------------------------------------------------------------------------------------
```

例 4-44 仅是一个移位操作符使用的示例，目的是从仿真结果中观察到不同移位操作符的移位方式。编译后出现如图 4-11 所示错误，提示操作符“sll”的定义不能确定，究其原因是信号 datain 和 q1～q6 的数据类型是 STD_LOGIC_VECTOR，不能支持。方法之一是改变信号 datain 和 q1～q6 的数据类型为 BIT_VECTOR。方法之二是使用数据类型转换函数，如 q1<= to_stdlogicvector(to_bitvector(reg1) SLL 1)。方法之三是使用程序包中重载的移位操作符，如：std_logic_signed、std_logic_unsigned 程序包中的 shl、srl；numeric_std 程序包中的 sll、srl、rol、ror。

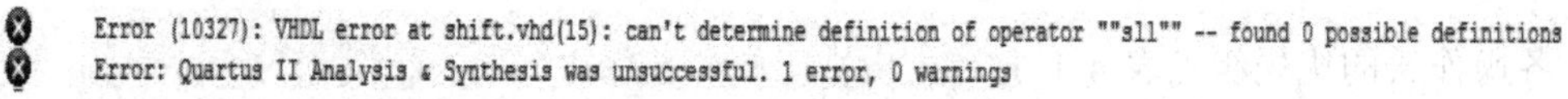

Error (10327): VHDL error at shift.vhd(15): can't determine definition of operator ""sll"" -- found 0 possible definitions
Error: Quartus II Analysis & Synthesis was unsuccessful. 1 error, 0 warnings

图 4-11　例 4-44 错误信息

例 4-44 的仿真结果如图 4-12 所示。当 load=“1”时，加载数据；随后在每一个时钟上升沿到来时进行一次移位操作。由于 sll 和 srl 移位操作符规定：移位后空出的位置填“0”，所以最终其结果变为“00000000”。由于 rol 和 ror 是循环移位，所以每经过 8 个时钟周期，数据循环回到初始加载值。

clk
load
datain
q1
q2
q3
q4
q5
q6
11011011

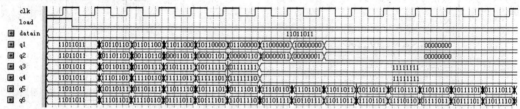

图 4-12　移位操作符仿真结果

如果将例 4-44 中的 L19 行改为“reg1<=reg1 SLL -1”，即相当于将逻辑左移 sll 变换为逻辑右移 srl，则 q1 和 q2 的移位情况完全一致，见图 4-13。

clk
load
datain
q1
q2
11011011

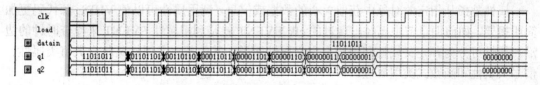

图 4-13　负整数 sll 和正整数 srl 移位操作符仿真结果

4.4.6　串联操作符

“&”操作符通过连接操作数来建立新的数组，每个操作数可以是一个元素或一个数组，示例如下。

【例 4-45】

```
SIGNAL x, y , z          : STD_LOGIC_VECTOR(6 DOWNTO 0);
SIGNAL a, b， t          : STD_LOGIC_VECTOR(2 DOWNTO 0);
x <= "110" & "1001";  --x = “1101001”
y <= a & b & '1';        --y(6) = a(2), y(5) = a(1), y(4) = a(0), y(3) = b(2), y(2) = b(1), y(1) = b(0), y(0) =“1”
```

z <= b & '1' & a;　　　--z(6) = b(2), z(5) = b(1), z(4) = b(0), z(3) = "1", z(2) = a(2), z(1) = a(1), z(0) = a(0)

t <= a(0) & b(1) & '0'; --t(2) = a(0), t(1) = b(1), t(0) = "0"

"&" 操作符还可以用在 IF 语句中，如：IF a & b ="1100" THEN。

4.4.7 符号操作符

符号操作符 "+" 和 "–" 的操作数只有一个，操作数类型是整型。操作符 "+" 对操作数不作任何改变；操作符 "–" 对原操作数取负，需要加括号，如：x := a * (-b)。

4.4.8 操作符优先级

各操作符的优先级见表 4-1。

表 4-1　VHDL 各操作符优先级

操作符	优先级
NOT, ABS, **	最高优先级
*, / , MOD, REM	
+(正号)，　–(负号)	
&, +, –	
sll, srl, sla, sra, rol, ror	
=, /=, <, >, <=, >=	
AND, OR, NAND, NOR, XOR, XNOR	最低优先级

4.5　属　性

属性是指从指定的对象中获取关心的数据或信息，利用属性可以使 VHDL 源代码更加简明扼要，如前面章节中已经出现过的 clk 'EVENT 就是利用属性 EVENT 来检查时钟的边沿。属性可分为预定义属性和用户自定义属性两类，其中预定义属性又包含数值类属性、信号类属性和函数式类型属性。

属性使用的语法格式如下：

<对象> '属性

4.5.1　预定义属性

1. 数值类属性

数值类属性用于获取 TYPE 类型、数组或块的相关信息，如数组的长度、范围等，包含以下几种：

(1) LEFT　返回数组索引(下标)的左边界值；

(2) RIGHT　返回数组索引的右边界值；

(3) HIGH　返回数组索引的上限值；

(4) LOW 返回数组索引的下限值；

(5) LENGTH 返回数组索引的长度值；

(6) RANGE 返回数组的位宽范围；

(7) REVERSE_RANGE 按相反的次序返回数组的位宽范围。

【例 4-46】

TYPE my_type IS INTEGER RANGE 15 DOWNTO 0;

VARIABLE v : STD_LOGIC_VECTOR(0 TO 7);

则：

my_type'LEFT = 15;	v'LEFT = 0;
my_type'RIGHT = 0;	v'RIGHT =7;
my_type'LOW = 0;	v'LOW = 0;
my_type'HIGH = 15;	v'HIGH = 7;
my_type'LENGTH = 16;	v'LENGTH = 8;
my_type'RANGE = (15 DOWNTO 0);	v'RANGE = (0 TO 7);
my_type'REVERSE_RANGE = (0 TO 15);	v'REVERSE_RANGE = (7 DOWNTO 0);

2. 信号类属性

常用的信号类属性有：

(1) EVENT 如果信号在很短时间内发生变化，返回 TRUE。

(2) ACTIVE 如果当前信号值为 1，返回 TRUE；否则返回 FALSE。

(3) LAST_EVENT 返回信号从上一次事件发生到当前的时间差。

(4) LAST_ACTIVE 返回信号从上一次等于 1 到当前的时间差。

(5) LAST_VAULE 返回最后一次变化前信号的值。

(6) STABLE(t) 如果信号在时间 t 内没有发生变化，返回 TRUE。

(7) QUIET(t) 如果信号在时间 t 内活跃，返回 TRUE。

(8) DELAY(t) 返回一个延时 t 时间单位的信号。

(9) TRANSACATION(t) 判断信号是否活跃，返回一个 BIT，在 0 和 1 间变换。

属性 EVENT 常用于检测脉冲信号的正跳变沿或负跳变沿，例 4-47 的几种写法均是等效的。

【例 4-47】

IF clk'EVENT AND clk = '1' THEN

IF NOT clk'STABLE AND clk = '1' THEN

IF clk'EVENT AND clk = '1' AND clk'LAST_VALUE = '0' THEN

3. 函数式类型属性

函数式类型属性用于获取 TYPE 类型的一些相关信息，如数据类型定义中的值、位置序号等，有以下几种：

(1) POS(数据值) 返回输入数据值的位置序号；

(2) VAL(位置序号) 返回输入位置序号的数据值；

(3) SUCC(数据值) 返回数据类型定义中该值的下一个对应值；

(4) PRED(数据值)　返回数据类型定义中该值的前一个对应值；

(5) RIGHTOF(数据值)　返回数据类型定义中该值右边的值；

(6) LEFTOF(数据值)　返回数据类型定义中该值左边的值。

【例 4-48】

TYPE week IS (sun, mon, tue, wed, thu, fri, sat);

TYPE week1 IS week RANGE sat DOWNTO sun;

则：

week'SUCC(mon) = tue;	week'rightof(mon) = tue;	week'PRED(sun) = ERROR;
week'PRED(mon) = sun;	week'LEFTOF(mon) = sun;	week'RIGHTOF(sat) = ERROR;
week1'SUCC(mon) = sun;	week1'rightof(mon) = sun;	week1'PRED(sun) = mon;
week1'PRED(mon) = tue;	week'LEFTOF(mon) = sun;	week1'RIGHTOF(sat) = fri;

4.5.2　用户自定义属性

VHDL 允许设计者使用自定义属性，其语法格式如下：

ATTRIBUTE 属性名 ： 属性类型；

　　--自定义属性的声明，属性类型定义了属性值的类型，可以是任意数据类型

ATTRIBUTE 属性名 OF 目标名称： class IS value;

　　--属性描述(或称属性值的设定)，class 可以是信号、变量、函数等，value 即属性值

【例 4-49】

```
ATTRIBUTE number : INTEGER;              --属性声明，属性名为 number
ATTRIBUTE number OF nand3 : SIGNAL IS 3;  --属性描述
q <= nand3'number;                        --属性调用，返回值 3
```

自定义属性主要应用在 VHDL 语言所描述的电路行为特性的注释上。

习　　题

4-1　判断下列数值型文字是否合法，如果有误请指出并改正。

　　123E4 , 6_789.123_456 , #234# , O"34_56" , "FF" , "1110_0001" , B"1110_0001"

4-2　判断下列标识符是否合法，如果有误请指出。

　　cnt _1 , _cnt1 , cnt_ _1 , cnt% , 7400 , AND , \7400\ , \cnt_ _1\

4-3　VHDL 中有哪三种数据对象？说明它们的特点及主要使用场合。

4-4　分析下面两段 VHDL 代码，说明代码的正确性和实现的功能，并解释错误的原因。

题 4-4 代码一：

```
L1    -------------------------------------------------------------------------------
L2    LIBRARY ieee;
L3    USE ieee.std_logic_1164.all;
L4    -------------------------------------------------------------------------------
L5    ENTITY cnt IS
```

```
L6        PORT(datain      : IN   STD_LOGIC_VECTOR(7 DOWNTO 0);
L7              q          : OUT INTEGER RANGE 0 TO 8);
L8    END;
L9    ----------------------------------------------------------------------------------------------
L10   ARCHITECTURE bhv OF cnt IS
L11       SIGNAL reg : INTEGER RANGE 0 TO 8;
L12   BEGIN
L13       PROCESS(datain)
L14       BEGIN
L15           reg <= 0;
L16           FOR i IN 0 TO 7 LOOP
L17               IF (datain(i) = '1') THEN    reg <= reg + 1;
L18               END IF;
L19           END LOOP;
L20       END PROCESS;
L21       q <= reg;
L22   END bhv;
L23   ----------------------------------------------------------------------------------------------
```

题 4-4 代码二:

```
L1    ----------------------------------------------------------------------------------------------
L2    LIBRARY ieee;
L3    USE ieee.std_logic_1164.all;
L4    ----------------------------------------------------------------------------------------------
L5    ENTITY cnt IS
L6        PORT(datain      : IN   STD_LOGIC_VECTOR(7 DOWNTO 0);
L7              q          : OUT INTEGER RANGE 0 TO 8);
L8    END;
L9    ----------------------------------------------------------------------------------------------
L10   ARCHITECTURE bhv OF cnt IS
L11   BEGIN
L12       PROCESS(datain)
L13           VARIABLE reg : INTEGER RANGE 0 TO 8;
L14       BEGIN
L15           reg := 0;
L16           FOR i IN 0 TO 7 LOOP
L17               IF (datain(i) = '1') THEN    reg := reg + 1;
L18               END IF;
L19           END LOOP;
L20           q <= reg;
```

```
L21        END PROCESS;
L22    END bhv;
L23    --------------------------------------------------------------------------------------------------------------------
```

4-5 说明执行下面两段代码后 a 和 b 的值。

题 4-5 代码一:

定义信号 a 和 b

…

```
a <= b;
b <= a;
```

题 4-5 代码二:

定义变量 a 和 b

…

```
a := b;
b := a;
```

4-6 数据类型 BIT、STD_LOGIC 和 UNSIGNED 分别定义在哪个程序包中? 哪个库中? 使用时是否需要以显示方式调用程序包? 为什么?

4-7 如果有三个信号 a、b、c, 其数据类型都是 STD_LOGIC, 那么表达式 c <= a + b 是否能够直接进行加法运算? 为什么? 如何解决?

4-8 说明类型定义语句 TYPE 和子类型定义语句 SUBTYPE 在运用时的区别。

4-9 说明下列数组的维数, 并判断表达式的正确性, 如果错误说明原因。

题 4-9 代码:

```
TYPE array1 IS ARRAY (7 DOWNTO 0) OF STD_LOGIC_VECTOR(7 DOWNTO 0);
TYPE array2 IS ARRAY (7 DOWNTO 0, 3 DOWNTO 0) OF STD_LOGIC;
TYPE array3 IS ARRAY (3 DOWNTO 0) OF STD_LOGIC;
…
SIGNAL s1 : array1;
SIGNAL s2 : array2;
SIGNAL s3 : array3;
…
s1(0) <= '1';
s1(0)(0) <= '1';
s1(2) <= "11110000";
s1(3)(7 downto 0) <= "00100010";
s2(0)(0) <= '1';
s2(1,1) <= '1';
s2 <= (OTHERS => '0');
s2 <= ((OTHERS => '0'), "11110000","10100000","00000001");
s3 <= "00111011";
s3(7) <= '1';
```

4-10　根据如下 VHDL 源代码，确定 y0～y11 的赋值结果。

题 4-10 代码：

```
SIGNAL a : STD_LOGIC := '1';
SIGNAL b : STD_LOGIC_VECTOR(7 DOWNTO 0) := "11101010";
SIGNAL c : STD_LOGIC_VECTOR(0 TO 7) := "00101000";
SIGNAL d : BIT_VECTOR(7 DOWNTO 0);
SIGNAL e : STD_LOGIC_VECTOR(7 DOWNTO 0);
SIGNAL f : INTEGER RANGE -15 TO 15;
SIGNAL g : INTEGER RANGE 0 TO 15;
…
y0 <= a & b & c;
y1 <= b & c & a;
y2 <= b NAND c;
y3 <= a NOR b(6);
y4 <= a AND b(5) AND NOT b(2);
y5 <= c(1) NOR(c(3) XOR a);
y6 <= d sll 2;
y7 <= d srl 2;
y8 <= d sla 2;
y9 <= d sra 2;
y10 <= d rol 2;
y11 <= d ror 2;
```

4-11　以习题 4-10 所定义的信号 a、b、c、d、e、f、g 为例，判断下列表达式的正确性，如果有误请指出。

```
NOT a OR b(1) XNOR c(2)
b + c
f-g
d <= c;
d(3 DOWNTO 0) <= b(7 DOWNTO 4) & a;
d(3 DOWNTO 0) <= c(7 DOWNTO 4);
e := 10;
f <=-10;
IF (b < c)
IF (g > d)
d SLL-1
e SRL 2
```

4-12　以习题 4-10 所定义的信号 a、b、c、d、e、f、g 为例，确定下列表达式预定义属性的返回值。

```
c'LOW
```

    c'HIGH

    d'LEFT

    d'RIGHT

    c'LENGTH

    d'RANGE

    d'REVERSE_RANGE

4-13　设计一个 D 触发器，带有原变量 q 和反变量 qbar 输出端。采用信号和变量两种方案，确定输出更新时刻以及综合时引入寄存器的个数，解释引入寄存器的原因。

4-14　设计一个比较电路,两个待比较的数分别是 a(7 DOWNTO 0)和 b(7 DOWNTO 0),输出端 E、M、L。当 a = b 时，E = 1，其余输出为 0; 当 a > b 时，M = 1，其余为 0; 当 a < b 时，L = 0，其余为 0。

4-15　利用计数器为基础设计一个 6 分频器。如果采用下面的 VHDL 代码片段，请在空中填入正确的值。该片段的目的是再一次明确信号和变量赋值的区别。

题 4-15 代码:

```vhdl
ARCHITECTURE bhv OF f_d IS
    SIGNAL reg : INTEGER RANGE 0 TO 15;
BEGIN
    PROCESS(clk)
        VARIABLE reg1 : INTEGER RANGE 0 TO 15;
    BEGIN
        IF clk'EVENT AND clk = '1' THEN
            reg <= reg + 1;
            reg1 := reg1 +1;
            IF reg1 = ____   THEN reg1 := 0; q1 <= NOT q1;
            END IF;
            IF reg = ____    THEN reg <= 0; q2 <= NOT q2;
            END IF;
        END IF;
    END PROCESS;
END bhv;
```

第 5 章　VHDL 基本语句

本章主要介绍 VHDL 基本语句的结构和用法。在使用 VHDL 语言描述系统硬件行为时，可以将基本语句分为并行语句和顺序语句，这些语句能够完整地描述数字系统的硬件结构和逻辑功能。需要特别注意的是，硬件描述语句最终实现的是具体硬件电路的结构，而非软件语言在 CPU 中的逐条顺序执行。本章随后给出了几个典型的组合逻辑电路和时序逻辑电路的示例。读者在进行本章学习时，应多进行不同语句的比较与思考，理解不同语句各自的特点和优势。

5.1　并 行 语 句

VHDL 中既具有并行语句(如元件例化语句)，也具有顺序语句(如 IF 语句)。不同的语句使用在不同的地方。对于 VHDL 设计者来说，重要的是要知道哪些语句结构中需要使用并行语句，哪些语句结构中需要使用顺序语句。可以简单地概括为：结构体中除进程(PROCESS)、函数(FUNCTION)和过程(PROCEDURE)结构内部以外的其他 VHDL 代码都是并行语句，如图 5-1 所示。需要注意的是，信号赋值语句既可以出现在进程中，也可以出现在结构体的并行语句部分，只是运行的含义不同(参考 4.2.3 节)。

```
ARCHITECTURE bhv OF exmple IS
        并行说明部分
BEGIN
        并行语句
    PROCESS (...)                   ┐
        顺序说明部分                 │ 进程内部是顺
    BEGIN                            │ 序语句,但进
        顺序语句                     │ 程本身是一个
    END PROCESS;                    ┘ 并行语句
        并行语句
END ARCHITECTURE bhv;
```

图 5-1　结构体中的语句使用示例

5.1.1　并行语句的特点

并行语句是硬件描述语言的一大特点，它与 C 语言等计算机高级程序设计语言最大的不同是：并行语句在结构体中的执行是并行的，不会因为书写顺序的前后而产生执行顺序的先后。例 5-1 和例 5-2 结构体内都含有 3 条相同的并行语句，它们体现了在不同的描述

顺序下，仍然能够综合出一致的电路结构，如图 5-2 所示。

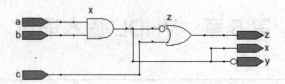

图 5-2　例 5-1 和例 5-2 综合后电路结构

【例 5-1】

L1　--
L2　LIBRARY ieee;
L3　USE ieee.std_logic_1164.all;
L4　--
L5　ENTITY example1 IS
L6　　　PORT(a, b, c : IN　　　STD_LOGIC;
L7　　　　　　x, y, z : BUFFER STD_LOGIC);
L8　END;
L9　--
L10　ARCHITECTURE construct OF example1 IS
L11　BEGIN
L12　　　x <= a AND b;
L13　　　y <= NOT x;
L14　　　z <= c OR y;
L15　END;
L16　--

【例 5-2】

L1　--
L2　LIBRARY ieee;
L3　USE ieee.std_logic_1164.all;
L4　--
L5　ENTITY example2 IS
L6　　　PORT(a, b, c : IN　　STD_LOGIC;
L7　　　　　　x, y, z : BUFFER STD_LOGIC);
L8　END;
L9　--
L10　ARCHITECTURE construct OF example2 IS
L11　BEGIN
L12　　　z <= c OR y;
L13　　　y <= NOT x;
L14　　　x <= a AND b;

L15　END;

L16 --

正如图 5-2 的硬件电路图所表明的，只有当信号 a 或者 b 的值改变后才能执行赋值语句 "x <= a AND b;"，即信号 a 或 b 的值改变之前信号 x 的值不会发生变化。同样，信号 x 的值改变之前，y 的值也不会发生变化；信号 c 或 y 的值改变之前，z 的值也不会发生变化。由此可以看出，VHDL 代码的执行是由事件控制的，这就意味着并行 VHDL 语句可以按任意顺序书写，其设计的功能不变。

例 5-3 再次显示了并行语句的特点，L13～L15 这 3 条语句对应生成了 3 个加法器(见图 5-3)，即 3 个加法器同时在进行加法操作，没有顺序关系，而不是一个加法器顺序执行 3 条加法操作指令。VHDL 代码最终实现的是具体的硬件电路，而不是在 CPU 中的逐条指令执行，这是 VHDL 语言相对于传统软件语言的不同。

【例 5-3】

L1　 --

L2　 LIBRARY ieee;

L3　 USE ieee.std_logic_1164.all;

L4　 USE ieee.std_logic_unsigned.all;

L5　 --

L6　 Entity example3 IS

L7　　　 Port(a1, a2, a3　　: IN　STD_LOGIC_VECTOR(7 DOWNTO 0);

L8　　　　　 y1, y2, y3　 : OUT STD_LOGIC_VECTOR(7 DOWNTO 0));

L9　 END;

L10　--

L11　ARCHITECTURE bhv OF example3 IS

L12　BEGIN

L13　　　 y1<=a1+1;

L14　　　 y2<=a2+1;

L15　　　 y3<=a3+1;

L16　END;

L17　--

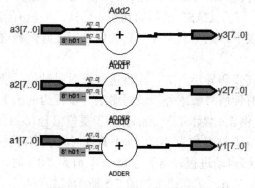

图 5-3　例 5-3 综合后电路结构

在一个结构体内部，可以有一种或是几种类型的并行语句。并行语句之间通过信号进行信息的传递。图 5-4 所示是结构体中并行语句的结构示意图，从图中可以看到，VHDL 支持的并行语句主要有进程语句、元件例化语句(包括类属参数传递映射语句)、并行信号赋值语句、生成语句、并行过程(或函数)调用语句以及块语句。下面分别讲述每一种语句的结构和应用。

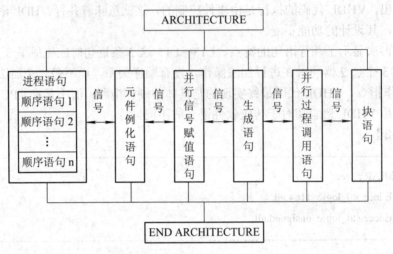

图 5-4　并行语句结构示意图

5.1.2　进程语句

在一个结构体内可以有一个或多个进程，不同进程的地位是相同的。进程间的执行是并行的、独立的，由各自敏感信号的变化触发。一个进程有两个状态：等待状态和执行状态。在等待状态下，当任一敏感信号发生变化时，进程立即启动进入执行状态。当进程顺序执行到 END PROCESS 语句时，重新进入等待状态，等待下一次敏感信号的改变。进程语句内部结构由一系列顺序语句构成，能够很好地体现 VHDL 语言的行为描述能力。进程语句的语法格式已在 3.5.3 节中讲述，这里不再赘述。

VHDL 中的进程有两种类型：组合进程和时序进程。组合进程用于设计组合逻辑电路，时序进程用于设计引入了触发器的时序逻辑电路。

在组合进程中，所有输入信号必须都包含到敏感信号参数表中，包括赋值符号 "<=" 右边的所有信号以及 IF 语句、CASE 语句的判断表达式中的所有信号。如果有一个信号没有包含在敏感信号参数表中，则当这个被忽略的信号变化时，该进程不会被激活，输出信号也不会得到新的赋值。

时序进程又可分为同步和异步两类。同步进程只对时钟信号敏感，即仅在时钟的边沿启动；异步进程除了对时钟信号敏感外，还对影响异步行为的输入信号敏感，即该输入信号的变化也能启动进程。例 5-4 显示了一个带有异步复位信号 reset 的 D 触发器。当信号 reset 取值为 "1" 时，输出 q 立即被复位为 "0"，而不管此时是否有时钟信号 clk 的上升沿到来，即信号 reset 的变化也能够启动进程。当信号 reset 取值为 "0" 时，如果有时钟信号的上升沿到来，则输出 q 被赋值为 d，仿真结果如图 5-5 所示。

【例 5-4】

```
L1    ----------------------------------------------------------------------
L2    LIBRARY ieee;
L3    USE ieee.std_logic_1164.all;
L4    ----------------------------------------------------------------------
L5    ENTITY dff1 IS
L6        PORT( clk,   reset,   d : IN   STD_LOGIC;
L7                 q                  : OUT STD_LOGIC);
L8    END;
L9    ----------------------------------------------------------------------
L10   ARCHITECTURE bhv OF dff1 IS
L11   BEGIN
L12     PROCESS( clk, reset ) --异步进程，时钟信号 clk 和异步复位信号 reset 都列入敏感信号参数表
L13     BEGIN
L14       IF reset = '1' THEN q <= '0';        --异步复位信号 reset，当取值为 1 时，输出立刻置 "0"
L15       ELSIF clk' EVENT AND clk = '1' THEN q <= d;
          --当 reset 取值为 "0" 时，判断是否有时钟信号 clk 的上升沿到来，如有，则执行赋值语句
L16       END IF;
L17      END PROCESS;
L18   END bhv;
L19   ----------------------------------------------------------------------
```

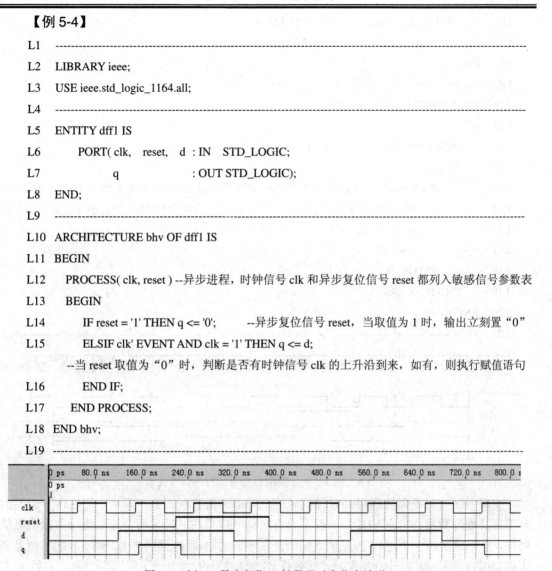

图 5-5　例 5-4 异步复位 D 触发器时序仿真波形

　　例 5-5 是同步时序进程，只有时钟信号的上升沿到来时才能启动进程，即使信号 reset 发生改变(从 "0" 变化到 "1")也不能启动进程。例 5-5 的仿真结果见图 5-6。可以看到，当复位信号 reset 从 "0" 变为 "1" 时，由于此时并无时钟信号 clk 的上升沿到来，所以进程仍处于等待状态，输出 q 维持原值。当 clk 上升沿到来后，进程被启动，此时再判断信号 reset 的取值，如果为 "1"，则输入 q 被复位为 "0"。

【例 5-5】

```
L1    ----------------------------------------------------------------------
L2    LIBRARY ieee;
L3    USE ieee.std_logic_1164.all;
L4    ----------------------------------------------------------------------
L5    ENTITY dff2 IS
```

```
L6        PORT( clk,   reset,   d : IN   STD_LOGIC;
L7              q                : OUT STD_LOGIC);
L8     END;
L9     -----------------------------------------------------------------------------------
L10    ARCHITECTURE bhv OF dff2 IS
L11    BEGIN
L12      PROCESS( clk )      --同步进程，仅时钟信号 clk 列入敏感参数表
L13      BEGIN
L14        IF clk' EVENT AND clk = '1' THEN --IF 语句的嵌套，首先判断是否有 clk 的上升沿到来
L15            IF reset = '1' THEN q <= '0'; --在满足 clk 上升沿到来的情况下，再判断 reset 的取值
L16            ELS q <= d;
L17            END IF;
L18        END IF;
L19      END PROCESS;
L20    END bhv;
L21    -----------------------------------------------------------------------------------
```

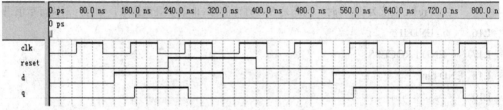

图 5-6　例 5-5 同步复位 D 触发器时序仿真波形

　　电路系统有时既需要利用到时钟信号的上升沿又需要利用到下降沿，即在两个边沿时刻都需要处理数据；然而 VHDL 一般不允许对同一信号在时钟的两个边沿进行数据的赋值处理，且不论是在一个进程中(见例 5-6)还是在不同的进程中(见例 5-7)。例 5-6 的本意是想实现当时钟信号 clk 上升沿到来时，将数据 d1 赋值给 q；当时钟下降沿到来时，将数据 d2 赋值给 q。编译后出现图 5-7 所示错误，显示无法在时钟的边沿实现寄存器的操作。例 5-7 省略了实体描述，它在不同的进程中对同一信号 q 赋值，可以看成是两条并行语句(一个进程可以看做一条并行语句)对同一信号赋值，这也是错误的。

【例 5-6】

```
L1     -----------------------------------------------------------------------------------
L2     LIBRARY ieee;
L3     USE ieee.std_logic_1164.all;
L4     -----------------------------------------------------------------------------------
L5     ENTITY storage1 IS
L6        PORT( clk , en    : IN   STD_LOGIC;
L7               d1, d2     : IN   STD_LOGIC_VECTOR(7 DOWNTO 0);
```

L8　　　　　　q　　　　　　: OUT STD_LOGIC_VECTOR(7 DOWNTO 0));

L9　END;

L10　--

L11　ARCHITECTURE bhv OF storage1 IS

L12　BEGIN

L13　　PROCESS(clk, en)

L14　　BEGIN

L15　　　IF en = '1' THEN q <= (OTHERS => '0');

L16　　　ELSIF clk'EVENT AND clk = '1'　THEN　q <= d1;

L17　　　ELSIF clk'EVENT AND clk = '0'　THEN　q <= d2;

L18　　　END IF;

L19　　END PROCESS;

L20　END;

L21　--

【例 5-7】

L1　--

L2　ARCHITECTURE bhv OF storage1 IS

L3　BEGIN

L4　　p1: PROCESS(clk, en)

L5　　BEGIN

L6　　　IF en = '1' THEN q <= (OTHERS => '0');

L7　　　ELSIF clk'EVENT AND clk = '1'　THEN　q <= d1;

L8　　　END IF;

L9　　END PROCESS p1;

L10　　P2: PROCESS(clk, en)

L11　　BEGIN

L12　　　IF en = '1' THEN q <= (OTHERS => '0');

L13　　　ELSIF clk'EVENT AND clk = '0'　THEN　q <= d2;

L14　　　END IF;

L15　　END PROCESS p2;

L16　END;

L17　--

Type	Message
✗	Error (10822): HDL error at storage1.vhd(16): couldn't implement registers for assignments on this clock edge
✗	Error (10822): HDL error at storage1.vhd(17): couldn't implement registers for assignments on this clock edge

图 5-7　例 5-6 编译出现错误

例 5-8 是一个正确的示例，虽然它也同时用到了时钟信号的上升沿和下降沿，但由于不是对同一信号赋值所以能够通过编译。在时钟信号 clk 上升沿到来时刻，将输入信号 d 赋值给信号 q1；而在时钟信号 clk 下降沿到来时刻，输出信号 q 得到信号 q1 的赋值，即输出信号 q 在时钟信号 clk 下降沿到来时刻才能得到输入信号 d 的值,仿真波形如图 5-8 所示。

【例 5-8】

```
L1    ------------------------------------------------------------------------------------
L2    LIBRARY ieee;
L3    USE ieee.std_logic_1164.all;
L4    ------------------------------------------------------------------------------------
L5    ENTITY my_storage IS
L6        PORT( clk, en    : IN   STD_LOGIC;
L7              d          : IN   STD_LOGIC_VECTOR(7 DOWNTO 0);
L8              q          : OUT STD_LOGIC_VECTOR(7 DOWNTO 0));
L9    END;
L10   ------------------------------------------------------------------------------------
L11   ARCHITECTURE bhv OF my_storage IS
L12       SIGNAL q1 : STD_LOGIC_VECTOR(7 DOWNTO 0);
L13   BEGIN
L14       PROCESS(clk, en)
L15       BEGIN
L16           IF en = '1' THEN q <= (OTHERS => '0');
L17           ELSIF clk'EVENT AND clk = '1' THEN q1 <= d;
L18           ELSIF clk'EVENT AND clk = '0' THEN q <= q1;
L19           END IF;
L20       END PROCESS;
L21   END;
L22   ------------------------------------------------------------------------------------
```

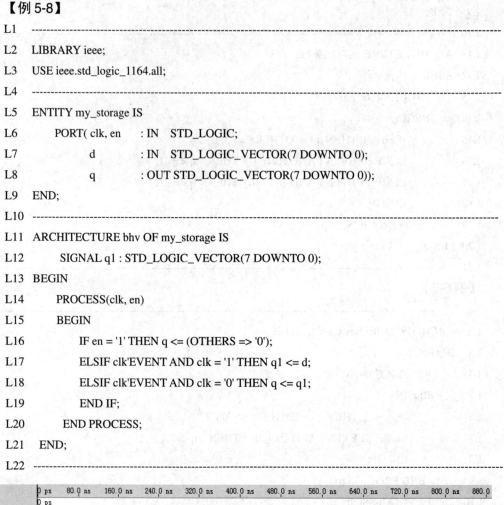

图 5-8　例 5-8 时序仿真波形

5.1.3　元件例化语句

元件例化就是将预先设计好的设计实体定义为一个元件,然后利用特定的语句将此元件与当前设计实体中指定的端口连接,从而为当前设计实体引入一个新的低一级的设计层次。元件例化可以是多层次的,即在当前设计实体中调用的元件本身也是一个低层次的设计实体,它也可以通过调用其他的元件来实现。元件可以是一个已经设计好的设计实体(采用 VHDL 语言或者采用 Verilog 语言设计的实体),也可以是来自 FPGA 元件库中的元件,或是 LPM 模块、IP 核等。

元件例化语句一般由两部分组成:元件声明和元件例化。元件声明放在结构体说明语句部分(关键词 ARCHITECTURE 和 BEGIN 之间)，元件例化放于结构体功能描述语句部分(关键词 BEGIN 后)，其基本语法格式已在 3.7 节中讲述，这里不再赘述。

5.1.4　并行信号赋值语句

并行信号赋值语句有三种形式，分别是简单信号赋值语句、条件信号赋值语句(WHEN/ELSE 语句)和选择信号赋值语句(WITH/SELECT/WHEN 语句)。这三种语句的共同点是：赋值目标都必须是信号，且语句在结构体内的执行是并行的。

1．简单信号赋值语句

简单信号赋值语句是 VHDL 并行语句结构中最基本的单元，在前面的章节中已经多次用到该语句，如例 5-1(L12～L14)、例 5-2(L12～L14)和例 5-3(L13～L15)都使用了简单信号赋值语句。需要注意的是，赋值符号 "<=" 左右两边的数据类型必须一致。

每一条简单信号赋值语句都相当于一条缩写的进程语句，而这条语句的所有输入(或读入)信号都被隐形地列入此缩写进程的敏感信号参数表中。任何输入信号的变化都将启动相关并行语句的赋值操作，而这种启动是完全独立于其他语句的。

2．条件信号赋值语句(WHEN/ELSE 语句)

例 5-9 是采用 WHEN/ELSE 语句实现的 4 选 1 多路选择器，其元件图见图 5-9。该设计实体有 4 个数据输入端 a、b、c、d，数据类型为 STD_LOGIC；有一个数据选择控制端 sel，数据类型是 STD_LOGIC_VECTOR，可以有 "00"、"01"、"10"、"11" 4 个取值。当 sel 取值为 "00" 时，输出 y 被赋值 a；当 sel 取值为 "01" 时，y 被赋值 b；当 sel 取值为 "10" 时，y 被赋值 c；当 sel 取值为 "11" 时，y 被赋值 d。仿真结果如图 5-10 所示。

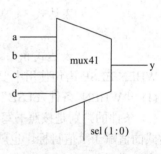

图 5-9　4 选 1 多路选择器

【例 5-9】

```
L1    -------------------------------------------------------------------------------------
L2    LIBRARY ieee;
L3    USE ieee.std_logic_1164.all;
L4    -------------------------------------------------------------------------------------
L5    ENTITY mux41 IS
L6        PORT( a, b, c, d  : IN   STD_LOGIC;
L7               sel        : IN   STD_LOGIC_VECTOR(1 DOWNTO 0);
L8               y          : OUT STD_LOGIC);
L9    END;
L10   -------------------------------------------------------------------------------------
L11   ARCHITECTURE bhv OF mux41 IS
L12   BEGIN
L13       y <= a WHEN sel = "00" ELSE
```

L14   b WHEN sel = "01" ELSE

L15   c WHEN sel = "10" ELSE

L16   d;

L17   END;

L18   --

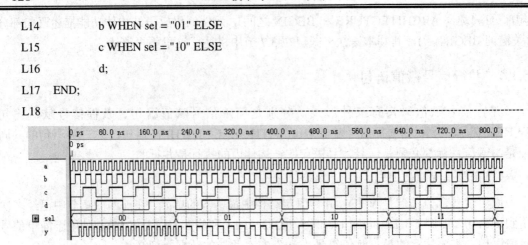

图 5-10   4 选 1 多路选择器时序仿真波形

WHEN/ELSE 语句的功能与在进程中的 IF 语句功能相似，它通过判别条件是否为真来决定是否执行与该条件相对应的表达式的赋值，其一般语句格式如下：

赋值目标 <= 表达式 1   WHEN   条件 1   ELSE
　　　　　　　 表达式 2   WHEN   条件 2   ELSE
　　　　　　　 表达式 3   WHEN   条件 3   ELSE
　　　　　　　　　...
　　　　　　　 表达式 n;

WHEN/ELSE 语句使用中要注意以下几点：

(1) "WHEN 条件 ELSE" 称为条件子句，条件子句后不需要加分号(或逗号)。

(2) 条件的判别是按照书写的顺序逐项进行测定的，一旦发现条件为 TRUE，即将对应表达式的值赋予赋值目标。也就是说，执行赋值的表达式是第一个满足布尔条件为真所对应的表达式。

(3) 当所有条件都不满足时，执行最后一条表达式的赋值。最后一条表达式没有条件子句，需要加分号，代表 WHEN/ELSE 语句的结束。

(4) 条件中允许使用不同的信号，这使得 WHEN/ELSE 语句在设计时非常灵活。

例 5-10 是一个简单的 3 选 1 数据选择器，再次显示了 WHEN/ELSE 语句条件判别的顺序性。此例条件中的信号不同，分别是 s1 和 s2，代表两个选择控制端。当 s1 和 s2 同时取值 "1" 时，由于书写的顺序性，导致第一条子句具有最高的优先级，即 y 获得的赋值是 a。图 5-11 是利用 Quartus II 软件综合后的电路结构，由两个 2 选 1 选择器构成。当选择控制端 s2 取值 "1" 时，第一个选择器输出 b，则第 2 个选择器在 a 和 b 这两个数据中选择。当选择控制端 s1 也取值 "1" 时，第 2 个选择器输出 a，功能与 WHEN/ELSE 语句的优先级相同。时序仿真波形见图 5-12。虽然 WHEN/ELSE 语句的条件判别具有顺序性，但其实质是生成硬件电路，语句本身是并行的；即当有多条 WHEN/ELSE 语句时，由各自的敏感信号(语句的所有输入信号，如例 5-10 中的 a、b、c、s1、s2)触发。总结来说，在多条 WHEN/ELSE 语句之间，书写顺序并不重要；但在 WHEN/ELSE 语句内部，顺序是重要的，决定了赋值的结果。

【例 5-10】

```
L1    -----------------------------------------------------------------------------------------
L2    ENTITY mux31 IS
L3        PORT( a,   b,   c : IN    BIT;
L4                s1,   s2    : IN    BIT;
L5                  y          : OUT BIT);
L6    END;
L7    -----------------------------------------------------------------------------------------
L8    ARCHITECTURE bhv OF mux31 IS
L9    BEGIN
L10       y <=   a WHEN s1 = '1' ELSE
L11              b WHEN s2 = '1' ELSE
L12              c;
L13   END;
L14   -----------------------------------------------------------------------------------------
```

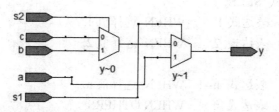

图 5-11　例 5-10 3 选 1 数据选择器综合后电路结构

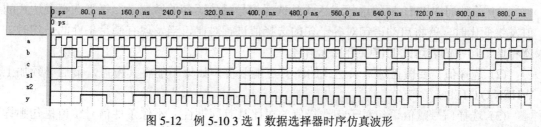

图 5-12　例 5-10 3 选 1 数据选择器时序仿真波形

3. 选择信号赋值语句(WITH/SELECT/WHEN 语句)

例 5-11 是利用 WITH/SELECT/WHEN 语句实现的 4 选 1 多路选择器。从中可以发现选择信号赋值语句与条件信号赋值语句类似，都是根据条件选择相应的表达式对目标信号进行赋值的。

【例 5-11】

```
L1    -----------------------------------------------------------------------------------------
L2    LIBRARY ieee;
L3    USE ieee.std_logic_1164.all;
L4    -----------------------------------------------------------------------------------------
L5    ENTITY mux41 IS
```

```
L6        PORT( a, b, c, d  : IN   STD_LOGIC;
L7              sel        : IN   STD_LOGIC_VECTOR(1 DOWNTO 0);
L8              y          : OUT STD_LOGIC);
L9    END;
L10   --------------------------------------------------------------------------------
L11   ARCHITECTURE bhv OF mux41 IS
L12   BEGIN
L13       WITH sel SELECT              --判定信号 sel 的取值
L14           y <=  a WHEN "00" ,      --如果当前 sel 取值为"00"，则 y 被赋值 a
L15               b WHEN "01" ,        --如果当前 sel 取值为"01"，则 y 被赋值 b
L16               c WHEN "10" ,
L17               d WHEN OTHERS;       --剩余取值情况，y 被赋值 d
L18   END;
L19   --------------------------------------------------------------------------------
```

选择信号赋值语句的一般格式如下：

WITH 选择表达式 SELECT

赋值目标 <=　　　表达式 1　　　WHEN 选择值 1,

　　　　　　　　表达式 2　　　WHEN 选择值 2,

　　　　　　　　　　…

　　　　　　　　表达式 n–1　 WHEN 选择值 n,

　　　　　　　　表达式 n　　　WHEN OTHERS;

WITH/SELECT/WHEN 语句使用中要注意以下几点：

(1) 关键词 WITH 后的选择表达式是选择信号赋值语句的敏感量。每当选择表达式的值发生变化时，就将启动语句对各子句的选择值进行对比，当发现有满足条件的子句时，就将此子句中的表达式的值赋给目标信号。

(2) 选择值需要覆盖选择表达式的所有可能取值，如果不能将其覆盖，最后必须加上 WHEN OTHERS 子句。

(3) 选择信号赋值语句对子句选择值的对比具有同期性，不像条件信号赋值语句那样按照书写顺序从上至下逐条测试。因此，选择信号赋值语句中的选择值不能出现重复的情况。

(4) 与条件信号赋值语句相比，选择信号赋值语句只允许一个选择表达式；而条件信号赋值语句允许在条件中使用不同的信号。

(5) 特别注意选择信号赋值语句的每一子句结尾用逗号分割，最后一条子句结尾用分号表示结束；而条件信号赋值语句每一子句的结尾没有任何标点，只有最后一条子句的结尾用分号表示结束。

5.1.5 块语句

块语句(BLOCK 语句)是并行语句，内部所包含的语句也是并行语句。块语句可以将结构体中的并行语句进行分割和组合，有利于对较长代码的管理和提高可读性。块语句有两种基本形式：简单块语句和保护块语句。

1. 简单块语句

简单块语句的语句格式如下：

标号: BLOCK

　　[块声明部分；]

BEGIN

　　并行语句；

END　BLOCK[标号];

标号是设计者自定义的标识符，是块的名称。在关键词 BLOCK 前的标号是必需的，而在 END BLOCK 后的标号可以省略。块声明部分可以声明块的局部对象，包括数据类型、常量、信号、子程序等，块声明部分也不是必需的。例 5-12 是一个简单的块语句的示例。

【例 5-12】

```
ARCHITECTURE construct OF ex IS
BEGIN
    …
    b1: BLOCK
        SIGNAL y : BIT;
    BEGIN
        y <= a AND b;
    END BLOCK;
    …
END ;
```

块语句(不管是简单块语句还是保护块语句)能够嵌套在另一个块语句中。例 5-13 显示了三个嵌套的块语句 b1、b2 和 b3，其中块 b2 嵌套在块 b1 中，块 b3 嵌套在块 b2 中。块中声明的对象对这个块以及嵌套在其中的所有块都是可见的，且当子块声明的对象与父块声明的对象具有相同的名称时，子块将忽略父块的声明。

【例 5-13】

```
b1 : BLOCK
    SIGNAL s : BIT;              --声明块 b1 中的信号 s
BEGIN
    s <= a AND b;               --此处的信号 s 是块 b1 所声明的
    b2 : BLOCK
        SIGNAL s : BIT          --声明块 b2 中的信号 s
    BEGIN
        s <= c AND d;           --此处的信号 s 是块 b2 中声明的
        b3 : BLOCK
        BEGIN
```

```
        x <= s ;                      --此处的信号 s 是块 b2 中声明的
    END BLOCK b3;
  END BLOCK b2;
  y <= s;                            --此处的信号 s 是块 b1 中声明的
END BLOCK b1;
```

2．保护块语句

保护块语句是块语句中的特殊形式，它的基本格式如下：

标号: BLOCK(保护表达式)

　　[块声明部分；]

BEGIN

　　并行语句；

END BLOCK[标号]；

保护块语句相比于简单块语句在关键词 **BLOCK** 后增加了一个特殊的表达式，称为保护表达式。保护表达式用于确定是否执行块中的保护语句，当保护表达式取值为真(TRUE)时，执行保护块内的保护语句；反之，则不执行。例 5-14 是一个带有同步复位信号 reset 的 D 触发器。当时钟上升沿到来时，保护表达式为真，则可以执行保护块内的保护语句。如果此时复位信号 reset 取值为"1"，则 q 被赋值"0"。

【例 5-14】

```
L1   ----------------------------------------------------------------------------------------
L2   LIBRARY ieee;
L3   USE ieee.std_logic_1164.all;
L4   ----------------------------------------------------------------------------------------
L5   ENTITY dff_guard IS
L6       PORT( clk, d , reset    : IN   STD_LOGIC;
L7               q               : OUT STD_LOGIC);
L8   END;
L9   ARCHITECTURE bhv OF dff_guard IS
L10  BEGIN
L11      b1: BLOCK( clk'EVENT AND clk = '1')
L12      BEGIN
L13          q <= GUARDED '0' WHEN reset = '1' ELSE
L14              d;
L15      END BLOCK;
L16  END bhv;
L17  ----------------------------------------------------------------------------------------
```

由于块语句的存在并不会对综合后的逻辑功能有任何的影响，综合器在综合时会忽略所有的块语句，它只是在一定程度上增加了程序的可读性。所以，在实际应用中，块语句很少被用到。

5.1.6　并行过程调用语句

　　并行过程调用语句可以作为并行语句出现在结构体或块语句中，即在适用于并行语句结构的部分对过程进行调用。过程是子程序的一种类型(子程序的另一形式是函数)，一般用来定义一个算法，它可以产生多个值或是不产生值。具体过程的相关知识请参见第 7 章。过程的调用既可以是并行的，也可以是顺序的。在结构体或是块语句中对过程的调用就是并行过程调用语句，在进程中对过程的调用就是顺序过程调用语句。过程的调用就是执行一个指定的过程，不管是哪种类型的过程调用，其调用的语句格式一般如下：

　　过程名 [([形参名 =>] 实参表达式，[形参名 =>] 实参表达式，…)]；

　　形参名是待调用过程中已经声明的参数名。在调用过程时，形参名和连接符号"=>"可以省略，类似于元件例化时端口映射语句 **PORT MAP** 的两种映射方式：名称映射和位置映射。

　　例 5-15 中声明了一个过程 halfadd，该过程用于实现半加器的功能。随后进行了两次调用，一次是并行过程调用，使用名称映射的方式；一次是在进程中的顺序调用，使用位置映射的方式。这两条过程调用语句是并行的，且完成的功能一致。

【例 5-15】

```
PROCEDURE halfadd ( SIGNAL a, b : IN   STD_LOGIC;   --声明一个名为 halfadd 的过程
                    SIGNAL sum: OUT STD_LOGIC);
…
halfadd ( a => a1, b => b1, sum => sum1);        --并行过程调用
…
PROCESS( x1, x2)
BEGIN
    halfadd( x1, x2, s1);                       --顺序过程调用
END PROCESS;
```

并行过程的调用可以获得被调用过程的多个复制电路。

函数与过程类似，也可以实现并行调用和顺序调用，函数的调用将在第 7 章中讲述。

5.1.7　生成语句

　　生成语句(GENERATE 语句)与 LOOP 语句类似，可以实现某一段代码的重复多次执行。这意味着生成语句有一种复制作用，能够产生多个完全相同的元件。生成语句有FOR/GENERATE 和 IF/GENERATE 两种使用形式。

1. FOR/GENERATE 语句

FOR/GENERATE 语句的格式如下：

标号：FOR 循环变量 IN 取值范围 GENERATE
　　　并行语句
END GENERATE [标号]；

需要注意的是，关键词前的标号是设计者自行定义的标识符，它是必需的。循环变量

是自动由生成语句声明的，不需要事先声明，它仅是一个局部变量，根据取值范围自动递增或递减。取值范围必须是一个可计算的整数范围，它的语句格式有两种形式，分别是：

(1) 表达式 TO 表达式;　　　　　　　　--递增方式

(2) 表达式 DOWNTO 表达式;　　　　　--递减方式

FOR/GENERATE 语句中的并行语句可以是本节中讲述的任何并行语句，包括：进程语句、元件例化语句、并行信号赋值语句、块语句、并行过程调用语句，甚至是生成语句本身。如果 FOR/GENERATE 语句中的并行语句是生成语句，这意味着生成语句允许存在嵌套结构。例 5-16 是一个利用 FOR/GENERATE 语句实现两个 4 bit 数组相与的简单示例。图 5-13 是 Quartus Ⅱ 综合后的电路结构，可以看到生成了 4 个完全相同的与逻辑门电路。

【例 5-16】

```
L1    -------------------------------------------------------------------------------------
L2    ENTITY add IS
L3        PORT( a, b   : IN   BIT_VECTOR(3 DOWNTO 0);
L4            y      : OUT BIT_VECTOR(3 DOWNTO 0));
L5    END;
L6    -------------------------------------------------------------------------------------
L7    ARCHITECTURE bhv OF add IS
L8    BEGIN
L9        g1 : FOR i IN 3 DOWNTO 0 GENERATE
L10       --循环变量 i 取值范围从 3 到 0，即生成语句 GENERATE 中的并行语句执行 4 遍
L11           y( i ) <= a( i ) AND b( i );
L12       END GENERATE;
L13   END;
L14   -------------------------------------------------------------------------------------
```

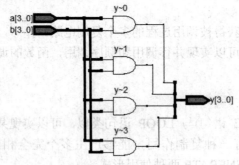

图 5-13　例 5-16 电路结构

如果将例 5-16 稍作改动，如例 5-17 所示，增加了输入信号 x 作为循环变量取值范围的上限值。由于 x 的不确定性导致取值范围的不确定，使得编译综合时会出现图 5-14 所示错误。

【例 5-17】

```
L1    -------------------------------------------------------------------------------------
L2    ENTITY add IS
```

```
L3          PORT( a, b  : IN   BIT_VECTOR(3 DOWNTO 0);
L4              x     : IN   INTEGER;
L5              y     : OUT BIT_VECTOR(3 DOWNTO 0));
L6    END;
L7    --------------------------------------------------------------------------------
L8    ARCHITECTURE bhvOF add IS
L9    BEGIN
L10       g1 : FOR i IN x DOWNTO 0 GENERATE
L11           y( i ) <= a( i ) AND b( i );
L12       END GENERATE;
L13   END;
L14   --------------------------------------------------------------------------------
```

Type	Message
❌	Error (10806): VHDL error at add.vhd(10): range in generation scheme must be static
❌	Error: Can't elaborate top-level user hierarchy

图 5-14　例 5-17 代码错误原因

例 5-18 也是一个错误的示例，综合时会认为输出信号 z 有多个驱动源(有多个赋值)，正确的代码见例 5-19。

【例 5-18】

```
g1 : FOR i IN 3 DOWNTO 0 GENERATE
    z <= "1111" WHEN (a(i) AND b(i)) = '1' ELSE
         "0000";
END GENERATE;
```

【例 5-19】

```
g2 : FOR i IN 3 DOWNTO 0 GENERATE
    z(i) <= '1' WHEN (a(i) AND b(i)) = '1' ELSE
            '0';
END GENERATE;
```

生成语句通常的作用是创建多个复制的元件、进程或块。例 5-20 利用 FOR/GENERATE 语句实现了由 D 触发器构成的移位寄存器。在结构体 gen_shift 中有两条并行的简单信号赋值语句(L17 和 L21)以及一条 FOR/GENERATE 语句(L18~L20)。FOR/GENERATE 语句能够产生 4 个完全一致的 D 触发器。图 5-15 是与例 5-20 相对应的电路结构原理图。

【例 5-20】

```
L1    --------------------------------------------------------------------------------
L2    LIBRARY ieee;
L3    USE ieee.std_logic_1164.all;
L4    --------------------------------------------------------------------------------
L5    ENTITY shift IS
L6        PORT( a, clk: IN   STD_LOGIC;
L7              b     : OUT STD_LOGIC);
```

```
L8      END;
L9      -------------------------------------------------------------------------------------------------
L10     ARCHITECTURE gen_shift OF shift IS
L11         COMPONENT my_dff IS              --元件声明，待调用底层元件 D 触发器
L12             PORT( d, clk : IN   STD_LOGIC;
L13                   q     : OUT STD_LOGIC);
L14         END COMPONENT ;
L15         SIGNAL z : STD_LOGIC_VECTOR(0 TO 4);
L16     BEGIN
L17         z(0) <= a;                       --并行信号赋值语句，完成信号 a 的输入
L18         g1 : FOR i IN 0 TO 3 GENERATE    --生成语句 g1，内部并行语句是元件例化语句
L19             u1 :  my_dff  PORT MAP ( z(i), clk, z(i+1) );
L20         END GENERATE;
L21         b <= z(4);                       --并行信号赋值语句，完成对输出信号 b 的赋值
L22     END;
L23     -------------------------------------------------------------------------------------------------
```

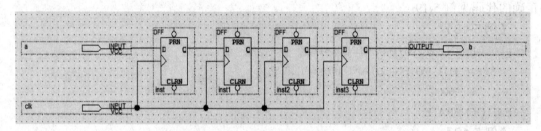

图 5-15　4 个 D 触发器构成的一个移位寄存器

例 5-20 使用一条 FOR/GENERATE 语句就能够实现 4 条 PORT MAP( )语句的功能，使代码更加简练，而且可以通过改变循环变量 i 的取值范围描述任意长度的移位寄存器。

2．IF/GENERATE 语句

IF/GENERATE 语句的格式如下：

标号 : IF　条件表达式　GENERATE

　　　并行语句;

END GENERATE [标号];

IF/GENERATE 语句仅在条件表达式为真时才执行结构内部的并行语句，即条件表达式的结果是布尔型的。IF/GENERATE 语句与顺序语句 IF 不同的是，IF/GENERATE 语句中没有 ELSE 或 ELSIF 分支语句。

从例 5-20 中可以看出，移位寄存器的输入端和输出端信号的连接无法用 FOR/GENERATE 语句来实现，只能用两条并行信号赋值语句来完成。也就是说，FOR/GENERATE 语句只能处理规则的电路结构，对于串入、串出两个末端的不一样的电路结构无法实现。但是在实际中大多数情况电路的两端(输入和输出)总是具有不规则性。为了解决这种不规则电路的

统一描述方法，可以采用 **IF/GENERATE** 语句。例 5-21 使用 **FOR/GENERATE** 和 **IF/GENERATE** 语句的嵌套实现了一个任意长度的移位寄存器。

【例 5-21】

```
L1   ----------------------------------------------------------------------------
L2   LIBRARY ieee;
L3   USE ieee.std_logic_1164.all;
L4   ----------------------------------------------------------------------------
L5   ENTITY shift_change IS
L6      GENERIC( length :   INTEGER := 5 );
L7      PORT( a, clk     : IN    STD_LOGIC;
L8            b          : OUT STD_LOGIC);
L9   END;
L10  ----------------------------------------------------------------------------
L11  ARCHITECTURE if_gen_shift OF shift_change IS
L12     COMPONENT my_ dff   IS                  --底层元件 my_dff 声明
L13        PORT( d, clk    : IN    STD_LOGIC;
L14              q         : OUT STD_LOGIC);
L15     END COMPONENT ;
L16     SIGNAL z           : STD_LOGIC_VECTOR( 1 TO ( length-1) );
L17  BEGIN
L18     g : FOR i IN 0 TO ( length-1) GENERATE
L19        g1 : IF i = 0 GENERATE
L20           u1 : my_dff   PORT   MAP ( a, clk, z( i+1 ) );
L21        END GENERATE;
L22        g2 : IF i = ( length-1 ) GENERATE
L23           u1 : my_dff   PORT   MAP ( z( i ), clk, b );
L24        END GENERATE;
L25        g3 : IF( i /= 0)   AND   ( i /= ( length-1 ) ) GENERATE
L26           u1 : my_dff   PORT   MAP ( z( i ), clk, z( i+1 ));
L27        END GENERATE;
L28     END GENERATE;
L29  END ;
L30  ----------------------------------------------------------------------------
```

例 5-21 中，类属参量 Length 是移位寄存器的长度，由 GENERIC 语句声明，默认值是 5；它同时也是信号 z 的数组长度。类属参量 length 也可以从外部传递取值。本例采用了 **FOR/GENERATE** 语句和 **IF/GENERATE** 语句嵌套的形式，二者可以相互嵌套，即也可以把 **FOR/GENERATE** 语句嵌套在 **IF/GENERATE** 语句中。本例在 **FOR/GENERATE** 语句中，通过 **IF/GENERATE** 语句判断循环变量 i 的取值。如果 $i = 0$，则是第一级的 D 触发器；如果 $i = $ length-1，则是最后一级的 D 触发器。图 5-16 是综合后产生的 RTL 电路结构，与设计要求一致。

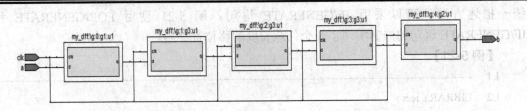

图 5-16　例 5-21 实现的移位寄存器电路结构

5.2　顺 序 语 句

顺序语句与并行语句共同构成了 VHDL 基本语句。顺序语句是 VHDL 在行为描述时普遍用到的语句，主要用在进程与子程序中。顺序语句是相对于并行语句而言的，它按照代码书写的顺序执行语句(仅指仿真执行)，这一点与传统软件设计语言非常相似。但需要注意的是，顺序语句的本质仍然是实现硬件电路，而电路的本质是并行的，即电路中的所有元件都可以看做并行执行的单元。读者应从硬件电路的角度出发，理解顺序语句只是一种描述方式，顺序语句中几个常用的、重要的语句在语法意义上更贴近传统的程序设计语句的语法。常用的顺序语句主要有：顺序赋值语句、IF 语句、CASE 语句、LOOP 语句、EXIT 语句、NEXT 语句、WAIT 语句和 NULL 语句等。

数据对象——变量被限制用于顺序语句中，即它只能用在进程和子程序内部。作为局部变量，它与信号的用法相反，不能将数据带出进程或子程序。

5.2.1　顺序赋值语句

前面的章节中已多次出现过赋值语句的使用示例，如 "x <= a AND b"、"y := a"。其中出现在并行语句结构部分的赋值语句属于并行赋值语句，如 5.1.4 节中介绍的并行信号赋值语句；而出现在进程和子程序内部的赋值语句可归为顺序赋值语句。由于在进程和子程序内部可以声明变量，因此顺序赋值语句包括信号赋值语句和变量赋值语句两类，即在顺序语句结构中允许对信号和变量两种数据对象进行赋值。反过来，由于变量不能把数据或信息带出声明它的进程和子程序，所以并行赋值语句只有并行信号赋值语句，即在并行语句结构部分只能对信号进行赋值。信号赋值和变量赋值的区别已在第 4 章中讲述，这里不再赘述。

5.2.2　IF 语句

IF 语句是顺序语句中最重要与最常用的顺序语句，与传统程序设计中 IF 语句的语法含义一致，VHDL 中的 IF 语句也是通过对判断表达式(或称条件)进行判断后有选择地执行相应分支的顺序语句。IF 语句的形式一般有 4 种：单分支 IF 语句、双分支 IF 语句、多分支IF 语句以及嵌套 IF 语句。其语句格式如下：

　　IF 条件 THEN　　--单分支 IF 语句

　　　　顺序语句；

```
        END IF;
        IF 条件 THEN    --双分支 IF 语句
            顺序语句;
        ELSE
            顺序语句
        END IF;
        IF 条件 1  THEN      --多分支 IF 语句
            顺序语句;
        ELSIF 条件 2  THEN
            顺序语句;
        ELSEIF 条件 3  THEN
            顺序语句;
            …
        ELSE 顺序语句;
        END IF;
        IF 条件 THEN    --嵌套 IF 语句
            IF 条件 THEN
            …
            END IF;
        END IF;
```

在前面的章节中已经多次使用过不同类型的 IF 语句，也对其基本用法有一定的介绍，下面对不同形式的 IF 语句进行总结和比较。

(1) 单分支 IF 语句是一种不完整的条件语句，当判断表达式的值为真时，执行关键词 THEN 后的顺序语句，直到 END IF 结束；而当判断表达式的值为假时，跳过顺序语句不执行，直接结束 IF 语句。当条件为假时，不执行 IF 语句即保持原值不变，这意味着需要引入存储元件。因此，利用单分支 IF 语句能够构成时序逻辑电路。设计者在进行组合逻辑电路设计时需要特别注意，如果没有将电路中所有可能出现的判断条件考虑完全，就有可能被综合器综合出设计者不希望出现的组合与时序混合的电路。

(2) 双分支 IF 语句是完整条件语句，当判断表达式的值为真时，执行关键词 THEN 后的顺序语句；而当判断表达式的值为假时，执行关键词 ELSE 后的顺序语句。这种结构的条件语句不会出现单分支 IF 语句不执行任何顺序语句的情况，所以不会产生存储元件，一般用于组合逻辑电路的设计。

(3) 多分支 IF 语句通过关键词 ELSIF 设定多个判断条件。语句首先判断第一个条件(即关键词 IF 后的条件)，如果满足则执行对应的顺序语句；如果不满足，则判断第二个条件(即第一个 ELSIF 后的条件)。如果第二个条件满足，则执行与它对应的顺序语句；如果不满足，则继续判断第三个条件，以此类推。可以看出，多分支 IF 语句中任一分支对应的顺序语句的执行条件是以上各分支条件均不满足，而该分支条件满足。在所有的条件都不满足的情况下，如果语句中有 ELSE 分支，则执行该分支；如果没有，则不作任何操作，直接结束多分支 IF 语句。例 5-4 就是一个利用多分支 IF 语句实现带异步复位信号的 D 触发器的示例。

(4) 嵌套 IF 语句与多分支 IF 语句一样能够产生比较丰富的条件描述。嵌套 IF 语句中任一分支顺序语句的执行，要求以上各分支的条件都满足。使用嵌套 IF 语句需要注意 END IF 的数量应与嵌入条件的数量一致。例 5-5 是一个利用嵌套 IF 语句实现同步复位的 D 触发器。

例 5-22 是一个利用多分支 IF 语句和嵌套 IF 语句实现含有异步清零信号和同步使能信号的 4 位十进制加法计数器。清零信号 clr 与时钟信号 clk 无关，即只要清零信号 clr 取值为 "1"，不需要等待时钟信号 clk 上升沿的到来就能够启动进程，执行赋值语句 "cqi <= (OTHERS => '0')"，这种独立于时钟控制的清零信号被称为异步清零信号。计数使能信号 en 必须在时钟信号 clk 上升沿到来的前提下，取值为 "1" 才有效，才能够进行加法计数，这种依赖于时钟信号的使能信号被称为同步使能信号。图 5-17 是加法计数器时序仿真结果。可以看到，当 clr 取值为 "1" 时，计数结果 q 立即清零。当 en 取值为 "1" 时，还必须等待时钟信号 clk 上升沿的到来，计数结果 q 才能重新加 1。总结来说，时序电路中总有一些必要的控制信号，如清零信号、使能信号、置数信号等，如果它们是独立的、不依赖于时钟信号的，就是异步信号；反之，则是同步信号。

【例 5-22】

```
L1    -------------------------------------------------------------------------------------
L2    LIBRARY ieee;
L3    USE ieee.std_logic_1164.all;
L4    USE ieee.std_logic_unsigned.all;
L5    -------------------------------------------------------------------------------------
L6    ENTITY cnt IS
L7        PORT (clk, rst, en, clr  : IN   STD_LOGIC;
L8              q                  : OUT STD_LOGIC_VECTOR(3 DOWNTO 0);    --计数结果
L9              cout               : OUT STD_LOGIC);                      --计数进位信号
L10   END ;
L11   -------------------------------------------------------------------------------------
L12   ARCHITECTURE bhv OF cnt IS
L13       SIGNAL cqi : STD_LOGIC_VECTOR(3 DOWNTO 0);
L14   BEGIN
L15       PROCESS( clk, clr )
L16       BEGIN
L17           IF clr = '1' THEN cqi <= (OTHERS => '0' );
L18           ELSIF clk 'EVENT AND clk = '1'   THEN
L19               IF en = '1'   THEN
L20                   IF cqi < "1001"   THEN cout <= '0';   cqi <= cqi+1;
L21                   ELSE   cout <= '1';   cqi <= "0000";
L22                   END IF;
L23               END IF;
```

L24　　　　END IF;

L25　　　END PROCESS;

L26　　　q <= cqi;

L27　END bhv;

L28　---

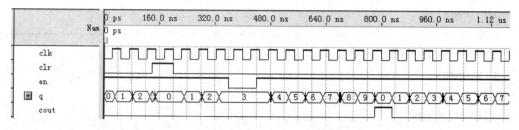

图 5-17　4 位十进制加法计数器时序仿真结果

5.2.3　CASE 语句

CASE 语句也是顺序语句中最重要、最常用的语句之一，其功能对应于 VHDL 并行语句 WITH/SELECT/WHEN。它的语句格式如下：

CASE　表达式　IS

　　　WHEN　选择值 1　=> 顺序语句 1;

　　　WHEN　选择值 2　=> 顺序语句 2;

　　　　　…

　　　WHEN OTHERS　=> 顺序语句 n;

END CASE;

执行 CASE 语句时，首先计算表达式的值，然后寻找与其相同的选择值，执行对应的顺序语句。如果表达式的值与选择值 1 相等，则执行顺序语句 1；如果与选择值 2 相等，则执行顺序语句 2；如果所有选择值与表达式的值均不相等，则执行 WHEN OTHERS 分支下的顺序语句 n。在使用 CASE 语句时需要特别注意以下几点：

(1) 选择值的取值必须在表达式的取值范围内，且数据类型必须匹配。

(2) 各个选择值不能有重复，只允许出现一次。

(3) 如果选择值不能将表达式的所有取值列举完全，最后必须加上 WHEN OTHERS 子句，代表以上所列所有选择值中未能列出的其他可能取值。

(4) WHEN OTHERS 子句只能出现一次。

(5) 符号 "=>" 不是操作符，它的含义相当于 "THEN"(或 "于是")。

例 5-23 仍然以 4 选 1 多路选择器为例说明 CASE 语句的使用。L20 中的关键词 NULL 表示不做任何操作。

【例 5-23】

L1　---

L2　LIBRARY ieee;

L3　USE ieee.std_logic_1164.all;

```
L4    ---------------------------------------------------------------
L5    ENTITY mux41 IS
L6        PORT( a, b, c, d  : IN   STD_LOGIC;
L7                sel       : IN   STD_LOGIC_VECTOR(1 DOWNTO 0);
L8                y         : OUT STD_LOGIC);
L9    END;
L10   ---------------------------------------------------------------
L11   ARCHITECTURE bhv OF mux41 IS
L12   BEGIN
L13       PROCESS(a, b, c, d, sel )
L14       BEGIN
L15          CASE sel IS
L16              WHEN "00" => y <= a;
L17              WHEN "01" => y <= b;
L18              WHEN "10" => y <= c;
L19              WHEN "11" => y <= d;
L20              WHEN OTHERS => NULL;
L21          END CASE;
L22       END PROCESS;
L23   END;
L24   ---------------------------------------------------------------
```

CASE 语句中每一个选择值对应的顺序语句允许有多条赋值语句，如例 5-24，但 WITH/SELECT/WHEN 语句只允许有一条赋值语句。

【例 5-24】

```
CASE ctl IS
    WHEN "00" => x <= a; y <= b;
    WHEN "01" => x <= b; y <= c;
    WHEN OTHERS => x <= "0000"; y <= "0000";
END CASE;
```

选择值的表示方式除了将每个值一一列举以外，也可以指定一个选择范围，如用关键词 "TO" 和 "DOWNTO" 表示。例 5-25 显示了几种选择值的表示方式。

【例 5-25】

```
L1    ---------------------------------------------------------------
L2    ENTITY example IS
L3        PORT( a : IN   INTEGER RANGE 0 TO 15;
L4                b : OUT INTEGER RANGE 0 TO 7);
L5    END;
L6    ---------------------------------------------------------------
L7    ARCHITECTURE bhv OF example IS
```

```
L8    BEGIN
L9        PROCESS(a)
L10       BEGIN
L11           CASE a IS
L12               WHEN 0              =>    b <= 7;      --a 取值为 0
L13               WHEN 1 | 2 | 3      =>    b <= 6;      --a 取值为 1、2 或 3
L14               WHEN 4 TO 9         =>    b <= 5;      --a 取值范围为 4～9
L15               WHEN 13 DOWNTO 10 =>     b <= 4;      --a 取值范围为 13～10
L16               WHEN OTHERS         =>    b <= 3;      --其他剩余可能取值
L17           END CASE;
L18       END PROCESS;
L19   END;
L20   ----------------------------------------------------------------------------------------
```

需要注意的是，如果例 5-25 中信号 a 的数据类型是 BIT_VECTOR 或者 STD_LOGIC_VECTOR 类型，则不允许用指定范围的形式来确认选择值，如例 5-26 是一个错误的示例。如果需要对矢量指定取值范围，则必须先把 BIT_VECTOR 和 STD_LOGIC_VECTOR 数据类型转换为整数类型。

【例 5-26】

```
CASE a IS
        WHEN "0000"              =>    b <= 7;           --正确，a 取值为 "0000"
        WHEN "0001" TO "1000" =>      b <= 6;           --错误，不允许对矢量指定范围
        WHEN "0001" |"0010"     =>    b <= 5;           --正确，a 取值为 "0001" 或 "0010"
        WHEN OTHERS             =>    b <= 3;           --正确，其他剩余可能取值
    END CASE;
```

例 5-27 是利用 CASE 语句实现带有异步复位信号的 D 触发器的示例，显示了 CASE 语句的分支中可以嵌套 IF 语句。

【例 5-27】

```
L1    ----------------------------------------------------------------------------------------
L2    LIBRARY ieee;
L3    USE ieee.std_logic_1164.all;
L4    ----------------------------------------------------------------------------------------
L5    ENTITY my_dff IS
L6        PORT( clk, reset, d : IN   STD_LOGIC;
L7                q           : OUT STD_LOGIC);
L8    END;
L9    ----------------------------------------------------------------------------------------
L10   ARCHITECTURE bhv OF my_dff IS
L11   BEGIN
L12       PROCESS(clk, d)
```

```
L13       BEGIN
L14           CASE reset IS
L15               WHEN '1' => q <= '0';
L16               WHEN '0' => IF clk'EVENT AND clk = '1' THEN
L17                       q <= d;
L18                       END IF;
L19               WHEN OTHERS => NULL;
L20           END CASE;
L21       END PROCESS;
L22   END;
L23   -----------------------------------------------------------------------------------
```

5.2.4　LOOP 语句

LOOP 语句的功能是循环执行一条或多条语句。在第 3 章中例 3-16 已经简单介绍过 FOR/LOOP 语句，它是 LOOP 语句中的一类。LOOP 语句主要有三种基本形式：FOR/LOOP、WHILE/LOOP 以及条件跳出形式。

1. FOR/LOOP 语句

FOR/LOOP 语句的格式如下：

[标号:] FOR　循环变量 IN 循环次数范围 LOOP

　　顺序语句；

END LOOP [标号];

关键词 FOR 后的循环变量是一个临时变量，属于 FOR/LOOP 语句的局部变量，由语句自动定义，不必事先声明。这个变量只能作为赋值源，不能被赋值。使用时应当注意，在 FOR/LOOP 语句范围内不能再使用其他与此循环变量同名的标识符。

循环次数范围用来规定 FOR/LOOP 语句中的顺序语句被执行的次数。循环变量从循环次数范围的初值开始，每执行完一次顺序语句后递增 1，直至达到循环次数范围指定的最大值。FOR/LOOP 语句循环的范围应以常量表示，是一个确定的值。综合器不支持没有约束条件的循环，这是因为 VHDL 的循环语句与 C 等程序设计语言不同，在 VHDL 中的每一次循环都将产生一个硬件模块。随着循环次数的增加，硬件资源将大量消耗，所以在 VHDL 设计中要谨慎使用循环语句。例 5-28 显示了通过 4 次循环产生了 4 个相同的逻辑与电路。例 5-28 综合后的电路结构如图 5-18 所示。

【例 5-28】

```
L1   -----------------------------------------------------------------------------------
L2   ENTITY my_and IS
L3       PORT( a, b : IN    BIT_VECTOR(0 TO 3);
L4             c    : OUT BIT_VECTOR(0 TO 3) );
L5   END;
L6   -----------------------------------------------------------------------------------
```

```
L7      ARCHITECTURE bhv OF my_and IS
L8      BEGIN
L9          PROCESS( a, b )
L10         BEGIN
L11             FOR n IN 3 DOWNTO 0 LOOP    --循环变量 n，不需要事先声明，循环次数 4 次
L12                 c(n) <= a(n) AND b(n);
L13             END LOOP;
L14         END PROCESS;
L15     END;
L16   --------------------------------------------------------------------------------------------
```

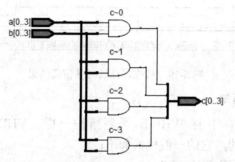

图 5-18　例 5-28 综合后电路结构

例 5-29 利用 FOR/LOOP 语句实现一个带异步清零信号的串入并出的 8 位移位寄存器。请读者注意变量与移位方向的关系。仿真结果如图 5-19 所示。

【例 5-29】

```
L1    --------------------------------------------------------------------------------------------
L2    LIBRARY ieee;
L3    USE ieee.std_logic_1164.all;
L4    USE ieee.std_logic_unsigned.all;
L5    --------------------------------------------------------------------------------------------
L6     ENTITY shift_reg IS
L7         PORT( clk, din, clr    : IN    STD_LOGIC;
L8                 dout             :OUT STD_LOGIC_VECTOR(7 DOWNTO 0));
L9     END;
L10   --------------------------------------------------------------------------------------------
L11   ARCHITECTURE bnv OF shift_reg IS
L12   BEGIN
L13       PROCESS( clr, clk )
L14           VARIABLE   q : STD_LOGIC_VECTOR(7 DOWNTO 0);
L15       BEGIN
L16           IF( clr= '1' ) THEN   dout<="00000000";
L17           ELSIF( clk 'EVENT AND clk = '1' )    THEN
```

```
L18              FOR i IN 1 TO 7 LOOP        --循环变量 i，循环次数 7 次
L19                  q ( i-1 ) := q( i );      --高位向低位赋值
L20              END LOOP;
L21              q(7) := din;
L22              dout <= q;
L23          END IF;
L24      END  PROCESS;
L25  END;
L26  ------------------------------------------------------------
```

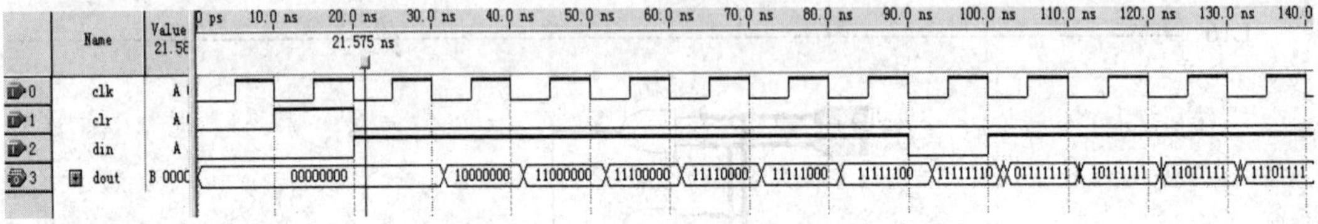

图 5-19　移位寄存器时序仿真结果

2．WHILE/LOOP 语句

与高级程序设计语言中的 WHILE 循环结构一样，VHDL 中的条件循环是通过 WHILE/LOOP 语句实现的，它的一般格式如下：

[标号:] WHILE 循环条件 LOOP
　　　　顺序语句;
END LOOP [标号];

当循环条件不满足(即循环条件表达式取值为 FALSE)时，跳出 WHILE/LOOP 语句循环。例 5-30 中，当 i<10 时，一直重复执行 LOOP 内的顺序语句。

【例 5-30】
```
WHILE ( i<10 ) LOOP
    IF clk'EVENT AND clk = '1' THEN
        q <= q+1;
    END IF;
END LOOP;
```

例 5-31 利用 WHILE/LOOP 语句实现了一个 8 位奇偶校验电路：当元素"1"的个数为偶数时，输出信号 q 取值为"1"；反之，q 为"0"。需要注意的是，WHILE/LOOP 语句循环条件中的变量需要事先进行显式的声明(如例 5-31 中的变量 i)。仿真结果见图 5-20。

【例 5-31】
```
L1   ------------------------------------------------------------
L2   LIBRARY ieee;
L3   USE ieee.std_logic_1164.all;
L4   ------------------------------------------------------------
L5   ENTITY parity_check IS
L6       PORT( a : IN   STD_LOGIC_VECTOR(7 DOWNTO 0);
```

```
L7              q : OUT STD_LOGIC);
L8    END;
L9    ------------------------------------------------------------------------------
L10   ARCHITECTURE bhv OF parity_check IS
L11   BEGIN
L12       PROCESS( a )
L13           VARIABLE temp : STD_LOGIC;
L14           VARIABLE i      : INTEGER;      --声明 WHILE/LOOP 语句循环条件中的变量
L15       BEGIN
L16           temp := '0';
L17           i:=0;
L18           WHILE ( i < 8 )   LOOP          --循环 8 次
L19               temp := temp   XNOR   a( i );
L20               i := i+1;
L21           END LOOP;
L22           q <= temp;
L23       END PROCESS;
L24   END bhv;
L25   ------------------------------------------------------------------------------
```

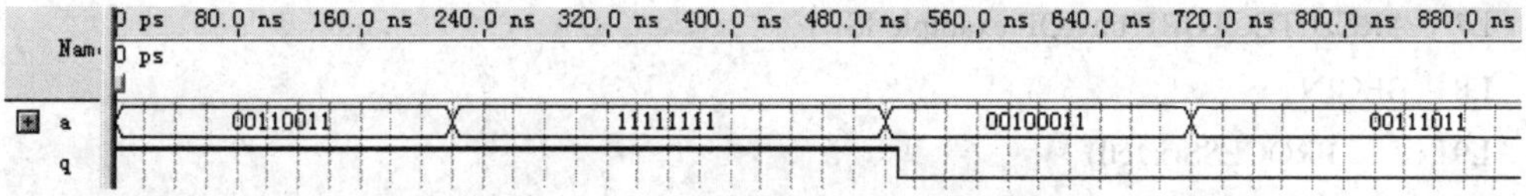

图 5-20   奇偶校验电路时序仿真结果

3. 条件跳出语句

前面讲述的 FOR/LOOP 和 WHILE/LOOP 循环语句是通过循环次数或循环条件来限定执行循环次数的。当需要人为地跳出本次或整个循环语句，转去执行下一次循环或循环语句之外的其他操作语句时，可以采用 NEXT 语句(跳出本次循环)和 EXIT 语句(跳出整个循环)。

(1) NEXT 语句。NEXT 语句在 LOOP 语句执行中进行无条件的或有条件的转向控制，其格式如下：

[NEXT 标号:] NEXT [LOOP 标号] [WHEN 条件表达式];

可以看到，NEXT 标号、LOOP 标号以及 WHEN 子句都是可选项，因此，可以将 NEXT 语句具体分为 4 种形式：

NEXT;

NEXT LOOP 标号;

NEXT WHEN 条件表达式;

NEXT LOOP 标号 WHEN 条件表达式;

第一种语句格式是无条件跳出循环，即当 LOOP 内的顺序语句执行到 NEXT 语句时就无条件终止本次循环，跳回到 LOOP 语句处，重新开始下一次循环。

第二种语句格式的作用与第一种类似，只是当有多重 LOOP 语句嵌套时，可以跳到指定标号的 LOOP 语句处，重新开始执行循环操作。

第三种语句格式带有条件表达式，即如果条件表达式的取值为 TRUE，则执行 NEXT 语句跳出本次循环，进入下一次循环；否则不执行 NEXT 语句。

第四种语句格式既带有条件表达式，又带有 LOOP 标号。如果条件表达式取值为 TRUE，则执行 NEXT 语句，跳转到 LOOP 标号处；否则，不执行 NEXT 语句。

例 5-32 中使用了带有条件表达式的 NEXT 语句。当条件表达式为真，即 ctl(i) = '0'时，跳出本次循环，循环变量 i 加 1，进行下一次循环。如果 ctl="11111111"，则每次循环都不会被强行跳出，最后的结果是 y = x；如果 ctl="00000000"，则每次循环都会跳出，不能执行 y(i) <= x(i)的赋值语句，最后的结果是 y 仍然等于初值"00000000"。例 5-32 的仿真结果如图 5-21 所示。

【例 5-32】

```
L1    ----------------------------------------------------------------
L2    ENTITY example IS
L3        PORT( x, ctl: IN    BIT_VECTOR(7 DOWNTO 0);
L4            y    : OUT BIT_VECTOR(7 DOWNTO 0));
L5    END;
L6    ----------------------------------------------------------------
L7    ARCHITECTURE bhv OF example IS
L8    BEGIN
L9        PROCESS(x, ctl)
L10       BEGIN
L11           y <= "00000000";
L12           FOR i IN 0 TO 7 LOOP
L13               NEXT WHEN ctl(i) = '0'; --当 ctl(i)为"0"时，跳出本次循环，进行下一次循环
L14               y(i) <= x(i);
L15           END LOOP;
L16       END PROCESS;
L17   END;
L18   ----------------------------------------------------------------
```

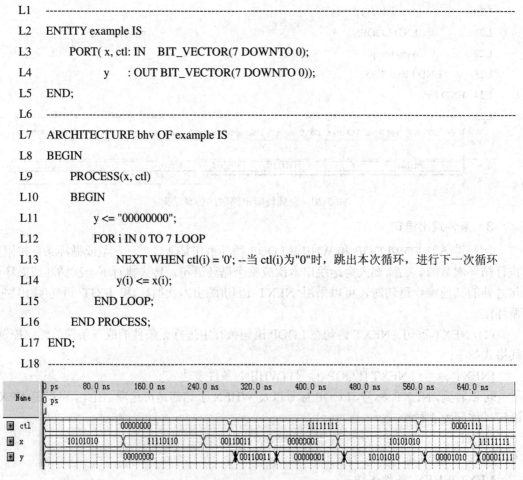

图 5-21　例 5-32 仿真结果

例 5-33 是 LOOP 语句的嵌套，用 LOOP 标号进行区别(L1 和 L2)。当 i=j 时，满足条件表达式，NEXT 语句被执行，跳出内循环 L2，从外循环 L1 重新开始执行下一次循环。

【例 5-33】

L1：WHILE i<10 LOOP

　　L2: WHILE j<10 LOOP

　　　　NEXT L1 WHEN i=j;　　 --当 i=j 时，跳转到标号 L1 处

　　END LOOP L2;

END LOOP L1;

(2) EXIT 语句。在 LOOP 语句中，使用 EXIT 语句可跳出并结束整个循环(注意：不是当次循环)，继续执行 LOOP 语句后的其他顺序语句。EXIT 语句的语法格式如下：

[EXIT 标号:] EXIT [LOOP 标号] [WHEN 条件表达式];

可以看到，EXIT 语句的格式与 NEXT 语句的格式一致，通过是否选用可选项，如"LOOP 标号"、"WHEN 条件表达式"等也可将其分为 4 种形式，这里不再赘述，读者可自行归纳总结。

例 5-34 是一个使用 EXIT 语句的示例，用于比较两个矢量是否相等，当二者相等时，输出信号 result 取值为"1"；反之，为"0"。仿真结果见图 5-22。

【例 5-34】

```
L1    ----------------------------------------------------------------------------------------------------
L2    LIBRARY ieee;
L3    USE ieee.std_logic_1164.all;
L4    ----------------------------------------------------------------------------------------------------
L5    ENTITY compare IS
L6        PORT(a, b  : IN   STD_LOGIC_VECTOR(7 DOWNTO 0);
L7              result : OUT STD_LOGIC);
L8    END;
L9    ----------------------------------------------------------------------------------------------------
L10   ARCHITECTURE bhv OF compare IS
L11   BEGIN
L12       PROCESS(a, b)
L13           VARIABLE temp : STD_LOGIC;
L14       BEGIN
L15           temp := '0';
L16           FOR i IN 0 TO 7 LOOP
L17               IF a(i) = b(i) THEN temp := '1';
L18               ELSE temp := '0'; EXIT;
L19               END IF;
L20           END LOOP;
L21           result <= temp;
L22       END PROCESS;
L23   END;
L24   ----------------------------------------------------------------------------------------------------
```

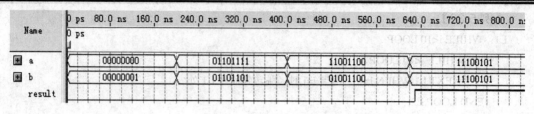

图 5-22　例 5-34 仿真结果

5.2.5　WAIT 语句

在进程(或过程)中，WAIT 语句具有和敏感信号参数一致的作用，可以用来触发进程(或过程)。需要注意的是，如果一个进程中包含了 WAIT 语句，就不能再使用敏感信号了，否则综合时会出现图 5-23 所示错误。

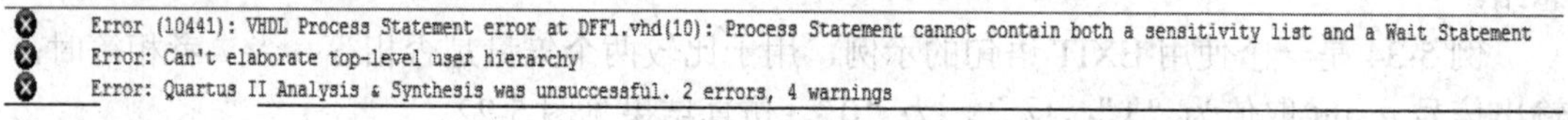

⊗　Error (10441): VHDL Process Statement error at DFF1.vhd(10): Process Statement cannot contain both a sensitivity list and a Wait Statement
⊗　Error: Can't elaborate top-level user hierarchy
⊗　Error: Quartus II Analysis & Synthesis was unsuccessful. 2 errors, 4 warnings

图 5-23　进程中同时包含敏感信号和 WAIT 语句的错误提示

WAIT 语句有 4 种不同的形式，分别是：

WAIT;

WAIT ON　信号 1[,信号 2，…];

WAIT UNTIL　条件表达式;

WAIT FOR　时间;

第一种形式仅有关键词 **WAIT**，表示当代码执行到此处时，将一直处于等待状态，因为它没有启动进程的条件。

第二种形式称为敏感信号等待语句，可以有一个或多个敏感信号。当进程处于等待状态时，任何敏感信号的变化都能触发进程的启动。

第三种形式称为条件等待语句，只有当条件表达式的取值为 TRUE 时，才能启动进程的执行。WAIT UNTIL 语句必须是进程中的第一条语句。

第四种形式称为时间等待语句，当代码执行到 WAIT 语句时，必须要等待指定的时间后才能自动地恢复代码的执行。

例 5-35 中，两段代码是完全等价的，敏感信号 x 和 y 中的任一个发生变化就会触发进程的执行。

【例 5-35】

```
PROCESS(x, y ) IS                PROCESS
BEGIN                            BEGIN
    z <= x AND y;                    z <= x AND y
END PROCESS;                     WAIT ON x, y;
                                 END PROCESS;
```

例 5-36 是利用 WAIT UNTIL 语句实现的带有同步复位信号的 D 触发器。WAIT UNTIL 语句需要满足两个条件，进程才能被启动：一是条件表达式中的信号发生了改变；二是信号改变后条件表达式取值为真。所以，例 5-36 进程的启动条件是时钟信号 clk 上升沿的到来。仿真结果见图 5-24。

【例 5-36】

```
L1  ---------------------------------------------------------------
L2  LIBRARY ieee;
L3  USE ieee.std_logic_1164.all;
L4  ---------------------------------------------------------------
L5  ENTITY dff1 IS
L6      PORT( clk, d, rst : IN   STD_LOGIC;
L7            q           : OUT STD_LOGIC );
L8  END;
L9  ---------------------------------------------------------------
L10 ARCHITECTURE bhv OF dff1 IS
L11 BEGIN
L12     PROCESS
L13     BEGIN
L14         WAIT UNTIL clk = '1';
L15         --当时钟信号 clk 发生改变，且改变后为"1"，即有时钟上升沿的到来时，才能启动进程
L16         IF rst = '1' THEN q <= '0'; --复位信号 rst 依赖于是否有 clk 上升沿的到来，属于同步信号
L17         ELSE q <=d;
L18         END IF;
L19     END PROCESS;
L20 END;
L21 ---------------------------------------------------------------
```

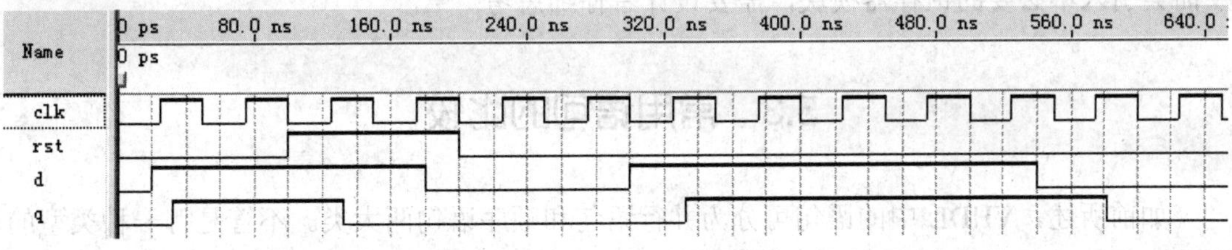

图 5-24　例 5-36 的 D 触发器仿真波形

例 5-37 使用了两条 WAIT FOR 语句，其时间都是一个常数，分别是 10 ns 和 5 ns。也就是说，当进程执行到第一条 WAIT 语句时将等待 10 ns。一旦时间到，就继续执行其后的赋值语句"clk <= '0'"。这意味着，clk 为高电平的时间将持续 10 ns。紧接着再次执行第二条 WAIT 语句等待 5 ns，即 clk 为低电平的时间将持续 5 ns。WAIT FOR 语句经常用于仿真时产生输入激励信号，具体可参见第 8 章。

【例 5-37】

PROCESS

```
BEGIN
    clk <= '1';
    WAIT FOR10ns;
    clk <= '0';
    WAIT FOR 5ns;
END PROCESS;
```

实际上，上述 4 种形式的 WAIT 语句，一般只有 WAIT UNTIL 语句能够被综合器所接受，也就是说其余的形式只能用在 VHDL 仿真器中。

5.2.6　NULL 语句

在 VHDL 语法中，NULL 语句用来表示一种只占位置的空操作，即它不执行任何操作，唯一的功能是使逻辑运行流程跨入下一步语句的执行。NULL 语句经常用在 CASE 语句中，表示除了列出的选择值所对应的操作行为外，其他未列出的选择值所对应的空操作行为，从而能够满足 CASE 语句对表达式所有可能取值全部列举的要求。如例 5-38 所示，当 ctl 取值为"100"、"101"、"110"、"111"这 4 种情况时，不作任何操作。

【例 5-38】

```
CASE ctl IS
    WHEN "000" => y <= a AND b;
    WHEN "001" => y <= a OR b;
    WHEN "010" => y <= a NOR b;
    WHEN "011" => y <= a XNOR b;
    WHEN OTHERS => NULL;
END CASE;
```

需要指出的是，很多情况下在 CASE 语句中使用 NULL 语句并不是最佳的选择，有时反而会引入不必要的锁存器模块，需要设计者仔细思考。

5.3　常用语句的比较

如前所述，VHDL 中的语句可分为并行语句和顺序语句两大类。不管是哪一种类型的语句，不管是采用行为描述还是结构描述，其实质都是进行电路的描述，最后的结果都是生成硬件电路。不同的语句有一定相关性，下面就几个常用语句进行比较，帮助读者进一步掌握语句的特点和使用。

5.3.1　IF 语句与 CASE 语句的比较

IF 语句和 CASE 语句是 VHDL 语言中两个非常重要的顺序语句，二者既具有相关性，也具有区别。相关性表现在它们可以实现相同的功能，如例 5-39 采用 IF 语句实现的 4 选 1 多路选择器与例 5-40 采用 CASE 语句实现的功能完全一致。

【例 5-39】

```
L1   ------------------------------------------------------------------------------------------
L2   LIBRARY ieee;
L3   USE ieee.std_logic_1164.all;
L4   ------------------------------------------------------------------------------------------
L5   ENTITY mux41_if  IS
L6       PORT( a, b, c, d  : IN        STD_LOGIC;
L7               sel       : IN        STD_LOGIC_VECTOR(1 DOWNTO 0);
L8               y         : OUT       STD_LOGIC);
L9   END;
L10  ------------------------------------------------------------------------------------------
L11  ARCHITECTURE bhv OF mux41_if  IS
L12  BEGIN
L13      PROCESS(a, b, c, d, sel)
L14      BEGIN
L15          IF sel = "00" THEN y <= a;
L16          ELSIF sel = "01" THEN y <= b;
L17          ELSIF sel = "10" THEN y <= c;
L18          ELSE y <= d;
L19          END IF;
L20      END PROCESS;
L21  END;
L22  ------------------------------------------------------------------------------------------
```

【例 5-40】

```
L1   ------------------------------------------------------------------------------------------
L2   PROCESS(a, b, c, d, sel )   --由于实体描述等部分与例 5-39 完全一致，所以本例只写出进程
L3   BEGIN
L4       CASE sel IS
L5           WHEN "00" => y <= a;
L6           WHEN "01" => y <= b;
L7           WHEN "10" => y <= c;
L8           WHEN "11" => y <= d;
L9           WHEN OTHERS => NULL;
L10      END CASE;
L11  END PROCESS;
L12  ------------------------------------------------------------------------------------------
```

例 5-39 中使用的 IF 语句的每个分支之间具有优先级，即条件的判定是按照书写的顺序执行的，这点与 WHEN/ELSE 语句相似。采用 IF 语句描述的例 5-39 综合后得到的 RTL 电路如图 5-25 所示，类似于级联的结构。而 CASE 语句的每个分支是平等的，即每个选择

值同时被测试比较，这也是为什么 CASE 语句的选择值不允许有相同的值出现的原因。所以采用 CASE 语句描述的例 5-40 综合后得到的是一个多路选择器，如图 5-26 所示。

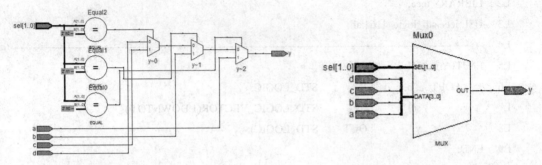

图 5-25　例 5-39 综合后电路结构　　　　　图 5-26　例 5-40 综合后电路结构

5.3.2　IF 语句与 WHEN/ELSE 语句的比较

IF 语句与 WHEN/ELSE 语句有相同的功能，在执行时，条件是按照书写的先后顺序逐条判断的，一旦发现条件为真，即刻执行相应的顺序语句或表达式，可以称 WHEN/ELSE 语句是顺序语句 IF 的并行版本。二者的区别如下：

(1) IF 语句属于顺序语句，只能用于进程、过程和函数中；WHEN/ELSE 语句属于并行语句，不能用在进程、过程和函数中。

(2) 相对于 IF 语句而言，WHEN/ELSE 语句中的关键词 ELSE 是不可缺少的，且 WHEN/ELSE 语句不能嵌套。

(3) IF 语句既可以描述组合逻辑电路也可以描述时序逻辑电路，不完整的 IF 语句是引入存储元件的关键；WHEN/ELSE 语句多用于组合逻辑电路描述，更贴近逻辑电路的实际工作情况。

5.3.3　CASE 语句与 WITH/SELECT/WHEN 语句的比较

顺序语句 CASE 与并行语句 WITH/SELECT/WHEN 具有相似的功能，对选择值的测试具有同时性，这意味着选择值的取值不能重复。如果选择值不能覆盖所有可能的取值，则最后必须要加上 "WHEN OTHERS" 子句。可以称 WITH/SELECT/WHEN 语句是顺序语句 CASE 的并行版本。二者的区别如下：

(1) CASE 语句中每一分支所对应的顺序语句允许有多条赋值语句，但 WITH/SELECT/WHEN 语句只允许有一条赋值语句。

(2) 相对于 CASE 语句可以使用 NULL 语句来表示空操作，WITH/SELECT/WHEN 语句也可以使用 UNAFFECTED 来表示空操作，如例 5-41 所示。与 NULL 语句相同，UNAFFECTED 语句也有可能产生不必要的锁存模块，需要慎重使用。

【例 5-41】

```
WITH ctl SELECT
    y <=  "000" WHEN ctl = "000",
          "111" WHEN ctl = "111",
```

d　　　WHEN ctl = "001",

　　UNAFFECTED WHEN OTHERS;

5.4　组合逻辑电路的设计

　　组合逻辑电路是一种不含存储元件的电路，其输出完全由输入决定。常见的组合逻辑电路包括三态门电路、编码器、译码器、多路选择器、全加器等。本节通过几个组合逻辑电路设计的实例让读者进一步理解 VHDL 语句。

5.4.1　三态门电路和双向端口的设计

　　三态门是驱动电路常用的器件，其输出除了高、低电平两种状态外，还有第三种状态——高阻态。处于高阻态时，其输出相当于断开状态，没有任何逻辑控制功能。三态门的输出逻辑状态的控制是通过一个输入控制端 en 来实现的。当 en 为高电平时，三态门呈现正常的逻辑"0"和逻辑"1"的输出；当 en 为低电平时，三态门输出呈现高阻状态，即断开状态，相当于该逻辑门与它相连接的电路处于断开的状态。三态门的逻辑符号如图 5-27所示。三态门主要用于总线的连接，通常在总线上接有多个器件，每个器件通过控制端进行选通。当器件没有被选中时，它就处于高阻状态，相当于没有接在总线上，不影响其他器件的工作。图 5-28 是利用三态门实现总线传输的示例。在任何时刻只有一个三态门的控制端取值为"1"，则通过使 n 个三态门控制端依次为"1"就可以实现依次传输，而不是线与。

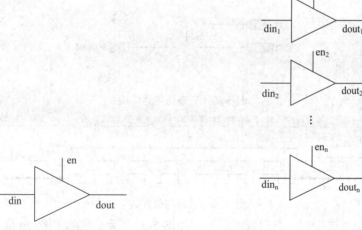

图 5-27　三态门逻辑符号　　　　　　　图 5-28　三态门实现总线传输

　　例 5-42 是一个三态门电路的描述示例。在 VHDL 中用大写字母"Z"表示高阻态，一个"Z"代表一个逻辑位。虽然对于关键词，VHDL 语法并不区分大小写，但当把"Z"作为一个高阻态赋值给一个数据类型为 STD_LOGIC 的数据对象时，必须是大写。这是因为在 IEEE 库中对 STD_LOGIC 数据类型的预定义中已经将高阻态明确确定为大写字母"Z"。图 5-29 是经过综合后的 RTL 电路结构。图 5-30 是三态门的仿真波形。当控制端 en 为低电平时，输出为高阻态。

【例 5-42】

```
L1   ---------------------------------------------------------------
L2   LIBRARY ieee;
L3   USE ieee.std_logic_1164.all;
L4   ---------------------------------------------------------------
L5   ENTITY tri_state IS
L6       PORT(en, din    : IN   STD_LOGIC;
L7                dout        : OUT STD_LOGIC);
L8   END;
L9   ---------------------------------------------------------------
L10  ARCHITECTURE bhv OF tri_state IS
L11  BEGIN
L12      PROCESS(en, din)
L13      BEGIN
L14          IF(en = '1') then    dout <= din;      --控制端 en 取值为 "1" 时，输入信号传递到输出端
L15          ELSE    dout <= 'Z';                   --控制端 en 取值为 "0" 时，输出呈现高组态
L16          END IF;
L17      END PROCESS;
L18  END bhv;
L19  ---------------------------------------------------------------
```

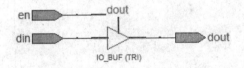

图 5-29　三态门电路结构

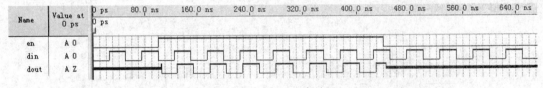

图 5-30　三态门仿真结果

双向端口是通过控制三态门来实现的，如图 5-31 所示。当控制端 en 取值为 "1" 时，三态门导通，数据可以从上面的 OUTPUT 端口输出；当控制端取值为 "0" 时，三态门断开，即上面的 OUTPUT 端口被断开，数据只能够从下面的 INPUT 端口输入。例 5-43 是一个双向端口的设计示例，其中定义了双向端口 q 和三态输出端口 x。需要注意的是，当控制端 en 取值为 "0" 时，双向端口 q 作为输入口使用，其输出必须设置为高阻态，否则待输入的外部数据会和端口处原有输出数据发生 "线与"，导致数据无法正确读入。图 5-32 是综合后的电路结构，图 5-33 是仿真结果。使用 Quartus II 进行仿真时，当双向端口处于

输出状态时，在端口上会表现为高阻态，具体的输出数据需要通过 q[0]～q[7]来观察。

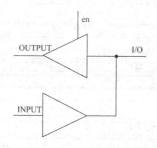

图 5-31　三态门控制双向端口示意图

【例 5-43】

```
L1    ----------------------------------------------------------------------------------------------------
L2    LIBRARY ieee;
L3    USE ieee.std_logic_1164.all;
L4    ----------------------------------------------------------------------------------------------------
L5    ENTITY tri_io IS
L6        PORT( en  : IN        STD_LOGIC;    --三态控制端
L7            din  : IN        STD_LOGIC_VECTOR(7 DOWNTO 0);        --输入端口
L8            q   : INOUT  STD_LOGIC_VECTOR(7 DOWNTO 0);        --双向端口
L9            x   : OUT     STD_LOGIC_VECTOR(7 DOWNTO 0));        --三态门输出口
L10   END;
L11   ----------------------------------------------------------------------------------------------------
L12   ARCHITECTURE bhv OF tri_io IS
L13   BEGIN
L14       PROCESS(en, din,q)
L15       BEGIN
L16           IF en = '0' THEN x <= q; q <= "ZZZZZZZZ"; --双向端口 q 输出断开，作为输入端
L17           ELSE    q <= din; x <= "ZZZZZZZZ";            --双向端口 q 作为输出端
L18           END IF;
L19       END PROCESS;
L20   END;
L21   ----------------------------------------------------------------------------------------------------
```

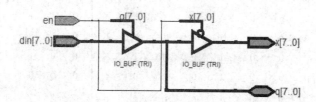

图 5-32　例 5-43 综合后的 RTL 电路结构

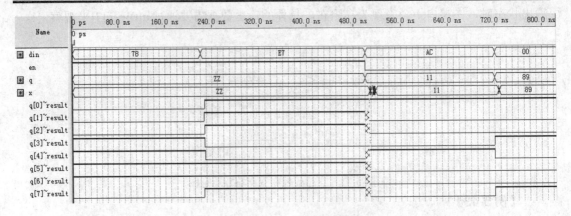

图 5-33　例 5-43 仿真结果

5.4.2　编码器和译码器的设计

在数字电路中，需要建立特定的信息与二进制码间的联系。如果用若干位二进制码代表特定意义的信息，就称为编码，即输入为特定信息，输出为相应的二进制码。常见的编码形式有：8421BCD 编码、8 线–3 线编码、8 线–3 线优先编码、10 线–4 线优先编码等。如果需要编码的信息量是 N，则需要 m 位二进制码，满足 $N \leqslant 2^m$。编码的逆过程就是译码，即将输入的二进制码还原成事先规定的、具有特殊意义的输出信号。

例 5-44 是一个 8 线–3 线优先编码器的示例，它是将 8 位输入的信号转换成 3 位二进制编码，其功能见图 5-34。可以看到，当输入端 i(7) 取值为 "1" 时，即使其他输入端 i(6)～i(0) 取值为 "1" 也将会被忽略，i(7) 具有最高的优先级，输出编码为 "111"。当输入端 i(7) 取值为 "0" 时，才会判断 i(6) 的取值。如果此时 i(6) 取值为 "1"，则输出编码为 "110"；否则继续判断 i(5) 的取值。8 位输入端具有优先级，这就是 "优先" 二字的来由。例 5-44 是利用 WHEN/ELSE 语句判断条件的顺序性来实现 8 线–3 线编码器的优先级的。那么使用 IF 语句能否完成 8 线–3 线优先编码器的设计呢？如果使用 CASE 语句或 WITH/SELECT/WHEN 语句呢？

i(7)	i(6)	i(5)	i(4)	i(3)	i(2)	i(1)	i(0)	q(2)	q(1)	q(0)
1	×	×	×	×	×	×	×	1	1	1
0	1	×	×	×	×	×	×	1	1	0
0	0	1	×	×	×	×	×	1	0	1
0	0	0	1	×	×	×	×	1	0	0
0	0	0	0	1	×	×	×	0	1	1
0	0	0	0	0	1	×	×	0	1	0
0	0	0	0	0	0	1	×	0	0	1
0	0	0	0	0	0	0	1	0	0	0
0	0	0	0	0	0	0	0	Z	Z	Z

图 5-34　8 线–3 线优先编码器的功能表

【例 5-44】

```
L1   ----------------------------------------------------------------
L2   LIBRARY ieee;
L3   USE ieee.std_logic_1164.all;
L4   ----------------------------------------------------------------
L5   ENTITY encoder8_3 IS
L6       port( i : IN    STD_LOGIC_VECTOR(7 DOWNTO 0);
L7              q : OUT STD_LOGIC_VECTOR(2 DOWNTO 0) );
L8   END;
L9   ----------------------------------------------------------------
L10  ARCHITECTURE bhv OF encoder8_3 IS
L11  BEGIN
L12      q <=  "111" WHEN i(7) = '1' ELSE
L13            "110" WHEN i(6) = '1' ELSE
L14            "101" WHEN i(5) = '1' ELSE
L15            "100" WHEN i(4) = '1' ELSE
L16            "011" WHEN i(3) = '1' ELSE
L17            "010" WHEN i(2) = '1' ELSE
L18            "001" WHEN i(1) = '1' ELSE
L19            "000" WHEN i(0) = '1' ELSE
L20            "ZZZ" ;
L21  END;
L22  ----------------------------------------------------------------
```

仿真结果如图 5-35 所示。可以看到，当 i 取值为"11001100"时，虽然 i(7)、i(6)、i(3)、i(2)同时取值为"1"，但由于 i(7)的优先级最高，所以最后的编码结果是"111"。当 i 取值为"00000000"时，由于没有对应的有效位取值为"1"，所以执行例 5-44 的 L20，最后结果是高阻态"ZZZ"。

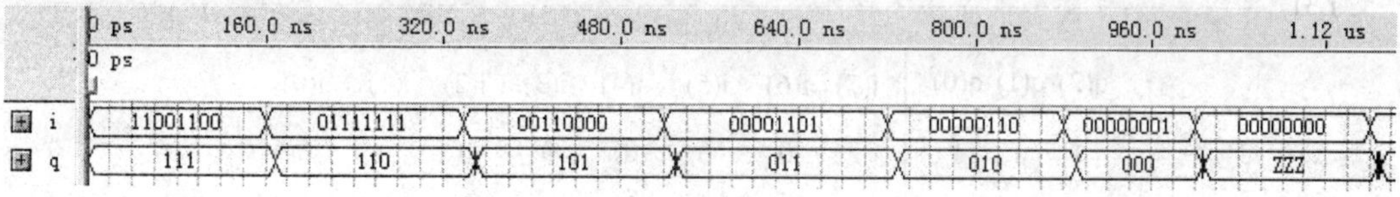

图 5-35　8 线–3 线优先编码器仿真结果

例 5-45 是使用 CASE 语句实现的译码器，其功能如图 5-36 所示，可以看到译码器是编码器的逆过程。仿真结果见图 5-37。

【例 5-45】

```
L1   ----------------------------------------------------------------
L2   LIBRARY ieee;
L3   USE ieee.std_logic_1164.all;
L4   ----------------------------------------------------------------
```

```
L5    ENTITY decoder3_8 IS
L6        PORT(datain    : IN   STD_LOGIC_VECTOR(2 DOWNTO 0);
L7            en         : IN   STD_LOGIC;
L8            code       : OUT STD_LOGIC_VECTOR(7 DOWNTO 0));
L9    END;
L10 ----------------------------------------------------------------------------------------------------
L11   ARCHITECTURE bhv OF decoder3_8 IS
L12   BEGIN
L13       PROCESS( datain, en)
L14       BEGIN
L15           IF en = '1' THEN
L16               CASE datain IS
L17                   WHEN "000" => code <= "00000001";
L18                   WHEN "001" => code <= "00000010";
L19                   WHEN "010" => code <= "00000100";
L20                   WHEN "011" => code <= "00001000";
L21                   WHEN "100" => code <= "00010000";
L22                   WHEN "101" => code <= "00100000";
L23                   WHEN "110" => code <= "01000000";
L24                   WHEN "111" => code <= "10000000";
L25                   WHEN OTHERS => code <= "00000000";
L26               END CASE;
L27           ELSE code <= "00000000";
L28           END IF;
L29       END PROCESS;
L30   END;
L31 ----------------------------------------------------------------------------------------------------
```

q(2)	q(1)	q(0)	i(7)	i(6)	i(5)	i(4)	i(3)	i(2)	i(1)	i(0)
1	1	1	1	0	0	0	0	0	0	0
1	1	0	0	1	0	0	0	0	0	0
1	0	1	0	0	1	0	0	0	0	0
1	0	0	0	0	0	1	0	0	0	0
0	1	1	0	0	0	0	1	0	0	0
0	1	0	0	0	0	0	0	1	0	0
0	0	1	0	0	0	0	0	0	1	0
0	0	0	0	0	0	0	0	0	0	1

图 5-36　3 线-8 线译码器

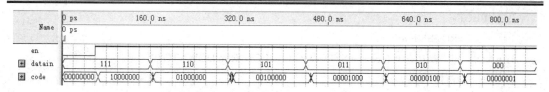

图 5-37　3 线–8 线译码器仿真结果

5.4.3　串行进位加法器的设计

加法器是电路设计中常用的基本器件，以全加器为基础，可以设计出任意位数的串行进位加法器。图 5-38 所示是一个 8 位的串行进位加法器。全加器的真值表见图 5-39。其中，c_i 是低位进位信号；a_i 和 b_i 是两个加数；c_{i+1} 是向高位的进位信号；s_i 是求和信号。由真值表可以得出 $c_{i+1}=(a_i$ AND $b_i)$ OR $(c_i$ AND $b_i)$ OR $(c_i$ AND $a_i)$，$s_i=a_i$ XOR b_i XOR c_i。

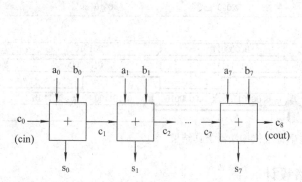

图 5-38　8 位串行进位加法器

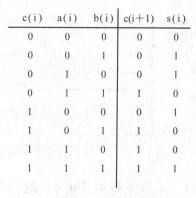

c_i	a_i	b_i	c_{i+1}	s_i
0	0	0	0	0
0	0	1	0	1
0	1	0	0	1
0	1	1	1	0
1	0	0	0	1
1	0	1	1	0
1	1	0	1	0
1	1	1	1	1

图 5-39　全加器真值表

例 5-46 是采用 LOOP 语句实现的 8 位串行进位加法器，可以通过改变类属参量的值来改变串行进位加法器的位数。仿真结果见图 5-40。

【例 5-46】

```
L1   ------------------------------------------------------------------------------
L2   LIBRARY ieee;
L3   USE ieee.std_logic_1164.all;
L4   ------------------------------------------------------------------------------
L5   ENTITY ripple_adder IS
L6       GENERIC ( n : INTEGER := 8 );
L7       PORT( a, b : IN   STD_LOGIC_VECTOR( n-1 DOWNTO 0);
L8            cin  : IN   STD_LOGIC;
L9            s    : OUT STD_LOGIC_VECTOR (n-1 DOWNTO 0);
L10           cout : OUT STD_LOGIC);
L11  END;
L12  ------------------------------------------------------------------------------
L13  ARCHITECTURE bhv OF ripple_adder IS
```

```
L14  BEGIN
L15      PROCESS( a, b, cin)
L16          VARIABLE carry : STD_LOGIC_VECTOR( n DOWNTO 0);
L17      BEGIN
L18          carry(0) := cin;
L19          FOR i IN 0 TO n-1 LOOP
L20              s(i) <= a(i) XOR b(i) XOR carry(i);
L21              carry(i+1) := (a(i) AND b(i)) OR (a(i) AND carry(i)) OR (b(i) AND carry(i));
L22          END LOOP;
L23          cout <= carry(n);
L24      END PROCESS;
L25  END;
L26  ----------------------------------------------------------------------------
```

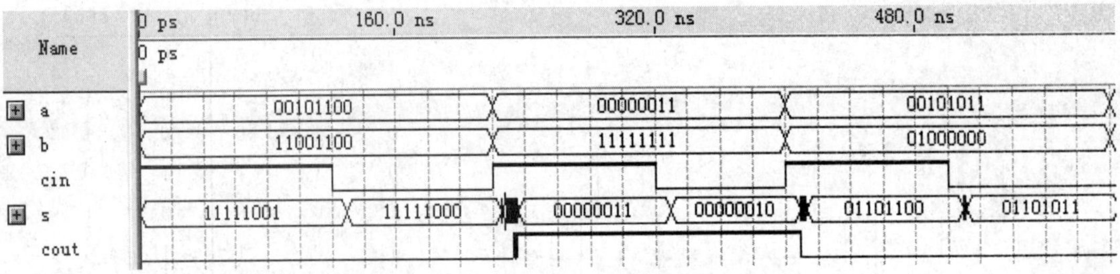

图 5-40   8 位串行进位加法器仿真结果

5.4.4   计算矢量中"0"个数的电路设计

例 5-47 用于计算信号 data 中"0"的个数，该例使用了 LOOP 语句和 NEXT 语句。NEXT 语句表示当某一位是"1"时，跳出本次循环，继续判断下一位。仿真结果见图 5-41。如果将 L20 中的 NEXT 换为 EXIT(见例 5-48)，电路功能会发生怎样的改变呢？从前面的讲述中可知，EXIT 表示跳出整个循环，即当 data 中某一位是"1"时就立即跳出整个循环，那么计算结果将变为在信号 data 中第一次出现"1"前"0"的个数，仿真结果见图 5-42。

【例 5-47】

```
L1   ----------------------------------------------------------------------------
L2   LIBRARY ieee;
L3   USE ieee.std_logic_1164.all;
L4   USE ieee.std_logic_unsigned.all;
L5   ----------------------------------------------------------------------------
L6   ENTITY cnt_zero IS
L7       PORT(data : IN    STD_LOGIC_VECTOR(7 DOWNTO 0);
L8            zero : OUT INTEGER RANGE 0 TO 8 );
L9   END;
L10  ----------------------------------------------------------------------------
```

```
L11    ARCHITECTURE bhv OF cnt_zero IS
L12    BEGIN
L13        PROCESS(data)
L14            VARIABLE temp : INTEGER RANGE 0 TO 8;
L15        BEGIN
L16            temp := 0;
L17            FOR n IN 0 TO 7 LOOP
L18                CASE data(n) IS
L19                    WHEN '0' => temp := temp +1;
L20                    WHEN OTHERS => NEXT;
L21                END CASE;
L22            END LOOP;
L23            zero <= temp;
L24        END PROCESS;
L25    END;
L26    ---------------------------------------------------------------
```

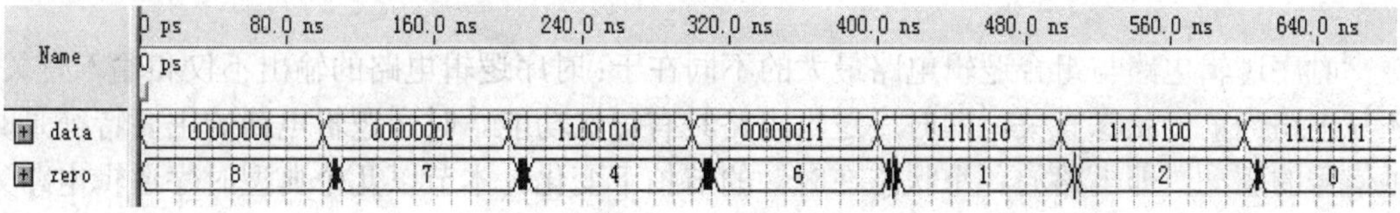

图 5-41　例 5-47 仿真结果

【例 5-48】

```
L1    ---------------------------------------------------------------
L2    FOR n IN 0 TO 7 LOOP        --其余部分与例 5-46 完全相同，此处仅写出 LOOP 语句
L3        CASE data(n) IS        --该例从 data(0)开始判断
L4            WHEN '0' => temp := temp +1;
L5            WHEN OTHERS => EXIT;
L6        END CASE;
L7    END LOOP;
L8    ---------------------------------------------------------------
```

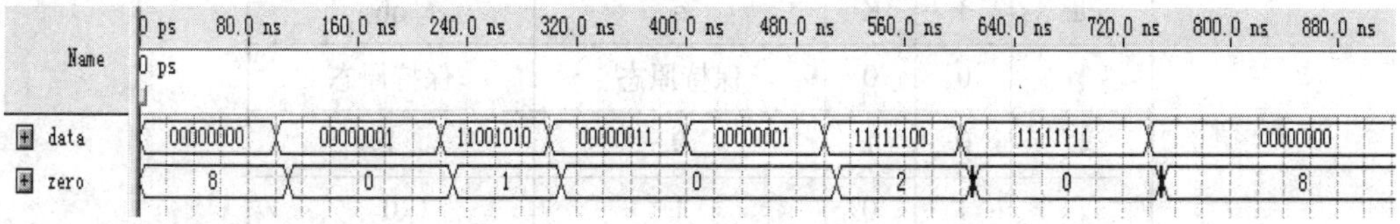

图 5-42　例 5-48 仿真结果

如果进一步修改例 5-48，改变循环变量 n 的顺序，如例 5-49 所示，则仿真结果如图
5-43 所示。

【例 5-49】

```
L1    -----------------------------------------------------------------
L2      FOR n IN 7 DOWNTO 0 LOOP         --从 data(7)开始判断
L3        CASE data(n) IS
L4          WHEN '0' => temp := temp +1;
L5          WHEN OTHERS => EXIT;
L6        END CASE;
L7      END LOOP;
L8    -----------------------------------------------------------------
```

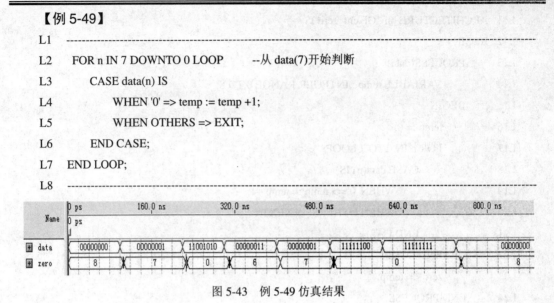

图 5-43 例 5-49 仿真结果

5.5 时序逻辑电路的设计

时序逻辑电路与组合逻辑电路最大的不同在于：时序逻辑电路的输出不仅和输入有关，还与电路当前的状态有关，即时序逻辑电路具有记忆功能。时序逻辑电路的主要特征是时钟信号的驱动，即电路的各个状态在时钟的节拍下变化。本节以几个典型时序逻辑电路为例进一步说明 VHDL 语句的使用。

5.5.1 边沿 JK 触发器的设计

边沿 JK 触发器是数字电路中常用的一种触发器，是构成时序逻辑电路的基础器件，它的逻辑功能如表 5-1 所示。当时钟信号 clk 的下降沿到来时，判断 J 和 K 的取值。当 J=K="0" 时，触发器处于保持状态，即保持当前输出不变；当 J="0"，K="1" 时，触发器处于置 "0" 状态；当 J="1"，K="0" 时，触发器处于置 "1" 状态；当 J="1"，K="1" 时，触发器处于翻转状态，即下一个状态总是与上一个状态取值相反。

表 5-1 JK 触发器逻辑功能

输　　入			输　　出	
clk	J	K	q	qb
↓	0	0	保持原态	保持原态
↓	0	1	0	1
↓	1	0	1	0
↓	1	1	状态翻转	状态翻转

例 5-50 是采用 VHDL 语言描述的 JK 触发器，仿真结果见图 5-44。当时钟 clk 信号下降沿到来时，根据 J 和 K 的不同取值，决定输出的状态。

【例 5-50】

```
L1   -------------------------------------------------------------------------------------------------------
L2   LIBRARY ieee;
L3   USE ieee.std_logic_1164.all;
L4   -------------------------------------------------------------------------------------------------------
L5   ENTITY jk_reg IS
L6       PORT( clk, j, k   : IN   STD_LOGIC;
L7                 q,  qb   : OUT STD_LOGIC);
L8   END ;
L9   -------------------------------------------------------------------------------------------------------
L10  ARCHITECTURE bhv OF jk_reg IS
L11      SIGNAL   q1    : STD_LOGIC;
L12      SIGNAL   temp  : STD_LOGIC_VECTOR(1 downto 0);
L13  BEGIN
L14      temp <= j&k;
L15      q <= q1;
L16      qb <= NOT q1;
L17      PROCESS(clk)
L18      BEGIN
L19          IF clk'event AND clk = '0' THEN
L20              CASE   temp IS
L21                  WHEN "00"=> q1 <= q1;          --保持不变
L22                  WHEN "01"=> q1 <= '0';         --置 "0"
L23                  WHEN "10"=> q1 <= '1';         --置 "1"
L24                  WHEN "11"=> q1 <= NOT q1;      --翻转
L25                  WHEN OTHERS=> q1 <= q1;
L26              END CASE;
L27          END IF;
L28      END PROCESS;
L29  END ;
L30  -------------------------------------------------------------------------------------------------------
```

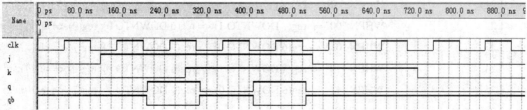

图 5-44　JK 触发器时序仿真波形

5.5.2　移位寄存器的设计

在前面章节的讲述中已经多次完成过移位寄存器的设计，如例 4-13 和例 4-14 采用 IF 语句实现并入并出的移位寄存器，例 5-20 和例 5-21 使用生成语句利用 D 触发器构成串入串出的移位寄存器，例 5-29 使用 LOOP 语句构成串入并出的移位寄存器。由于移位寄存器也是时序逻辑电路中常用的器件，这里再次给出示例。例 5-51 采用 CASE 语句实现移位模式可控的移位寄存器。当控制信号 ctl 取值为 "00" 时，实现左移，最低位移入数据 cin；当控制信号 ctl 取值为 "01" 时，实现右移，最高位移入数据 cin；当控制信号 ctl 取值为 "10" 时，实现循环左移；当控制信号 ctl 取值为 "11" 时，实现循环右移。仿真结果见图 5-45～图 5-48。

【例 5-51】

```
L1   -------------------------------------------------------------------------------
L2   LIBRARY ieee;
L3   USE ieee.std_logic_1164.all;
L4   -------------------------------------------------------------------------------
L5   ENTITY shift IS
L6       PORT( clk, en ,cin : IN   STD_LOGIC;   --en 是加载数据使能信号, cin 是移入数据
L7           ctl         : IN   STD_LOGIC_VECTOR(1 DOWNTO 0);   --移位模式控制信号
L8           din         : IN   STD_LOGIC_VECTOR(7 DOWNTO 0);   --待移位的加载数据
L9           q           : OUT STD_LOGIC_VECTOR(7 DOWNTO 0));   --移位输出
L10  END;
L11  -------------------------------------------------------------------------------
L12  ARCHITECTURE bhv OF shift IS
L13      SIGNAL reg : STD_LOGIC_VECTOR(7 DOWNTO 0);
L14  BEGIN
L15      q<= reg;
L16      PROCESS(clk)
L17      BEGIN
L18          IF clk'EVENT AND clk = '1' THEN
L19              IF en = '1' THEN reg <= din;     --en 为同步加载使能信号，高电平有效
L20              ELSE
L21                  CASE ctl IS
L22                      WHEN "00" => reg(7 DOWNTO 1) <= reg(6 DOWNTO 0); reg(0) <= cin;
L23                      WHEN "01" => reg(6 DOWNTO 0) <= reg(7 DOWNTO 1); reg(7) <= cin;
L24                      WHEN "10" => reg(7 DOWNTO 1) <= reg(6 DOWNTO 0); reg(0) <= reg(7);
L25                      WHEN "11" => reg(6 DOWNTO 0) <= reg(7 DOWNTO 1); reg(7) <= reg(0);
L26                  END CASE;
L27              END IF;
```

```
L28            END IF;
L29          END PROCESS;
L30    END;
L31    --------------------------------------------------------------------------------
```

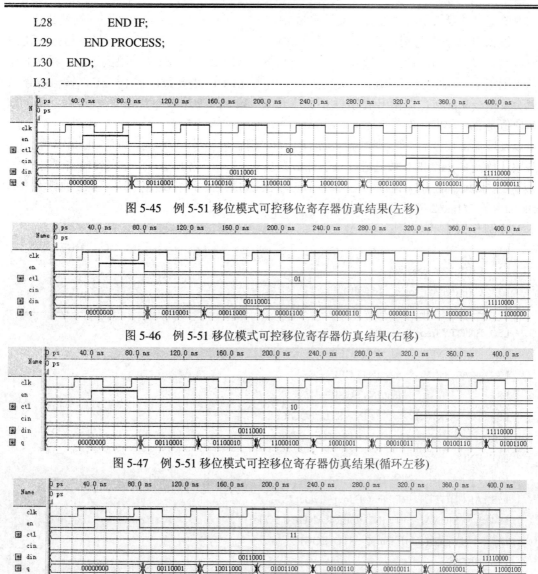

图 5-45　例 5-51 移位模式可控移位寄存器仿真结果(左移)

图 5-46　例 5-51 移位模式可控移位寄存器仿真结果(右移)

图 5-47　例 5-51 移位模式可控移位寄存器仿真结果(循环左移)

图 5-48　例 5-51 移位模式可控移位寄存器仿真结果(循环右移)

5.5.3　数字分频器的设计

　　分频器是时序逻辑电路中广泛应用的电路，其基本功能是把频率较高的时钟信号按照要求分频成频率较低的时钟信号。分频的基本参数有分频系数和占空比。假设原信号频率是 20 kHz，分频后信号频率为 5 kHz，则分频系数是 4。占空比指在一个周期内高电平所占时间的比率，如方波的占空比是 50%。

　　例 5-52 是一个分频器的示例，该例声明了一个计数信号 cnt1 和一个计数变量 cnt2，可根据它们计数的次数分别控制输出信号 f1 和 f2 的分频系数。在实体描述部分声明了类属参量 n1 和 n2，它们的默认值均是 3，其中参量 n1 是计数信号 cnt1 的计数终值，参量 n2 是计数变量 cnt2 的计数终值。实体描述部分同时还声明了类属参量 len，作为 cnt1 和 cnt2

的取值范围的最大值。通过改变类属参量 n1、n2 和 len 的取值就可以改变分频系数。

以输出信号 f1 为例，当 clk 上升沿到来时，计数信号 cnt1 从 0 开始计数。当计数到 n1时，输出取反，同时计数信号 cnt1 清零。在下一次时钟信号 clk 上升沿到来时，再次开始从 0 计数，不断重复上述过程。这意味着每计数 n1+1 次(计数范围 0～n1)，输出信号 f1就会发生一次翻转，即输出信号 f1 的频率是 clk 频率的 1/2(n1+1)。由于本例中，n1 的默认取值是 3，所以 f1 的频率是 clk 频率的 1/8，且占空比是 50%。仿真结果如图 5-49 所示，可以发现输出信号 f1 的频率的确是 clk 的 1/8，但输出信号 f2 的频率却是 clk 频率的 1/3。观察计数变量 cnt2 的计数过程，每次计数是从 0～2，而非 0～3，所以导致输出信号 f2 的频率是 clk 频率的 1/3。请读者自行分析产生差异的原因。如果要使输出信号 f2 的频率也是clk 频率的 1/4，n2 应该取值多少？

【例 5-52】

```
L1    -----------------------------------------------------------------------------------------
L2    LIBRARY ieee;
L3    USE ieee.std_logic_1164.all;
L4    -----------------------------------------------------------------------------------------
L5    ENTITY freq_divider IS
L6        GENERIC( n1 : INTEGER := 3;
L7                 n2 : INTEGER := 3;
L8                 len: INTEGER := 15);
L9        PORT( clk      : IN   STD_LOGIC;
L10             f1, f2    : OUT STD_LOGIC);
L11   END;
L12   -----------------------------------------------------------------------------------------
L13   ARCHITECTURE bhv OF freq_divider IS
L14       SIGNAL cnt1 : INTEGER RANGE 0 TO len;
L15       signal temp1, temp2 : STD_LOGIC;
L16   BEGIN
L17       PROCESS(clk)
L18           VARIABLE cnt2 : INTEGER RANGE 0 to len;
L19       BEGIN
L20           IF clk'EVENT AND clk = '1' THEN
L21               cnt1 <= cnt1+1;
L22               cnt2 := cnt2+1;
L23               IF cnt1 = n1 THEN temp1 <= NOT temp1; cnt1 <= 0;
L24               END IF;
L25               IF cnt2 = n2 THEN temp2 <= NOT temp2; cnt2 := 0;
L26               END IF;
L27           END IF;
L28       END PROCESS;
```

L29　　　　f1 <= temp1; f2 <= temp2;

L30　END;

L31　--

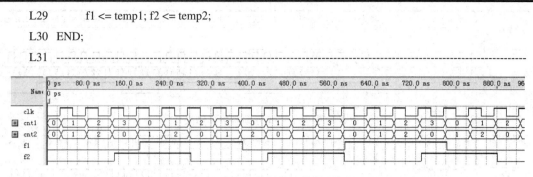

图 5-49　例 5-52 分频器仿真结果

　　例 5-52 虽然可以实现任意分频系数，但其占空比总是 50%。对其稍作修改，例 5-53 是一个可以实现任意分频系数和占空比的分频器的设计。仿真结果如图 5-50 所示，此时分频系数是 10，占空比是 70%。可以看出，n1 和 n2 的取值决定了分频系数和占空比，如果改变占空比为 30%，则只需要将 n2 的取值改变为 2 即可，仿真结果见图 5-51。

【例 5-53】

L1　--

L2　LIBRARY ieee;

L3　USE ieee.std_logic_1164.all;

L4　--

L5　ENTITY clk_div IS

L6　　　GENERIC(n1　　: INTEGER := 9;

L7　　　　　　　n2　　: INTEGER := 6;

L8　　　　　　　len　　: INTEGER := 15);

L9　　　PORT(clk　　　: IN　STD_LOGIC;

L10　　　　　clkout　　: OUT STD_LOGIC);

L11　END;

L12　--

L13　ARCHITECTURE bhv OF clk_div IS

L14　　　SIGNAL cnt :　INTEGER RANGE 0 TO len;

L15　BEGIN

L16　　　PROCESS(clk)

L17　　　BEGIN

L18　　　　IF clk'EVENT AND clk = '1' THEN

L19　　　　　　IF cnt = n1　　THEN　cnt <= 0;　　　clkout <= '1';

L20　　　　　　ELSIF cnt < n2　THEN　cnt <= cnt+1;　clkout <= '1';

L21　　　　　　ELSE　cnt <= cnt + 1;　clkout <= '0';

L22　　　　　　END IF;

L23　　　　END IF;

L24　　　END PROCESS;

L25　END;

L26　--

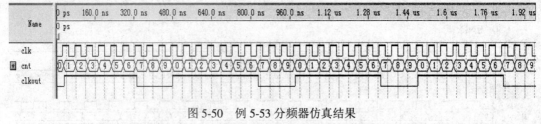

图 5-50　例 5-53 分频器仿真结果

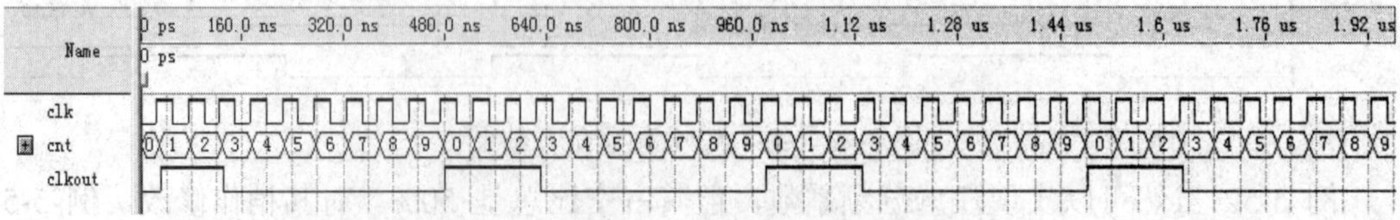

图 5-51　占空比是 30%的分频器的仿真结果

本书的配套指导书《EDA 技术与 VHDL 设计实验指导》中实验 4 也涉及到了分频器的设计，只是设计方式略有不同，但其核心都是采用计数器来实现的。

5.5.4　两位十进制计数器的设计

计数器是数字电路中使用频繁的器件，它除了可以进行精确的数字计数外，还可以产生分频信号、控制有限状态机的转换、作为存储器的地址发生器等。总之，计数器是所有实用电路系统中不可缺少的器件。

例 5-54 是一个两位十进制计数器的示例，它可以从 0 计数到 99，cnt1 代表个位计数结果，cnt2 代表十位计数结果。仿真结果见图 5-52 和图 5-53。从图 5-53 的仿真结果可以看到，计数到 99 后重新从 0 开始计数。

【例 5-54】

```
L1   -------------------------------------------------------------------------------------------------
L2   LIBRARY ieee;
L3   USE ieee.std_logic_1164.all;
L4   USE ieee.std_logic_unsigned.all;
L5   -------------------------------------------------------------------------------------------------
L6   ENTITY cnt_10 IS
L7       PORT( clk, en, reset    : IN   STD_LOGIC;
L8             cnt1, cnt2        : OUT STD_LOGIC_VECTOR(3 DOWNTO 0));
L9   END;
L10  -------------------------------------------------------------------------------------------------
L11  ARCHITECTURE bhv OF cnt_10 IS
L12      SIGNAL temp1 ,temp2 : STD_LOGIC_VECTOR(3 DOWNTO 0);
L13      SIGNAL c : STD_LOGIC;          --个位进位信号
L14  BEGIN
L15      cnt1 <= temp1; cnt2 <= temp2;
L16      p1:PROCESS(clk, reset)
```

```
L17        BEGIN
L18            IF reset = '1' THEN temp1 <= "0000";    --异步清零信号 reset，取值为"1"即清零 temp1
L19            ELSIF clk'EVENT AND clk = '1' THEN
L20                IF en = '1' THEN --同步计数使能信号 en，当 en 取值为"1"时计数，取值为"0"时保持
L21                    IF temp1 < "1001" THEN temp1 <= temp1+1; c <= '0';
L22                    ELSE temp1 <= "0000"; c <= '1';
L23                    END IF;
L24                END IF;
L25            END IF;
L26        END PROCESS p1;
L27        p2:PROCESS(reset,c)
L28        BEGIN
L29            IF reset ='1' THEN temp2 <= "0000"; --异步清零信号 reset，取值为"1"即清零 temp2
L30            ELSIF c' EVENT AND c = '1' THEN
L31                IF en = '1' THEN
L32                    IF temp2 < "1001" THEN temp2 <= temp2+1;
L33                    ELSE temp2 <= "0000";
L34                    END IF;
L35                END IF;
L36            END IF;
L37        END PROCESS p2;
L38    END;
L39    -----------------------------------------------------------------------------------------------------------
```

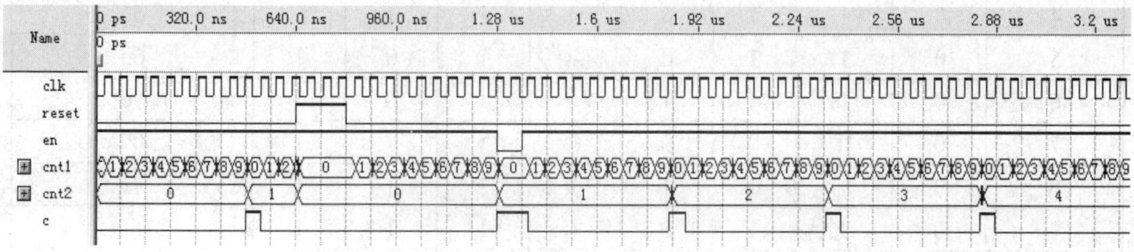

图 5-52　例 5-54 两位十进制计数器仿真结果(1)

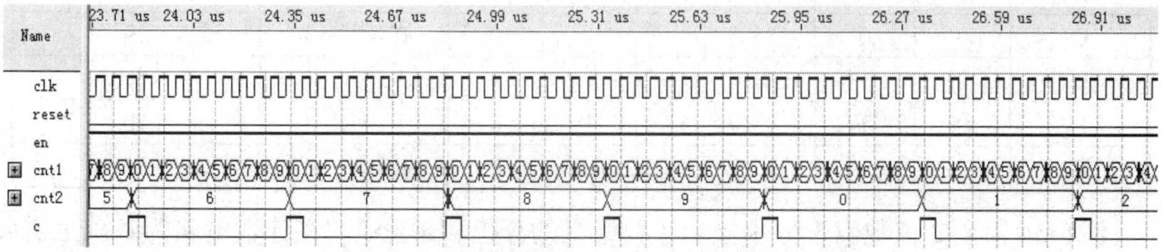

图 5-53　例 5-54 两位十进制计数器仿真结果(2)

在实际系统中经常需要使用数码管进行显示。数码管是常用的显示器件，一般由发光

二极管作为笔段，分为共阴和共阳两种，其符号和电路图如图 5-54 所示。共阴数码管的八段发光二极管的阴极连接在一起(3 脚和 8 脚)，阳极对应各段分别控制，如输入端 a 输入高电平就点亮该段。共阳数码管的八段发光二极管的阳极连接在一起，阴极对应各段分别控制，如输入端 a 输入低电平就点亮该段。因此通过控制各段的电平就可以点亮数码管的各段，从而显示不同的数字。以共阴数码管为例，公共端接地，具体各段编码如表 5-2 所示，其中 dp 代表小数点。

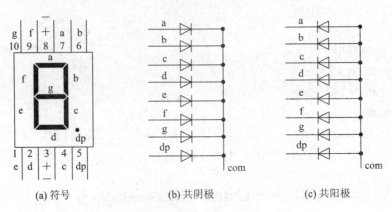

(a) 符号　　　　　　　　(b) 共阴极　　　　　　　　(c) 共阳极

图 5-54　数码管符号和电路

表 5-2　共阴数码管显示编码

显示	dp	g	f	e	d	c	b	a	十六进制
0	0	0	1	1	1	1	1	1	3f
1	0	0	0	0	0	1	1	0	06
2	0	1	0	1	1	0	1	1	5b
3	0	1	0	0	1	1	1	1	4f
4	0	1	1	0	0	1	1	0	66
5	0	1	1	0	1	1	0	1	6d
6	0	1	1	1	1	1	0	1	7d
7	0	0	0	0	0	1	1	1	07
8	0	1	1	1	1	1	1	1	7f
9	0	1	1	0	1	1	1	1	6f
A	0	1	1	1	0	1	1	1	77
B	0	1	1	1	1	1	0	0	7c
C	0	0	1	1	1	0	0	1	39
D	0	1	0	1	1	1	1	0	5e
E	0	1	1	1	1	0	0	1	7b
F	0	1	1	1	0	0	0	1	71

例 5-54 需要 2 位数码管分别显示计数结果的个位和十位，即在计数电路的基础上需要增加显示模块，用于控制数码管的显示，连接示意如图 5-55 所示。其中 dig0 和 dig1 作为位选信号分别连接在数码管 1 和数码管 2 的公共脚上(3 脚和 8 脚)，用于控制是否选中该数码管。以共阴数码管为例，当 dig0 取值为 "0" 时，数码管 1 被选中，可以工作，此时根

据段选信号 seg[7..0] 的取值就可以确定数码管 1 上显示的数字。当 dig1 取值为 "0" 时，数码管 2 被选中，根据段选信号 seg[7..0] 确定数码管 2 上显示的数字。由于 2 位数码管的段选端口都是连接到同一段选信号 seg 上的，因此，如果位选信号 dig0 和 dig1 同时取值为 "0"，2 位数码管将显示相同的数字，不能够实现分别显示计数结果的个位和十位的要求。所以要使数码管显示不同的数字就只有轮流选中不同的数码管，依次显示数字。时钟信号 clk_s 是数码管的扫描时钟，根据 clk_s 的不同频率，2 位数码管以不同的速度轮流显示。尽管实际上 2 位数码管并非同时点亮，但只要扫描的速度足够快，利用发光二极管的余辉和人眼的视觉暂留作用，就能使人感觉数码管同时在显示，这就是数码管的动态显示。例 5-55 是 2 位数码管动态扫描显示和译码的示例。

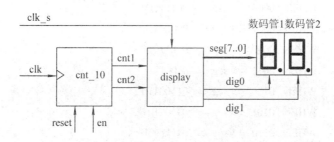

图 5-55　计数器与 2 位数码管的连接示意

【例 5-55】

```
L1   --------------------------------------------------------------------------------
L2   LIBRARY ieee;
L3   USE ieee.std_logic_1164.all;
L4   --------------------------------------------------------------------------------
L5   ENTITY display IS
L6       PORT( clk_s        : IN   STD_LOGIC;   --动态扫描时钟，决定扫描频率
L7             data1, data2 : IN   STD_LOGIC_VECTOR(3 DOWNTO 0); --计数结果输入
L8             dig          : OUT STD_LOGIC_VECTOR(1 DOWNTO 0); --数码管位选控制信号
L9             seg          : OUT STD_LOGIC_VECTOR(7 DOWNTO 0)); --数码管段选控制信号
L10  END;
L11  --------------------------------------------------------------------------------
L12  ARCHITECTURE bhv of display IS
L13      SIGNAL cnt    : STD_LOGIC;                          --扫描信号
L14      SIGNAL d      : STD_LOGIC_VECTOR(3 DOWNTO 0);       --计数数据暂存信号
L15  BEGIN
L16      p0:PROCESS(clk_s)
L17      BEGIN
L18          IF clk_s'EVENT AND clk_s = '1' THEN cnt <= NOT cnt;
L19          END IF;
L20      END PROCESS p0;
L21      p1:PROCESS(cnt)
```

```
L22        BEGIN
L23           CASE cnt IS
L24              WHEN '0' => dig <= "10"; d <= data1;      --选中数码管 1 时，显示个位数据
L25              WHEN '1' => dig <= "01"; d <= data2;      --选中数码管 2 时，显示十位数据
L26           END CASE;
L27        END PROCESS p1;
L28        p2:PROCESS(d)        --译码电路
L29        BEGIN
L30           CASE d IS
L31              WHEN "0000" => seg <= "00111111";
L32              WHEN "0001" => seg <= "00000110";
L33              WHEN "0010" => seg <= "01011011";
L34              WHEN "0011" => seg <= "01001111";
L35              WHEN "0100" => seg <= "01100110";
L36              WHEN "0101" => seg <= "01101101";
L37              WHEN "0110" => seg <= "01111101";
L38              WHEN "0111" => seg <= "00000111";
L39              WHEN "1000" => seg <= "01111111";
L40              WHEN "1001" => seg <= "01101111";
L41              WHEN OTHERS => seg <= "00000000";
L42           END CASE;
L43        END PROCESS p2;
L44  END;
L45  -----------------------------------------------------------------------------------------------------------
```

将例 5-45 和例 5-55 作为底层元件，则顶层例化见例 5-56，仿真结果见图 5-56。读者可以查阅《EDA 技术与 VHDL 设计实验指导》一书附录中的管脚分配表，在 EDA 综合实验箱中进行硬件电路的验证。

【例 5-56】

```
L1   -----------------------------------------------------------------------------------------------------------
L2   LIBRARY ieee;
L3   USE ieee.std_logic_1164.all;
L4   -----------------------------------------------------------------------------------------------------------
L5   ENTITY counter IS
L6       PORT (clk_s, clk_c   : IN   STD_LOGIC;
L7              en, reset      : IN   STD_LOGIC;
L8              seg            : OUT STD_LOGIC_VECTOR(7 DOWNTO 0);
L9              dig            : OUT STD_LOGIC_VECTOR(1 DOWNTO 0));
L10  END;
L11  -----------------------------------------------------------------------------------------------------------
```

```
L12   ARCHITECTURE construct OF counter IS
L13       COMPONENT cnt_10    --声明 cnt_10
L14           PORT( clk, en ,reset : IN STD_LOGIC;
L15                 cnt1, cnt2    : OUT STD_LOGIC_VECTOR(3 DOWNTO 0));
L16       END COMPONENT;
L17       COMPONENT display   --声明 display
L18           PORT( clk_s       : IN   STD_LOGIC;
L19                 data1, data2 : IN   STD_LOGIC_VECTOR(3 DOWNTO 0);
L20                 dig          : OUT STD_LOGIC_VECTOR(1 DOWNTO 0);
L21                 seg          : OUT STD_LOGIC_VECTOR(7 DOWNTO 0));
L22       END COMPONENT;
L23       SIGNAL x, y : STD_LOGIC_VECTOR(3 DOWNTO 0);
L24  BEGIN
L25       u1 : cnt_10 PORT MAP ( clk => clk_c, en => en, reset => reset, cnt1 => x, cnt2 => y);
L26       u2 : display PORT MAP ( clk_s => clk_s, data1 => x, data2 => y ,dig => dig, seg =>seg);
L27  END;
L28  ----------------------------------------------------------------------------------------------------
```

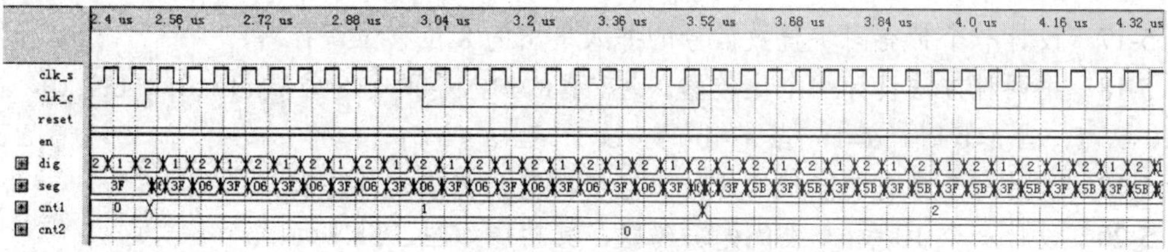

图 5-56　2 位十进制计数器显示顶层原理图

习　　题

5-1　VHDL 中的语句可以分为哪两类？它们有什么样的特点？

5-2　进程有哪两种主要类型？敏感信号的选择有什么样的要求？

5-3　描述时钟信号的上升沿和下降沿有多种不同的方法，请至少给出三种方法？

5-4　为什么说一条并行信号赋值语句可以等效为一个进程？如何启动并行信号赋值语句的执行？

5-5　下面的 VHDL 代码有什么错误？在不改变其功能的基础上，改正错误。

```
q <= a WHEN sel = '0' ELSE
     b WHEN sel = '1' ;
```

5-6　在 VHDL 设计中，给时序电路复位有两种不同的方法，它们是什么？如何实现？

5-7　IF 语句有哪几种形式？不完整 IF 语句有什么特点？

5-8　在 CASE 语句中，什么情况下可以不加 WHEN OTHERS 子句？什么情况下一定要加？

5-9　说明 EXIT 语句和 NEXT 语句的区别。

5-10　比较 IF 语句和 CASE 语句的异同。

5-11　比较 IF 语句和 WHEN/ELSE 语句的异同。

5-12　比较 CASE 语句和 WITH/SELECT/WHEN 语句的异同。

5-13　设计一个四舍五入电路，输入为 8421BCD 码。若输入大于等于 5，则输出为高电平 "1"；否则，输出为低电平 "0"。

5-14　设计一个带有异步清零信号和同步使能信号的 4 位二进制计数器。

5-15　设计一个带有异步清零信号的可控二进制计数器。当控制信号 ctl 取值为 "1" 时，进行加法计数；反之，进行减法计数。

5-16　设计一个元件，如图 5-57 所示，能够完成表中所示功能。采用 IF 语句、CASE 语句、WHEN/ELSE 语句分别实现。

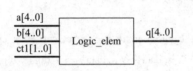

ctl	q
00	a AND b
01	a OR b
10	a XOR b
11	a NOR b

图 5-57　习题 5-16 元件

5-17　设计一个带有同步置数信号的并入串出的 8 位移位寄存器。

5-18　用两种方法设计一个比较器。比较器的输入是两个 8 位数 a[7..0] 和 b[7..0]，输出是 d、e、f。当 a=b 时，d=1；当 a>b 时，e=1；当 a<b 时，f=1。

5-19　设计一个具有使能端的 8 位三态缓冲器，完成软件仿真。

5-20　设计一个 10 线–4 线优先编码器，其功能如图 5-58 所示。

$\overline{I_9}$	$\overline{I_8}$	$\overline{I_7}$	$\overline{I_6}$	$\overline{I_5}$	$\overline{I_4}$	$\overline{I_3}$	$\overline{I_2}$	$\overline{I_1}$	$\overline{Y_3}$	$\overline{Y_2}$	$\overline{Y_1}$	$\overline{Y_0}$
1	1	1	1	1	1	1	1	1	1	1	1	1
0	×	×	×	×	×	×	×	×	0	1	1	0
1	0	×	×	×	×	×	×	×	0	1	1	1
1	1	0	×	×	×	×	×	×	1	0	0	0
1	1	1	0	×	×	×	×	×	1	0	0	1
1	1	1	1	0	×	×	×	×	1	0	1	0
1	1	1	1	1	0	×	×	×	1	0	1	1
1	1	1	1	1	1	0	×	×	1	1	0	0
1	1	1	1	1	1	1	0	×	1	1	0	1
1	1	1	1	1	1	1	1	0	1	1	1	0

图 5-58　10 线–4 线优先编码器

5-21　设计一个分频系数是 20，占空比是 40% 的分频器电路，完成软件仿真。

5-22　设计一个半整数分频电路，如 2.5 分频。

5-23　设计一个求补码的代码，输入数据是一个有符号的 8 位二进制数。

5-24　设计一个计时器，能够完成 0 分 0 秒到 9 分 59 秒的计时。电路具有异步清零信号 reset、同步计时开始信号 start 以及同步计时停止信号 stop。当信号 start 取值为 "1" 时，开始计时；当信号 stop 取值为 "1" 时，停止计时。

5-25   在习题 5-24 的基础上，采用共阴数码管显示计时结果，显示结构为 0.00～9.59。顶层原理框图如图 5-59 所示。

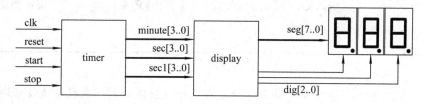

图 5-59   习题 5-25 结构示意图

5-26   设计一个移位相加型的 8 位硬件乘法器。在时钟驱动下，每一次时钟上升沿到来时作一次移位相加，8 个时钟信号后完成乘法运算。

第 6 章　状态机的设计

　　状态机是实现电子系统功能的常用设计方法之一，应用广泛，在数字通信领域、自动化控制领域、家电设计领域等都有重要的地位。本章首先以一个十进制计数器的例子让读者从感性上认识一下状态机的设计方法；然后讲解状态机的分类，详细讨论 MOOER 型状态机和 MEALY 型状态机的区别，以及多进程状态机和单进程状态机的特点；随后对几种常用状态编码以及剩余状态的处理进行讲解；最后给出几个采用状态机进行设计的实际例子。

　　由于状态机在现代数字系统设计中的重要性，需要读者对本章给予较多的关注，学习完成后应能够根据设计要求画出状态转移图，并写出相应的 VHDL 代码或能够根据 VHDL 代码画出状态转移图，确定逻辑功能。当然，根据设计要求选择合适的状态机类型以及确定状态机的安全性也是十分重要的。

6.1　状态机概述

　　一个实际的系统，情况一般比较复杂，系统的工作状态很多，分析状态的结构要花费相当多的精力。因此，状态机的概念应运而生，它可以满足对实际系统进行分析的要求。状态机是利用可编程逻辑器件实现电子系统功能的常用设计方法之一，它在各种数字应用中，特别是定义了良好顺序的控制器中被广泛使用。

　　就理论而言，任何一个时序模型的电路系统都可以归结为一个状态机。状态机通过时钟驱动多个状态，实现状态之间有规则的跳转，来完成复杂的逻辑设计，即可以把电路系统划分为有限个状态，在任意一个时刻，系统只能处于有限个状态中的一个。当接收到一个输入事件时，状态机能够产生输出，同时伴随着状态的转移。有限状态机(FSM，Finite State Machine)是一种基本的、简单的、重要的形式化技术。

　　下面先以一个计数器的例子从感性上来认识一下有限状态机的设计方法。要求设计一个具有异步清零功能的十进制计数器，能够完成 0～9 的计数，且能够产生进位信号。本例是一个普通计数器的设计，可以采用两种方法：一是 IF 语句；二是状态机。采用 IF 语句的设计方法在前面的章节中已经多次出现，这里不再赘述。

　　采用状态机的设计方法对电子系统进行分析设计一般从状态转移图入手。图 6-1 所示是十进制计数器的状态转移图，简称状态图。从图中可以看到，电路系统被划分为 $s0 \sim s9$ 共 10 个状态。状态图中的每一个圆圈代表一个状态，在圆圈中显示的是该状态下的输出，即每一次计数的结果 q。在时钟信号 clk 上升沿时刻，状态能够进行跳转。例如：当前状态处于 s0 态，输出计数结果 q 为 "0000"；当时钟上升沿到来时，状态能够跳转到 s1 态，表示计数一次，输出计数结果 q 为"0001"。因此，随着时钟信号上升沿的不断到来，状态将按照 s0→s1→s2→s3→s4→s5→s6→s7→s8→s9→s0 的顺序跳转，输出计数结果 q 也从"0000"到"1001"依次输出，每 10 个时钟周期实现一次循环，从而实现十进制计数。

依照状态图写出 VHDL 代码，具体代码如例 6-1 所示。

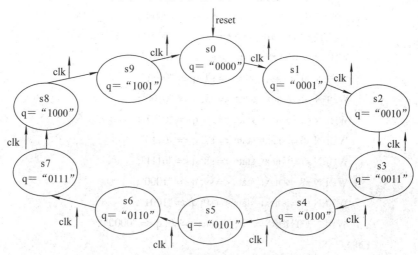

图 6-1　十进制计数器状态转移图

【例 6-1】

```
L1   -----------------------------------------------------------------------------------------------
L2   LIBRARY ieee;
L3   USE ieee.std_logic_1164.all;
L4   -----------------------------------------------------------------------------------------------
L5   ENTITY cnt IS
L6        PORT(clk,   reset : IN   STD_LOGIC;
L7              q                  : OUT STD_LOGIC_VECTOR(3 DOWNTO 0));
L8
L9   END;
L10  -----------------------------------------------------------------------------------------------
L11  ARCHITECTURE bhv OF cnt IS
L12       TYPE state IS (s0, s1, s2, s3, s4, s5, s6, s7, s8, s9);
L13       SIGNAL current_state, next_state : state;
L14  BEGIN
L15       -------------------------------reg PROCESS-----------------------------------
L16       reg : PROCESS(clk, reset)
L17       BEGIN
L18           IF reset = '0' THEN current_state <= s0;
L19           ELSIF clk' EVENT AND clk = '1' THEN current_state <= next_state;
L20           END IF;
```

```
L21         END PROCESS reg;
L22         ----------------------------------------------com PROCESS----------------------------------------------
L23         com : PROCESS(current_state)
L24         BEGIN
L25             CASE current_state IS
L26                 WHEN s0 => next_state <= s1; q <= "0000";
L27                 WHEN s1 => next_state <= s2; q <= "0001";
L28                 WHEN s2 => next_state <= s3; q <= "0010";
L29                 WHEN s3 => next_state <= s4; q <= "0011";
L30                 WHEN s4 => next_state <= s5; q <= "0100";
L31                 WHEN s5 => next_state <= s6; q <= "0101";
L32                 WHEN s6 => next_state <= s7; q <= "0110";
L33                 WHEN s7 => next_state <= s8; q <= "0111";
L34                 WHEN s8 => next_state <= s9; q <= "1000";
L35                 WHEN s9 => next_state <= s0; q <= "1001";
L36                 WHEN OTHERS => next_state <= s0; q <= "0000" ;
L37             END CASE;
L38         END PROCESS com;
L39     END bhv;
L40     ----------------------------------------------------------------------------------------------------
```

例 6-1 的 L12 行定义了一个自定义数据类型 state，属于枚举类型，有 s0～s9 共 10 个值，分别对应于 10 个状态；L13 行声明了两个信号 current_state 和 next_state，其数据类型均为 state。因此，信号 current_state 和 next_state 的取值范围在 10 个状态中。

例 6-1 的结构体内包含两个进程：reg 和 com。reg 是一个时序进程，在时钟的驱动下，将信号 next_state 中的内容赋值给信号 current_state。也就是在时钟信号 clk 的每一个上升沿就将次态赋予现态，但是信号 next_state 中的次态究竟是 s0～s9 中的哪一个状态并不是该进程关心的问题，该进程只能完成机械的赋值操作。另外，时序进程 reg 中还定义了异步清零信号 reset，当 reset="1" 时，立刻回到初态 s0。进程 com 是一个纯组合进程，它决定着在不同状态下的输出计数结果 q 的值以及信号 next_state 中的具体次态。

十进制计数器的仿真结果如图 6-2 所示。从图中可以看到每 10 个时钟周期完成一次计数循环。

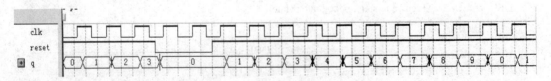

图 6-2　十进制计数器仿真结果

从例 6-1 可以看出，状态机的设计结构一般可分为两个进程：时序进程和组合进程(见图 6-3)。时序进程由时钟信号驱动，完成状态的跳转，可以设置如清零或置位等控制信号

(ctl)；组合进程确定每个状态下的输出和次态，也可由外部输入控制信号(ctl_input)控制不同输入下的输出。

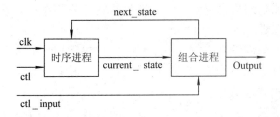

图 6-3　典型状态机结构示意图

使用状态机设计有很多的优点，主要表现在以下几个方面：

(1) 表述形式相对固定，程序结构分明，易读易排错。

(2) 采用灵活的顺序控制模型，克服了纯硬件数字系统顺序方式控制不灵活的缺点。此外，某些结构的状态机能够较好地解决竞争冒险现象，消除毛刺，性能稳定。

(3) 能够利用 EDA 工具对状态机进行一定的优化，如综合器为状态选择合适的编码方式等。

(4) 较 CPU 运行而言更加快速和可靠。

6.2　状态机的分类

按照不同的分类方法，状态机设计的结构有多种不同的方式。以下逐一介绍各类型的状态机。

6.2.1　按状态个数分类

按照状态机的状态个数是否为有限个，状态机可分为有限状态机(FSM)和无限状态机(Infinite State Machine，ISM)。逻辑设计中一般所涉及的状态都是有限的，所以后面的例子都是有限状态机。

6.2.2　按信号输出分类

按照信号的输出由什么条件所决定，状态机可以分为 MOORE 型状态机和 MEALY 型状态机。

MOORE 型状态机的输出仅由当前状态所决定，而 MEALY 型状态机的输出由当前状态和外部输入信号共同决定。MOORE 型状态机和 MEALY 型状态机的结构框图见图 6-4。由此可知，例 6-1 的状态机属于 MOORE 型状态机。

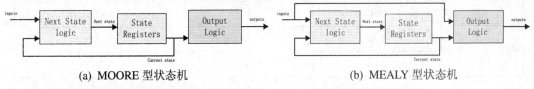

(a) MOORE 型状态机　　　　　　　　　　　　(b) MEALY 型状态机

图 6-4　MOORE 型状态机与 MEALY 型状态机的结构框图

6.2.3　按结构分类

按结构分是指按照状态机描述的结构，即进程的数量和作用来分，状态机可分为单进程状态机和多进程状态机。

单进程状态机在一个进程内完成例 6-1 所示时序进程和组合进程的所有功能，又称为一段式。多进程状态机最典型的是二段式和三段式，例 6-1 即为一个典型二段式结构。三段式结构通常将二段式结构中的组合进程再分为两个进程实现，一个进程描述输出逻辑，另一个进程描述次态逻辑。三段式结构使各进程的功能更加简洁明确。

6.2.4　按状态的表达方式分类

按状态的表达方式来分，状态机可分为符号化状态机和确定状态编码的状态机。

符号化状态机是以文字符号来代表每一个状态的，如例 6-1，使用 s0～s9 分别代表 10 个状态。但在实际的电路中，是用一组二进制数来表示不同的状态的，所以综合器会根据设计要求的约束条件或优化来进行状态编码。当然，也可以在状态机设计时就人为地将状态编码确定下来，称为确定状态编码的状态机。

不管是综合器进行的状态编码还是人为确定的状态编码，编码方式一般包含以下几种：

(1) 直接输出型编码，即把状态机的状态(状态的编码)作为输出信号。

(2) 顺序码(Sequential Encoded)是一种最简单、最常用的编码，如 8421BCD 顺序码，若有 n 个触发器(n 位二进制比特)，则最多可实现 2^n 个状态的编码。

(3) 格雷码(Gray Encoded)，又称循环二进制码，具有反射性和循环性，任意两个相邻的编码只有一位二进制数不同。

(4) 一位热码(One-Hot Encoded)，用 n 个触发器来实现 n 个状态的状态机，每一个状态都有一个特定的触发器与之对应。

假设一个状态机有 8 个状态，则采用顺序码、格雷码和一位热码编码的示例请参见表 6-1。状态编码会在 6.5 节中具体讲解。

表 6-1　三种编码方式的比较

状态	顺序编码	格雷码编码	一位热码编码
s0	000	000	10000000
s1	001	001	01000000
s2	010	011	00100000
s3	011	010	00010000
s4	100	110	00001000
s5	101	111	00000100
s6	110	101	00000010
s7	111	100	00000001

6.2.5　按与时钟的关系分类

如果状态的跳转是由时钟信号控制的，那么这种状态机就称为同步状态机；否则，称为异步状态机。

例 6-1 是一个同步状态机。虽然异步状态机的速度快于同步状态机，但在设计时必须确保不会发生"竞争"现象，即不会出现一次改变多个状态的情况。从设计方法的观点看，异步状态机并不是一个好的选择，仅仅在同步状态机性能达不到设计要求时才使用。后面的讲解和示例都只讨论同步状态机。

6.3　MOORE 型状态机

从前面的讲述中已经知道，如果按照信号的输出来分类，状态机可分为 MOORE 型状态机和 MEALY 型状态机。本节进一步讲述 MOORE 型状态机的特点，并通过一个实例——序列检测器的设计，分析多进程状态机和单进程状态机的区别。

6.3.1　一个简单的 MOORE 型状态机的设计

图 6-5 所示是一个简单的 MOORE 型状态机的状态图。由于输出信号仅由当前状态决定，所以可以把输出值写在表示状态的圆圈中，如：在状态 s0 时，输出为"0000"；在状态 s1 时，输出为"0101"。需要注意的是，输出信号的值和状态的编码是不同的概念，不能混淆(直接输出型编码除外)。无论该状态机采用哪种编码方式(如顺序码或一位热码)，都不会影响状态机的行为，所以一般来说没有必要把状态编码写在状态转移图中。箭头上方标示的是状态转移的条件，当输入控制信号为"1"时，状态向下一个态转移；否则，仍然处于当前态。如：在状态 s0 时，如果输入控制信号是"1"，则转移到 s1 态；否则，仍处于 s0 态。具体 VHDL 代码见例 6-2。

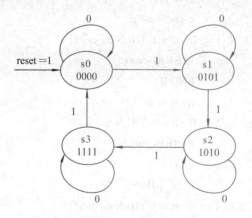

图 6-5　MOORE 型状态机状态图

【例 6-2】

L1　--

L2　LIBRARY ieee;

```
L3    USE ieee.std_logic_1164.all;

L4    ----------------------------------------------------------------------------------------------------

L5    ENTITY moore_2 IS

L6        PORT(clk , ctl , reset    : IN STD_LOGIC;

L7                q              : OUT STD_LOGIC_VECTOR(3 DOWNTO 0) );

L8    END;

L9    ----------------------------------------------------------------------------------------------------

L10   ARCHITECTURE bhv OF moore_2 IS

L11       TYPE state IS (s0,s1,s2,s3);

L12       SIGNAL cs, ns : state;

L13   BEGIN

L14   ----------------------------------------reg PROCESS----------------------------------------

L15       reg : PROCESS(clk, reset)

L16       BEGIN

L17           IF reset = '1' THEN cs <= s0;

L18           ELSIF clk'EVENT AND clk = '1' THEN    cs <= ns;

L19           END IF;

L20       END PROCESS reg;

L21   ----------------------------------------com PROCESS----------------------------------------

L22   com : PROCESS(cs , ctl)

L23   BEGIN

L24       CASE cs IS

L25           WHEN s0 => IF ctl = '1' THEN ns <= s1;

L26                       ELSE ns <= s0;

L27                       END IF;

L28                       q <= "0000";

L29           WHEN s1 => IF ctl = '1' THEN ns <= s2;

L30                       ELSE ns <= s1;

L31                       END IF;

L32                       q <= "0101";

L33           WHEN s2 => IF ctl = '1' THEN ns <= s3;

L34                       ELSE ns <= s2;

L35                       END IF;

L36                       q <= "1010";

L37           WHEN s3 => IF ctl = '1' THEN ns <= s0;

L38                       ELSE ns <= s3;

L39                       END IF;

L40                       q <= "1111";

L41       END CASE;
```

L42　　　END PROCESS com;

L43　END bhv;

L44 --

　　例 6-2 中加入了复位控制信号(L17)，当 reset="1"时，状态回到初始态 s0。由于该信号与时钟信号 clk 无关，可以判断 reset 信号为异步复位方式。

　　例 6-2 所示 MOORE 型状态机的仿真结果见图 6-6。在此，除添加了输入、输出节点外，还通过 Node Finder 窗口在 Filter 栏选择 Design Entry(all names)把表示当前状态的信号 cs 也加入到观察波形中。可以看到在第 2 个时钟下降沿，当控制信号 ctl 由 "0"变为 "1"时，输出 q 并不是马上发生变化，而是等到第 3 个时钟脉冲上升沿到来后才发生变化。这是因为虽然 ctl 由 "0"变 "1"可以触发组合进程 com，但由于信号 cs 仍然为 s0 态，执行 L25～L28 行。虽然信号 ns 变为 s1 态，但是此时的输出 q 仍然是 "0000"，信号 cs 仍然是 s0 态；当时钟上升沿到来后，时序进程 reg 被触发，信号 ns 赋值给信号 cs，才能导致信号 cs 发生变化(由 s0 态变为 s1 态)，进而再次导致组合进程 com 的触发。此时，由于信号 cs 为 s1 态，所以执行 L29～L32 行，使得输出 q 变为 "0101"。

　　当 reset="1"时，信号 cs 立刻回到初态 s0，输出 q 立刻变为 "0000"，与时钟信号无关。

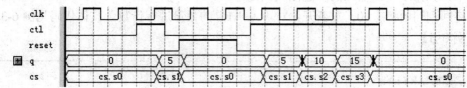

图 6-6　例 6-2MOORE 型状态机仿真结果

　　设计者还可以通过菜单 Tools→Netlist Viewers→State Machine Viewer 来观察当前设计的状态机的状态图以及跳转条件、状态编码等，如图 6-7 所示。

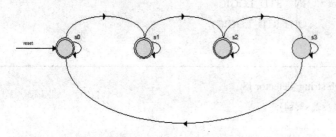

	Source State	Destination State	Condition
1	s0	s0	(!ctl)
2	s0	s1	(ctl)
3	s1	s1	(!ctl)
4	s1	s2	(ctl)
5	s2	s2	(!ctl)
6	s2	s3	(ctl)
7	s3	s0	(ctl)
8	s3	s3	(!ctl)

Transitions / Encoding

	Name	s3	s2	s1	s0
1	s0	0	0	0	0
2	s1	0	0	1	1
3	s2	0	1	0	1
4	s3	1	0	0	1

Transitions / Encoding

(a) 状态图和跳转条件　　　　　　　　　　　　(b) 状态编码

图 6-7　例 6-2 的状态图、跳转条件及状态编码

6.3.2　序列检测器的多进程状态机设计

设计一个序列检测器，可用于检测一组串行输入的二进制代码序列。**假设当连续检测到 4 个 1 后，输出为高电平"1"；其余情况输出均为低电平"0"。**

由于状态机的分析和设计都需要从状态转移图入手，所以，本例的第一步是根据设计要求确定状态的数量以及跳转的条件。图 6-8 是根据设计要求绘出的状态图，一共分为 s0～s4 共 5 个状态。初始时，状态处于初态 s0，如果输入的二进制代码序列一直都是"0"，则停留在 s0 态，输出为"0"；当输入第一个二进制代码"1"时，跳转到 s1 态，输出仍然为"0"；当输入第二个二进制代码"1"时，继续跳转到 s2 态，输出为"0"；当输入第三个"1"时，跳转到 s3 态，输出为"0"；直到连续输入 4 个"1"后，进入 s4 态，输出高电平"1"。在任意一个状态下，如果下一次输入的二进制代码是"0"，状态都将回到初始状态 s0，重新开始对输入"1"的数量进行计数。具体代码见例 **6-3**。

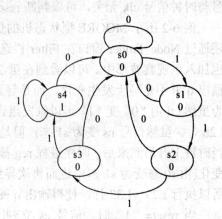

图 6-8　序列检测器状态图

【例 6-3】

```
L1   --------------------------------------------------------------------
L2   LIBRARY ieee;
L3   USE ieee.std_logic_1164.all;
L4   --------------------------------------------------------------------
L5   ENTITY string_detector IS
L6       PORT(clk,  d,  reset    : IN   STD_LOGIC;
L7            q                  : OUT STD_LOGIC);
L8   END;
L9   --------------------------------------------------------------------
L10  ARCHITECTURE bhv OF string_detector IS
L11      TYPE state IS (s0, s1, s2, s3, s4);
L12      SIGNAL cs, ns : state;
L13  BEGIN
L14      ---------------------------reg PROCESS----------------------------
L15      reg : PROCESS(clk，reset)
L16      BEGIN
L17          IF reset = '1' THEN cs <= s0;
L18          ELSIF clk'EVENT AND clk ='1' THEN    cs <= ns;
L19          END IF;
L20      END PROCESS reg;
L21      ---------------------------com PROCESS----------------------------
```

```
L22        com : PROCESS(cs，d)
L23        BEGIN
L24           CASE cs IS
L25               WHEN s0 => IF d = '1' THEN ns <= s1;
L26                           ELSE ns <= s0;
L27                           END IF;
L28                       q <= '0';
L29               WHEN s1 => IF d = '1' THEN ns <= s2;
L30                           ELSE ns <= s0;
L31                           END IF;
L32                       q <= '0';
L33               WHEN s2 => IF d = '1' THEN ns <= s3;
L34                           ELSE ns <= s0;
L35                           END IF;
L36                       q <= '0';
L37               WHEN s3 => IF d = '1' THEN ns <= s4;
L38                           ELSE ns <= s0;
L39                           END IF;
L40                       q <= '0';
L41               WHEN s4 => IF d = '0' THEN ns <= s0;
L42                           ELSE ns <= s4;
L43                           END IF;
L44                       q <= '1';
L45           END CASE;
L46       END PROCESS com;
L47   END bhv;
L48   ----------------------------------------------------------------------------------
```

例 6-3 所示二段式序列检测器的仿真结果见图 6-9。从图中可以看到，当信号 reset="1"
时，状态立即回到 s0 态，reset 属于异步复位信号。当连续输入 4 个"1"时，状态从 s0 一
直跳转到 s4 态，输出 q="1"；当第 5 个"1"输入时，状态仍然在 s4 态，输出"1"。如果
输入两个"1"后，下一次输入为"0"，则状态回到 s0 态，重新开始对"1"进行计数。

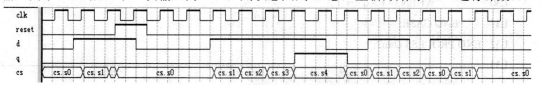

图 6-9　例 6-3 多进程序列检测器仿真结果

如果把例 6-3 的二段式结构改为三段式结构，则需要将例 6-3 中的组合进程分为两个
进程：一个实现信号的输出逻辑；另一个实现次状态的逻辑，具体代码如例 6-4 所示。三
段式结构使程序结构更加清晰，功能分工更加明确。

【例 6-4】

```
L1    ------------------------------------------------------------------------
L2    com1 : PROCESS(cs, d)
L3    BEGIN
L4        CASE cs IS
L5            WHEN s0 => IF d = '1' THEN ns <= s1;
L6                        ELSE ns <= s0;
L7                        END IF;
L8            WHEN s1 => IF d = '1' THEN ns <= s2;
L9                        ELSE ns <= s0;
L10                       END IF;
L11           WHEN s2 => IF d = '1' THEN ns <= s3;
L12                       ELSE ns <= s0;
L13                       END IF;
L14           WHEN s3 => IF d = '1' THEN ns <= s4;
L15                       ELSE ns <= s0;
L16                       END IF;
L17           WHEN s4 => IF d = '0' THEN ns <= s0;
L18                       ELSE ns <= s4;
L19                       END IF;
L20       END CASE;
L21   END PROCESS com1;
L22   ------------------------------------------------------------------------
L23   com2 : Process(cs)
L24   BEGIN
L25       CASE cs IS
L26           WHEN s0 => q <= '0';
L27           WHEN s1 => q <= '0';
L28           WHEN s2 => q <= '0';
L29           WHEN s3 => q <= '0';
L30           WHEN s4 => q <= '1';
L31       END CASE;
L32   END PROCESS com2;
L33   ------------------------------------------------------------------------
```

6.3.3　序列检测器的单进程状态机设计

　　如前所述，单进程状态机就是将所有要实现的功能都放在一个进程中完成。序列检测器的单进程状态机设计示例见例 6-5。由于实体部分定义一致，这里只给出了结构体部分。

【例 6-5】

```
L1    --------------------------------------------------------------------------------
L2    ARCHITECTURE bhv OF s_d1 IS
L3        TYPE state IS (s0, s1, s2, s3, s4);
L4        SIGNAL st : state;
L5    BEGIN
L6        PROCESS(clk, d, reset)
L7        BEGIN
L8            IF reset = '1' THEN st <= s0;
L9            ELSIF clk'EVENT AND clk ='1' THEN
L10               CASE st IS
L11                   WHEN s0 => IF d = '1' THEN st <= s1;
L12                             ELSE st <= s0;
L13                             END IF;
L14                             q <= '0';
L15                   WHEN s1 => IF d = '1' THEN st <= s2;
L16                             ELSE st <= s0;
L17                             END IF;
L18                             q <= '0';
L19                   WHEN s2 => IF d = '1' THEN st <= s3;
L20                             ELSE st <= s0;
L21                             END IF;
L22                             q <= '0';
L23                   WHEN s3 => IF d = '1' THEN st <= s4;
L24                             ELSE st <= s0;
L25                             END IF;
L26                             q <= '0';
L27                   WHEN s4 => IF d = '0' THEN st <= s0;
L28                             ELSE st <= s4;
L29                             END IF;
L30                             q <= '1';
L31               END CASE;
L32           END IF;
L33   END bhv;
L34   --------------------------------------------------------------------------------
```

例 6-5 所示单进程序列检测器的仿真结果见图 6-10。比较图 6-9 和图 6-10，二者的输入激励完全一致，但单进程的输出信号 q 却延迟了一个时钟周期。单进程状态机的一个显著特点是用时钟信号同步输出信号，使得输出延时。从另一个角度讲，输出的延时使得"毛刺"得到了消除。单进程和多进程状态机的特点及比较可参见本书配套的实验指导书中第

2 章实验 6 的内容。

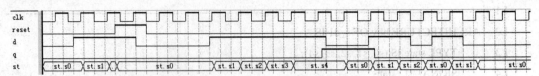

图 6-10　例 6-5 单进程序列检测器仿真结果

6.4　MEALY 型状态机

MEALY 型状态机的输出由当前状态和外部输入信号共同决定。下面以一个简单的例子来讲解 MEALY 型状态机，并比较 MOORE 型状态机和 MEALY 型状态机的特点。

图 6-11 是一个简单 MEALY 型状态机的状态图。从图中可以发现，输出信号标示在状态变迁处(即箭头处)，而不是在圆圈中。这是由于 MEALY 型状态机的输出除了与当前状态相关外，还与输入信号有关。如：在状态 s0 时，如果外部输入信号为"0"，则仍然处于 s0 态，输出"0000"；如果外部输入信号为"1"，则跳转到 s1 态，输出"0101"。构造 MEALY 型状态机的方法与 MOORE 型状态机基本相同，只是组合进程中的输出信号是当前状态和输入信号的函数。具体代码见例 6-6。

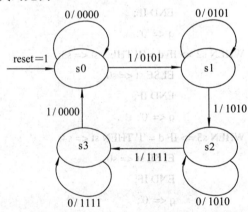

图 6-11　简单 MEALY 型状态机状态图

【例 6-6】

```
L1    -----------------------------------------------------------------------
L2    LIBRARY ieee;
L3    USE ieee.std_logic_1164.all;
L4    -----------------------------------------------------------------------
L5    ENTITY mealy_2 IS
L6        PORT(clk,  ctl,  reset : IN   STD_LOGIC;
L7            q              : OUT STD_LOGIC_VECTOR(3 DOWNTO 0));
L8    END;
L9    -----------------------------------------------------------------------
L10   ARCHITECTURE bhv OF mealy_2 IS
```

L11　　　　　　TYPE state IS (s0,s1,s2,s3);

L12　　　　　　SIGNAL cs, ns : state;

L13　BEGIN

L14　　　　-------------------------------------reg PROCESS---

L15　　　　reg : PROCESS(clk, reset)

L16　　　　BEGIN

L17　　　　　　IF reset = '1' THEN cs <= s0;

L18　　　　　　ELSIF clk'EVENT AND clk = '1' THEN cs <= ns;

L19　　　　　　END IF;

L20　　　　END PROCESS reg;

L21　　　　-------------------------------------com PROCESS---

L22　　　　com : PROCESS(cs，ctl)

L23　　　　BEGIN

L24　　　　　　CASE cs IS

L25　　　　　　　　WHEN s0 => IF ctl = '1' THEN ns <= s1; q <= "0101";

L26　　　　　　　　　　ELSE ns <= s0; q <= "0000";

L27　　　　　　　　　　END IF;

L28　　　　　　　　WHEN s1 => IF ctl = '1' THEN ns <= s2; q <= "1010";

L29　　　　　　　　　　ELSE ns <= s1; q <= "0101";

L30　　　　　　　　　　END IF;

L31　　　　　　　　WHEN s2 => IF ctl = '1' THEN ns <= s3; q <= "1111";

L32　　　　　　　　　　ELSE ns <= s2; q <= "1010";

L33　　　　　　　　　　END IF;

L34　　　　　　　　WHEN s3 => IF ctl = '1' THEN ns <= s0; q <= "0000";

L35　　　　　　　　　　ELSE ns <= s3; q <= "1111";

L36　　　　　　　　　　END IF;

L37　　　　　　END CASE;

L38　　　　END PROCESS com;

L39　END bhv;

L40　---

利用观察器观察到的状态图与例 6-2 完全一致，如图 6-12 所示。

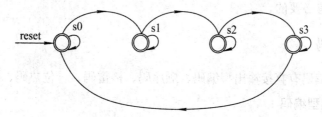

图 6-12　例 6-6 多进程 MEALY 型状态机状态图

例 6-6 所示 MEALY 型状态机的仿真结果见图 6-13。在第 2 个时钟脉冲下降沿，当输入信号 ctl 发生变化("0"→"1")时，输出 q 立即变化(执行 L25)，输出"0101"，信号 ns 变为 s1 态，但 cs 仍然是 s0 态。当第 3 个时钟上升沿到来时，触发时序进程 reg，信号 cs 被赋值 s1。由于 cs 的变化，再次触发组合进程 com，执行 L28，输出"1010"。随后在第 4 个时钟上升沿到来前，输入信号 ctl 已变为"0"，执行 L29，输出"0101"。比较图 6-13 和图 6-6，二者的输入激励设置完全相同，但 MEALY 型状态机的输出 q 却比 MOORE 型状态机的输出 q 领先，即一旦输入信号或状态发生变化，MEALY 型状态机的输出信号就立刻发生变化。

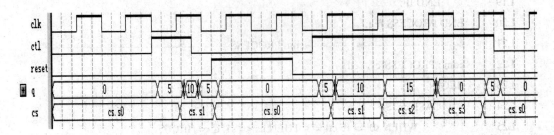

图 6-13　例 6-6 多进程 MEALY 型状态机仿真结果

MOORE 型状态机属于同步输出状态机，其输出仅为当前状态的函数，输出发生变化必须等待时钟的到来；MEALY 型状态机属于异步输出状态机，输出是当前状态和输入信号的函数，只要输入发生变化就能立即触发输出的变化，输出不依赖时钟的同步。

MEALY 型状态机也可写为单进程结构，即用时钟信号将输出加载到触发器中，在输出端得到的信号要比多进程 MEALY 型状态机晚一个时钟周期，因而消除了"毛刺"。请读者自行写出例 6-6 的单进程 MEALY 型状态机，并通过仿真结果再次比较其与多进程 MEALY 型状态机的区别。

6.5　状态编码和剩余状态处理

虽然对状态的编码并不会影响状态机的功能，但是不同的状态编码会导致占用器件资源的不同。设计者没有必要在 VHDL 代码中直接对状态的编码做出规定，因为综合器能够根据约束和优化条件在综合过程中确定编码。当然，为满足一些特殊需要，也可以在状态机的设计中将各状态用具体的二进制数来定义，即直接编码方式。所以对编码规则和其优缺点的了解也是有必要的。

6.5.1　状态编码

常用的状态编码有直接输出型编码、顺序码、格雷码、一位热码、随机码等。

1. 直接输出型编码

直接输出型编码即状态的输出值与状态的编码一致，是状态机的一种特殊类型。如图 6-14 所示状态机，如果把每个状态圆圈中的输出值当做每个状态的编码，就是直接输出型

编码。实际上，直接输出型编码的状态机就是一种特殊的 MOORE 型状态机。具体 VHDL
代码见例 6-7。

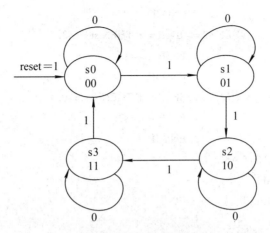

图 6-14　直接输出型编码状态机的状态图

【例 6-7】

```
L1    ---------------------------------------------------------------------------------------------------------
L2    LIBRARY ieee;
L3    USE ieee.std_logic_1164.all;
L4    ---------------------------------------------------------------------------------------------------------
L5    ENTITY moore_2d IS
L6    port(clk,ctl,reset  : IN STD_LOGIC;
L7          q              : OUT STD_LOGIC_VECTOR(1 DOWNTO 0) );
L8    END;
L9    ---------------------------------------------------------------------------------------------------------
L10   ARCHITECTURE bhv OF moore_2d IS
L11       CONSTANT s0 : STD_LOGIC_VECTOR(1 DOWNTO 0) := "00";
L12       CONSTANT s1 : STD_LOGIC_VECTOR(1 DOWNTO 0) := "01";
L13       CONSTANT s2 : STD_LOGIC_VECTOR(1 DOWNTO 0) := "10";
L14       CONSTANT s3 : STD_LOGIC_VECTOR(1 DOWNTO 0) := "11";
L15       SIGNAL st     : STD_LOGIC_VECTOR(1 DOWNTO 0);
L16   BEGIN
L17       PROCESS(clk,reset)
L18       BEGIN
L19           IF reset = '1' THEN st <= s0;
L20           ELSIF clk'EVENT AND clk = '1' THEN
L21               CASE st IS
L22                   WHEN s0 => IF ctl = '1' THEN st <= s1;
L23                               ELSE st <= s0;
L24                               END IF;
```

```
L25                WHEN s1 => IF ctl = '1' THEN st <= s2;
L26                    ELSE st <= s1;
L27                    END IF;
L28                WHEN s2 => IF ctl = '1' THEN st <= s3;
L29                    ELSE st <= s2;
L30                    END IF;
L31                WHEN s3 => IF ctl = '1' THEN st <= s0;
L32                    ELSE st <= s3;
L33                    END IF;
L34            END CASE;
L35          END IF;
L36      END PROCESS ;
L37      q <= st;
L38  END bhv;
L39  ----------------------------------------------------------------------------------
```

例 6-7 编译后的仿真结果如图 6-15 所示。从图中可以看到,状态的编码与输出 q 完全一致。例 6-7 其实是一个 2 位二进制计数器,这类编码最典型的应用就是计数器。

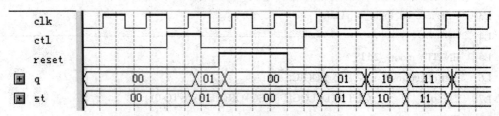

图 6-15　例 6-7 直接输出型编码仿真结果

也可以采用在第 4 章中提到过的自定义属性语句来定义状态的编码,见例 6-8。

【例 6-8】

TYPE state IS (s0, s1, s2, s3);

ATTRIBUTE enmu_encoding : STRING;

ATTRIBUTE enmu_encoding OF state: TYPE IS "00 01 10 11";

SIGNAL st : state;

把图 6-5 所示 MOORE 型状态机采用直接输出型编码方式,则代码如例 6-9 所示。

【例 6-9】

```
L1   ----------------------------------------------------------------------------------
L2   LIBRARY ieee;
L3   USE ieee.std_logic_1164.all;
L4   ----------------------------------------------------------------------------------
L5   ENTITY moore_2d IS
L6       PORT(clk,ctl,reset      : IN STD_LOGIC;
L7           q                   : OUT STD_LOGIC_VECTOR(3 DOWNTO 0) );
```

L8　END;

L9　---

L10　ARCHITECTURE bhv OF moore_2d IS

L11　　　CONSTANT s0 : STD_LOGIC_VECTOR(3 DOWNTO 0) := "0000";

L12　　　CONSTANT s1 : STD_LOGIC_VECTOR(3 DOWNTO 0) := "0101";

L13　　　CONSTANT s2 : STD_LOGIC_VECTOR(3 DOWNTO 0) := "1010";

L14　　　CONSTANT s3 : STD_LOGIC_VECTOR(3 DOWNTO 0) := "1111";

L15　　　SIGNAL st　　: STD_LOGIC_VECTOR(3 DOWNTO 0);

L16　BEGIN

L17　　　PROCESS(clk,reset)

L18　　　BEGIN

L19　　　　　IF reset = '1' THEN st <= s0;

L20　　　　　ELSIF clk'EVENT AND clk = '1' THEN

L21　　　　　　CASE st IS

L22　　　　　　　WHEN s0 => IF ctl = '1' THEN st <= s1;

L23　　　　　　　　　　ELSE st <= s0;

L24　　　　　　　　　　END IF;

L25　　　　　　　WHEN s1 => IF ctl = '1' THEN st <= s2;

L26　　　　　　　　　　ELSE st <= s1;

L27　　　　　　　　　　END IF;

L28　　　　　　　WHEN s2 => IF ctl = '1' THEN st <= s3;

L29　　　　　　　　　　ELSE st <= s2;

L30　　　　　　　　　　END IF;

L31　　　　　　　WHEN s3 => IF ctl = '1' THEN st <= s0;

L32　　　　　　　　　　ELSE st <= s3;

L33　　　　　　　　　　END IF;

L34　　　　　　END CASE;

L35　　　　　END IF;

L36　　　　END PROCESS ;

L37　　　q <= st;

L38　END bhv;

L39　---

　　例 6-9 编译后会出现图 6-16 所示错误，提示 CASE 语句的选择值没有覆盖所有的可能取值。观察代码 L11～L14，采用了 4 位二进制数为状态编码，4 位二进制数有 2^4 共 16 种可能的取值组合，而由于本例的状态个数只有 4 个，只用到了其中的 4 种组合。所以，导致剩下 12 种可能的取值组合在 CASE 语句的选择值中并没有出现，这就是剩余状态。改正的方法可以在 L33 行后加上语句"WHEN OTHERS => st <= s0"，将所有剩余状态都指回初态 s0。有关剩余状态的问题将在 6.5.2 节中进一步讲述。

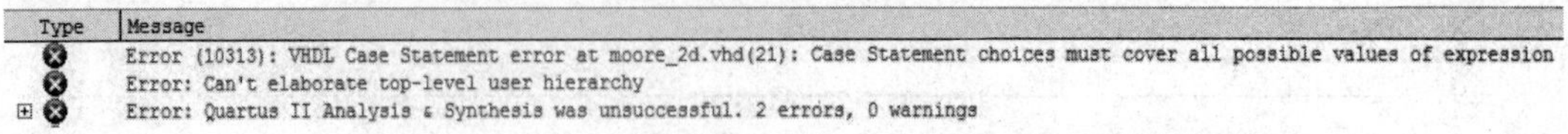

Type	Message
✗	Error (10313): VHDL Case Statement error at moore_2d.vhd(21): Case Statement choices must cover all possible values of expression
✗	Error: Can't elaborate top-level user hierarchy
⊞ ✗	Error: Quartus II Analysis & Synthesis was unsuccessful. 2 errors, 0 warnings

图 6-16　例 6-9 错误信息

2．顺序码、格雷码和一位热码

顺序码(二进制码)的编码方式最为简单，如例 6-7 所示编码方式。采用顺序码编码，n 个触发器最多可编码的状态个数是 2^n 个。顺序码使用的触发器数量少，剩余状态数量最少；但是可能产生两位同时翻转的现象(如："01"→"10")，增加了状态转化的译码组合逻辑，适用于组合逻辑资源相对丰富的器件。

格雷码的编码方式是每次仅一个状态位的值发生变化，同时具有反射性和循环性，如：s0 = "00"，s1 = "01"，s2 = "11"，s3 = "10"。二进制码转化为格雷码的方式是：从最右边一位起，依次将每一位与左边一位异或(XOR)，作为对应格雷码该位的值；最左边一位与 0 相异或。

一位热码编码方式中，每一个状态采用一个触发器，如有 2 个状态需要 2 个触发器，有 4 个状态则需要 4 个触发器，有 n 个状态就需要 n 个触发器。如果例 6-7 采用了一位热码编码方式，则 s0 = "1000"，s1 = "0100"，s2 = "0010"，s3 = "0001"，剩余状态数量有 12 个。一位热码编码使用的触发器数量最多，导致剩余状态数量也最多；但它简化了状态译码逻辑，提高了状态的转化速度，适合于触发器资源丰富的器件。

表 6-2 显示了一个有 5 个状态的状态机在采用不同编码方式后的有效状态和剩余状态个数。

表 6-2　编码方式及剩余状态数

有效状态	顺序码	格雷码	一位热码
s0	000	000	10000
s1	001	001	01000
s2	010	011	00100
s3	011	010	00010
s4	100	110	00001
剩余状态	3	3	27 个

在设计状态机时，需要根据实际情况进行状态编码的选择。一般而言，如果状态较多，则选择顺序码或格雷码；如果器件触发器资源丰富，如 FPGA 器件，则可以选择一位热码。

除例 6-7 和例 6-8 采用的是在 VHDL 代码中直接指定状态编码的方式外，还可以在软件中设置编码方式。选择菜单 Assignments→Settings，打开设置对话框，在目录栏 Category 中选择 Analysis & Synthesis Setting，出现分析与综合设置窗口，点击 More Settings，弹出如图 6-17 所示窗口。在 Name 栏中选择 State Machine Processing，则在其下的 Setting 栏中有各种编码方式可以选择。对于 FPGA 器件而言，Quartus II 默认的编码方式(Auto)是一位热码。

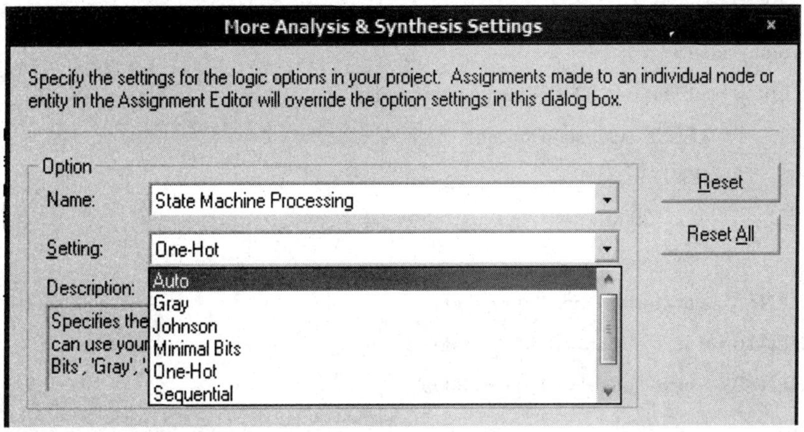

图 6-17 设置状态机编码方式

6.5.2 剩余状态的处理

在状态机的设计中，无论使用符号化状态机还是使用直接指定状态编码的状态机，都不可避免地会出现大量剩余的状态，这些状态在状态机的正常运行中是不需要出现的，又称为非法状态。如果状态机由于某种故障或干扰进入了非法状态，就有可能因无法摆脱非法状态而失去正常工作的功能。因此，必须对状态机的剩余状态进行处理，以保证状态机设计的安全性和稳定性。当然，对剩余状态的处理会耗费器件的逻辑资源，并且不同的处理方法耗费的程度不同。

一般来说，可以采用以下几种方法对剩余状态进行处理：

(1) 由 CASE 语句中的 WHEN OTHERS 分支决定。例 6-10 使用 OTHERS 分支将剩余状态指向初态。当然，也可以把剩余状态指向专门用于处理错误的状态。但不幸的是，并非所有综合器都支持 OTHERS 分支，或者对于不同的综合器，WHEN OTHERS 的功能也并非一致。

【例 6-10】
```
CASE current_state IS
        WHEN s0 => IF ctl = '1' THEN next_state <= s1;
                    ELSE next_state <= s0;
                    END IF;
                    q <= "0001";
        ...
        WHEN OTHERS => next_state <= s0; q <= "0000";
END CASE;
```

(2) 使用 VHDL 语言明确定义每一状态下的行为。当上述 WHEN OTHERS 语句的不幸情况出现时，还可以采用将每一个非法状态都明确确定其行为的方法，如例 6-11 所示。其中 s5、s6、s7 是非法状态。该方法的优点是直观可靠，但缺点是可处理的非法状态有限。如果非法状态数量过多，则耗费的器件逻辑资源太多。

【例 6-11】

```
CASE current_state IS
    WHEN s0 => IF ctl = '1' THEN next_state <= s1;
                ELSE next_state <= s0;
                END IF;
                q <= "0001";
        ...
    WHEN s5 => next_state <= s0; q <= "0000";
    WHEN s6 => next_state <= s0; q <= "0000";
    WHEN s7 => next_state <= s0; q <= "0000";
END CASE;
```

6.6 利用 Quartus Ⅱ 软件的图形化工具设计状态机

利用 Quartus Ⅱ 软件的状态机图形编辑工具可以方便地设计状态机。下面以例 6-3 的序列检测器为例，说明如何使用该功能进行状态机的设计。

1. 新建状态机设计文件

选择菜单 File→New，打开如图 6-18 所示的新建文件窗口，选择 State Machine File，则打开一个新建的以.smf 为后缀的文件，见图 6-19。

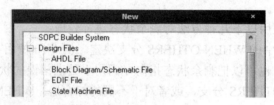

图 6-18 新建文件窗口

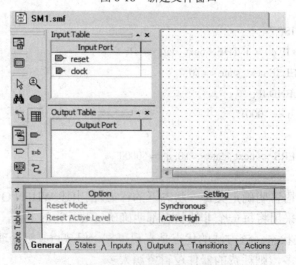

图 6-19 状态机图形编辑窗口

2. 通过新建状态机向导进行参数的设置

选择菜单 Tools→State Machine Wizard，或者是图 6-19 中的快捷方式，即可打开图 6-20 所示窗口。

图 6-20 新建或修改已有状态机设计

选择新建一个状态机设计，进入图 6-21 所示窗口，设置复位信号 reset 为异步复位方式、高电平有效。

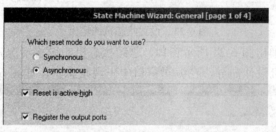

图 6-21 设置复位信号 reset 的相关参数

点击 Next 后进入图 6-22 所示窗口，设置状态数量、输入信号以及跳转条件。其中有 state1～state5 共 5 个状态，输入信号有时钟信号 clock、复位信号 reset 以及待输入的串行二进制序列 d。可以根据具体设计要求通过在 Transition 处输入转移条件来实现状态间的跳转，如简单的高低电平、取反(~d)、相与(a & b)等。本例只需要设置原变量和反变量两种条件即可，当然，也可以使用 OTHERS 来代表其他条件。

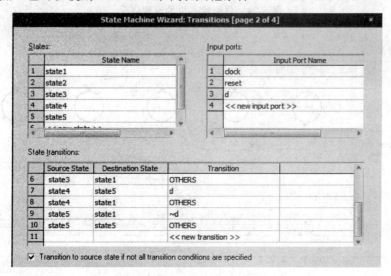

图 6-22 设置状态跳转条件等参数

点击 Next，进入状态机输出的设置，见图 6-23。只有在状态 state5 时，输出才为高电平。当然，也可以进行 MEALY 型状态机的设置，但需要设置附加条件(Additional Conditions)。

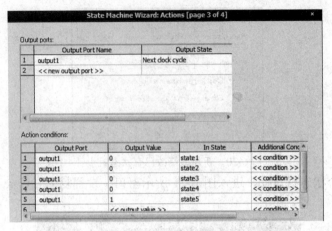

图 6-23　设置状态机的输出

再次点击 Next，弹出图 6-24 所示窗口，总结状态机的设置情况。点击 Finish 确认设置无误，即可关闭状态机设计向导，在编辑窗口中出现状态图，如图 6-25 所示。

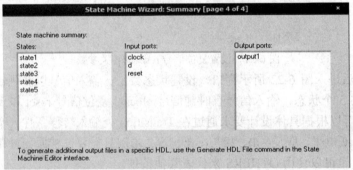

图 6-24　总结状态机的设置情况

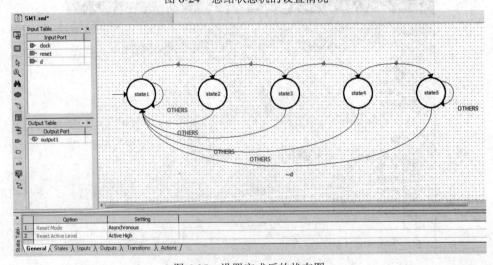

图 6-25　设置完成后的状态图

3. 保存文件

将设计文件保存在文件夹内，可命名为 string_d.smf，注意后缀名是 .smf。

4. 生成对应的 HDL 文件

选择菜单 Tools→Generate HDL File，弹出图 6-26 所示窗口，可以选择的 HDL 语言有三种，本例选择 VHDL，可生成与状态机设计文件具有相同名字的 VHDL 设计文件，即 string_d.vhd。需要注意的是，必须在状态机编辑窗口打开的情况下才能够进行语言文件的转换。

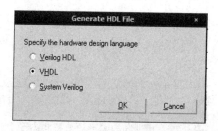

图 6-26　选择需要生成的 HDL 语言

5. 仿真验证

将 string_d.vhd 文件置顶后编译，可以按照与普通设计相同的方法进行波形的仿真。本例仿真结果见图 6-27。

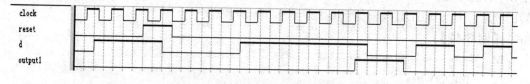

图 6-27　序列检测器仿真结果

6.7　状态机设计实例

本节将以几个实际应用为例，进一步介绍状态机的设计。

6.6.1　八进制约翰逊计数器的设计

1. 设计要求

设计一个八进制约翰逊计数器，计满后能够产生进位信号，使用数码管显示计数结果，发光二极管显示进位信号。

2. 设计方案

整体设计可分为两个模块：计数模块和显示模块。

(1) 计数模块。由前面章节的讲述可知，计数器是典型的 MOORE 型状态机。那么，什么是约翰逊计数器呢？一般的二进制计数器或十进制计数器，由于在每次计数时常有不止一位的触发器发生翻转(如 "0111" → "1000")，以致发生竞争冒险现象，产生不必要的毛刺，可能造成错误的译码信号。为了消除这种干扰，提出了一种在每次计数时仅有一位触发器发生翻转的计数器，即约翰逊计数器。八进制约翰逊计数器的状态图如图 6-28 所示。

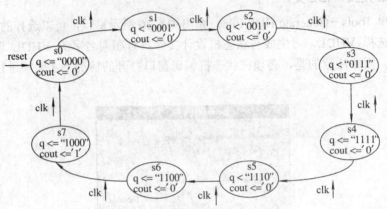

图 6-28　八进制约翰逊计数器状态图

可以看到，随着时钟上升沿的不断到来，状态将按照 s0→s1→s2→s3→s4→s5→s6→s7→s0 的顺序跳转，每 8 个时钟周期实现一次循环，从而实现八进制计数器。由于每个状态下的输出分别是："0000"（0）、"0001"（1）、"0011"（3）、"0111"（7）、"1111"（F）、"1110"（E）、"1100"（C）、"1000"（8），所以满足约翰逊计数器每次计数时只有一位触发器发生翻转的要求。具体 VHDL 代码见例 6-12。

【例 6-12】

```
L1    ----------------------------------------------------------------------
L2    LIBRARY ieee;
L3    USE ieee.std_logic_1164.all;
L4    ----------------------------------------------------------------------
L5    ENTITY jh_cnt8 IS
L6        PORT(clk, reset  : IN    STD_LOGIC;
L7             q           : OUT STD_LOGIC_VECTOR(3 DOWNTO 0);
L8             cout        : OUT STD_LOGIC);
L9    END;
L10   ----------------------------------------------------------------------
L11   ARCHITECTURE bhv OF jh_cnt8 IS
L12       TYPE state IS (s0, s1, s2, s3, s4, s5, s6, s7);
L13       SIGNAL cs, ns : state;
L14   BEGIN
L15       reg : process(clk, reset)
L16       BEGIN
L17           IF reset = '0' THEN cs <= s0;
L18           ELSIF clk'EVENT AND clk = '1' THEN    cs <= ns;
```

```
L19              END IF;
L20          END PROCESS reg;
L21          com : PROCESS(cs)
L22          BEGIN
L23              CASE cs IS
L24                  WHEN s0 => q <= "0000";cout <= '0'; ns <= s1;
L25                  WHEN s1 => q <= "0001";cout <= '0'; ns <= s2;
L26                  WHEN s2 => q <= "0011";cout <= '0'; ns <= s3;
L27                  WHEN s3 => q <= "0111";cout <= '0'; ns <= s4;
L28                  WHEN s4 => q <= "1111";cout <= '0'; ns <= s5;
L29                  WHEN s5 => q <= "1110";cout <= '0'; ns <= s6;
L30                  WHEN s6 => q <= "1100";cout <= '0'; ns <= s7;
L31                  WHEN s7 => q <= "1000";cout <= '1'; ns <= s0;
L32              END CASE;
L33          END PROCESS com;
L34      END bhv;
L35  -----------------------------------------------------------------------------------------------
```

(2) 显示模块。采用共阴数码管完成计数结果的译码和显示。具体 VHDL 代码见例 6-13。

【例 6-13】

```
L1   -----------------------------------------------------------------------------------------------
L2   LIBRARY ieee;
L3   USE ieee.std_logic_1164.all;
L4   -----------------------------------------------------------------------------------------------
L5   ENTITY display IS
L6       PORT(d           : IN    STD_LOGIC_VECTOR(3 DOWNTO 0);
L7                dig,   seg : OUT STD_LOGIC_VECTOR(7 DOWNTO 0));
L8   END;
L9   -----------------------------------------------------------------------------------------------
L10  ARCHITECTURE bhv OF display IS
L11      BEGIN
L12      PROCESS(d)
L13      BEGIN
L14          CASE d IS
L15              WHEN "0000" => seg <= "00111111";
L16              WHEN "0001" => seg <= "00000110";
L17              WHEN "0010" => seg <= "01011011";
L18              WHEN "0011" => seg <= "01001111";
L19              WHEN "0100" => seg <= "01100110";
L20              WHEN "0101" => seg <= "01101101";
```

```
L21                 WHEN "0110" => seg <= "01111101";
L22                 WHEN "0111" => seg <= "00000111";
L23                 WHEN "1000" => seg <= "01111111";
L24                 WHEN "1001" => seg <= "01101111";
L25                 WHEN "1010" => seg <= "01110111";
L26                 WHEN "1011" => seg <= "01111100";
L27                 WHEN "1100" => seg <= "00111001";
L28                 WHEN "1101" => seg <= "01011110";
L29                 WHEN "1110" => seg <= "01111001";
L30                 WHEN "1111" => seg <= "01110001";
L31         END CASE;
L32     END PROCESS;
L33       dig <= "11111110";
L34 END bhv;
L35 --------------------------------------------------------------------------------
```

(3) 顶层文件。采用元件例化语句完成顶层文件。具体代码见例 6-14。

【例 6-14】

```
L1  --------------------------------------------------------------------------------
L2  LIBRARY ieee;
L3  USE ieee.std_logic_1164.all;
L4  --------------------------------------------------------------------------------
L5  ENTITY cnt_display IS
L6      PORT(clk, reset  : IN   STD_LOGIC;
L7              dig, seg    : OUT STD_LOGIC_VECTOR(7 DOWNTO 0);
L8              cout        : OUT STD_LOGIC);
L9  END ;
L10 --------------------------------------------------------------------------------
L11 ARCHITECTURE bhv OF cnt_display IS
L12     SIGNAL temp : STD_LOGIC_VECTOR(3 DOWNTO 0);
L13     COMPONENT jh_cnt8
L14         PORT(clk, reset   : IN   STD_LOGIC;
L15             q            : OUT STD_LOGIC_VECTOR(3 DOWNTO 0);
L16             cout         : OUT STD_LOGIC);
L17     END COMPONENT;
L18     COMPONENT display
L19         PORT(d            : IN STD_LOGIC_VECTOR(3 DOWNTO 0);
L20             dig, seg     : OUT STD_LOGIC_VECTOR(7 DOWNTO 0));
L21     END COMPONENT;
L22 BEGIN
```

L23　　　u1 : jh_cnt8 PORT MAP(clk => clk, reset => reset, q => temp, cout => cout);

L24　　　u2 : display PORT MAP(d => temp, dig => dig, seg =>seg);

L25　END bhv;

L26　--

3．结果验证

图 6-29 是八进制约翰逊计数器模块仿真结果。由图 6-29 可以看到，当信号 reset = "0"时，计数器清零；计数器计数到 1000 后，进位信号 cout = "1"。图 6-30 是顶层文件仿真结果。

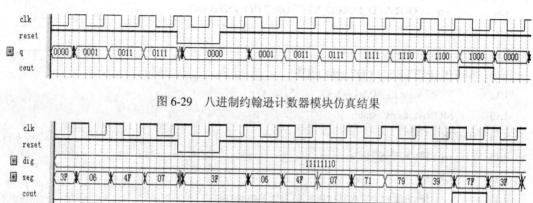

图 6-29　八进制约翰逊计数器模块仿真结果

图 6-30　顶层文件仿真结果

仿真结果无误后，选择 EDA 综合实验箱模式 5，进行引脚锁定(见表 6-3)，即可在实验箱上观察到硬件验证的结果。

表 6-3　计数器引脚锁定

输　　入			输　　出		
端口名	引脚名	引脚号	端口名	引脚名	引脚号
clk	clk1	PIN38	dig(7 DOWNTO 0)	DIG7～DIG0	PIN1/2/3/4/85/84/83/80
reset	SW0	PIN86	seg(7 DOWNTO 0)	SEG7～SEG0	PIN79/77/76/75/74/73/72/71
			cout	LED0	PIN60

6.6.2　彩灯控制器的设计

1．设计要求

设计一个彩灯控制器，使 8 个 LED 灯能够按照预先设定好的规律闪烁。设置控制按键sel，当 sel 按下时，8 个 LED 灯从左边向右边依次闪烁；否则，8 个 LED 灯从两边向中间闪烁。

2．设计方案

按照设计要求，确定状态机的状态个数，每个状态下的输出是 8 个 LED 灯的一次闪烁花型。该例同样是一个典型的 MOORE 型状态机，具体代码见例 6-15。

【例 6-15】

```
L1    ----------------------------------------------------------------------------------------------
L2    LIBRARY ieee;
L3    USE ieee.std_logic_1164.all;
L4    ----------------------------------------------------------------------------------------------
L5    ENTITY light_ctl IS
L6    PORT(clk  : IN STD_LOGIC;
L7          sel  : IN STD_LOGIC;
L8          q    : OUT STD_LOGIC_VECTOR(7 DOWNTO 0));
L9    END;
L10   ----------------------------------------------------------------------------------------------
L11   ARCHITECTURE bhv OF light_ctl IS
L12       TYPE state IS (s0, s1, s2, s3, s4, s5, s6, s7);
L13       SIGNAL cs,ns : state;
L14   BEGIN
L15       reg : PROCESS(clk, sel)
L16       BEGIN
L17           IF clk'EVENT AND clk = '1' THEN cs <= ns;
L18           END IF;
L19       END PROCESS reg;
L20       com : PROCESS(cs)
L21       BEGIN
L22           CASE cs IS
L23               WHEN s0 => q <= "00000000";
L24                           IF sel = '1' THEN ns <= s1;
L25                           ELSE ns <= s5;
L26                           END IF;
L27               WHEN s1 => q <= "10000001";
L28                           IF sel = '1' THEN ns <= s2;
L29                           ELSE ns <= s0;
L30                           END IF;
L31               WHEN s2 => q <= "11000011";
L32                           IF sel = '1' THEN ns <= s3;
L33                           ELSE ns <= s0;
L34                           END IF;
L35               WHEN s3 => q <= "11100111";
L36                           IF sel = '1' THEN ns <= s4;
L37                           ELSE ns <= s0;
L38                           END IF;
```

```
L39                      WHEN s4 => q <= "11111111";
L40                              ns <= s0;
L41                      WHEN s5 => q <= "11000000";
L42                              IF sel = '0' THEN ns <= s6;
L43                              ELSE ns <= s0;
L44                              END IF;
L45                      WHEN s6 => q <= "11110000";
L46                              IF sel = '0' THEN ns <= s7;
L47                              ELSE ns <= s0;
L48                              END IF;
L49                      WHEN s7 => q <= "11111100";
L50                              IF sel = '0' THEN ns <= s4;
L51                              ELSE ns <= s0;
L52                              END IF;
L53                  END CASE;
L54              END PROCESS com;
L55      END bhv;
L56  ----------------------------------------------------------------
```

3. 结果验证

例 6-15 的状态图见图 6-31。从图中可以看到，共有两个循环，状态 s0→s1→s2→s3→s4→s0 完成 LED 灯从两边向中间的闪烁花型，状态 s0→s5→s6→s7→s4→s0 完成 LED 灯从左边向右边的闪烁花型。根据控制按键 sel 按下与否，决定状态的跳转。该例中有两个状态是公用的：代表 8 个 LED 灯全部熄灭的 s0 态以及代表 8 个 LED 灯全部点亮的 s4 态。

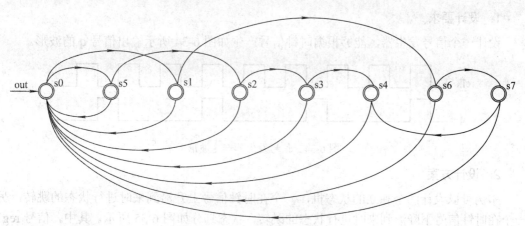

图 6-31　例 6-14 彩灯控制器状态图

仿真结果见图 6-32。从图中可以看到，当控制按键 sel 由 "1" 变为 "0"（或由 "0" 变为 "1"）时，当前状态会在时钟上升沿到来时跳转回 s0 态，进入其中一个循环，做好开始闪烁一组花型的准备。如果将例 6-15 的多进程结构改为单进程结构，则仿真结果如图 6-33 所示。这再次验证了单进程的输出信号 q 会比多进程晚一个周期。

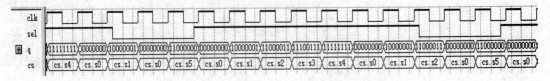

图 6-32　例 6-14 多进程彩灯控制器仿真结果

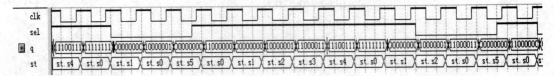

图 6-33　单进程彩灯控制器仿真结果

仿真验证正确后，可在 EDA 综合实验箱上进行硬件验证，具体引脚锁定见表 6-4。通过按动按键，即可改变显示花型。采用单进程结构的硬件验证结果同样也会延时一个周期，可能会导致观察时的理解错误。所以，该例采用多进程结构更好。设计者需要通过具体设计要求来判断采用哪种结构更为恰当。

表 6-4　彩灯控制器引脚锁定

输　入			输　出		
端口名	引脚名	引脚号	端口名	引脚名	引脚号
clk	clk1	PIN38	q(7 DOWNTO 0)	LED7～LED0	PIN70/69/68/67/66/65/64/60
sel	SW0	PIN86			

6.6.3　信号发生器的设计

1. 设计要求

设计一个信号发生器，能够根据时钟信号产生如图 6-34 所示输出信号 q 的波形。

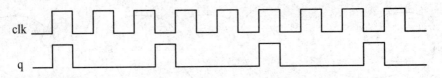

图 6-34　信号发生器产生波形

2. 设计方案

本例可以设计两个独立的状态机，一个在时钟信号上升沿到来时进行状态的跳转，另一个在时钟信号下降沿到来时进行状态的跳转，状态划分如图 6-35 所示。其中，信号 reg1 是状态机 1 的输出，该状态机在 clk 上升沿时进行状态的跳转(s0→s1→s2→s3→s4)，对应输出 reg1 分别是 "1"、"1"、"1"、"0"、"0"；信号 reg2 是状态机 2 的输出，该状态机在 clk 下降沿时进行状态的跳转，对应输出 reg2 分别是 "0"、"0"、"1"、"1"、"1"。两个中间信号 reg1 和 reg2 相与的结果，即为所要产生的输出 q。

该例属于 MOORE 型状态机，即状态的跳转只与时钟信号相关。

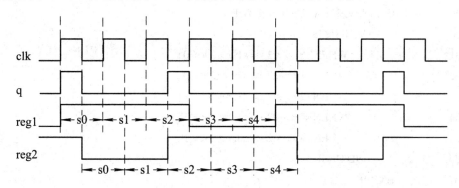

图 6-35　通过两个中间信号 reg1 和 reg2 产生最终输出 q

【例 6-16】

```
L1    --------------------------------------------------------------------------------
L2    LIBRARY ieee;
L3    USE ieee.std_logic_1164.all;
L4    --------------------------------------------------------------------------------
L5    ENTITY signal_generator IS
L6        PORT(clk   : IN   STD_LOGIC;
L7                 q    : OUT STD_LOGIC);
L8    END;
L9    --------------------------------------------------------------------------------
L10   ARCHITECTURE bhv OF signal_generator IS
L11       TYPE state IS (s0, s1, s2, s3, s4);
L12       SIGNAL st1, st2 : state;
L13       SIGNAL reg1, reg2 : STD_LOGIC;
L14   BEGIN
L15       p1 : PROCESS(clk)
L16       BEGIN
L17           IF clk 'EVENT AND clk = '1' THEN
L18               CASE st1 IS
L19                   WHEN s0 => st1 <= s1; reg1 <= '1';
L20                   WHEN s1 => st1 <= s2; reg1 <= '1';
L21                   WHEN s2 => st1 <= s3; reg1 <= '1';
L22                   WHEN s3 => st1 <= s4; reg1 <= '0';
L23                   WHEN s4 => st1 <= s0; reg1 <= '0';
L24               END CASE;
L25           END IF;
L26       END PROCESS p1;
```

```
L27        p2 : PROCESS(clk)
L28        BEGIN
L29            IF clk 'EVENT AND clk = '0' THEN
L30                CASE st2 IS
L31                    WHEN s0 => st2 <= s1; reg2 <= '0';
L32                    WHEN s1 => st2 <= s2; reg2 <= '0';
L33                    WHEN s2 => st2 <= s3; reg2 <= '1';
L34                    WHEN s3 => st2 <= s4; reg2 <= '1';
L35                    WHEN s4 => st2 <= s0; reg2 <= '1';
L36                END CASE;
L37            END IF;
L38        END PROCESS p2;
L39        q <= reg1 AND reg2;
L40 END bhv;
L41 -------------------------------------------------------------------
```

3. 结果验证

仿真结果见图 6-36，可以确定设计正确。

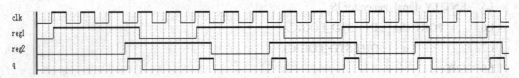

图 6-36　例 6-14 信号发生器仿真结果

习　　题

6-1　请说明按照不同的分类方法，状态机如何分类。

6-2　解释 MOORE 型状态机和 MEALY 型状态机各自的特点以及区别。

6-3　如何避免 MOORE 型状态机或 MEALY 型状态机出现输出毛刺现象？

6-4　解释状态机的剩余状态；解释如何处理非法状态以保证状态机的运行更加安全。

6-5　不同的状态编码是否会影响状态机的功能？解释顺序码编码、格雷码编码以及一位热码编码各有什么样的优缺点。

6-6　假设状态机定义如下，请写出采用顺序码、格雷码和一位热码编码后的状态，并确定不同的编码方案所需要的触发器数量。

TYPE state IS (s0, s1, s2, s3, s4, s5, s6, s7 ,s8);

SIGNAL cs, ns : state;

6-7　在输入发生变化时，哪一种状态机的输出信号变化快？

6-8　状态图如图 6-37 所示，请分别采用单进程结构和多进程结构写出 VHDL 代码，说明该状态机是哪种类型的状态机，完成仿真验证并分析说明两种结构状态机的特点。

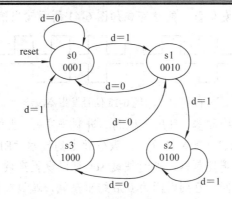

图 6-37 习题 6-8 状态图

6-9 状态图如图 6-38 所示，请分别采用符号化状态机和确定状态编码(格雷码)的状态机的形式写出 VHDL 代码，说明该状态机是哪种类型的状态机，完成仿真验证。

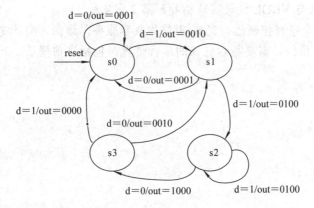

图 6-38 习题 6-9 状态图

6-10 设计一个彩灯控制器，在例 6-15 的基础上增加频率控制按键，使得彩灯闪烁频率能够在 1 Hz、4 Hz、8 Hz、16 Hz 中选择。

6-11 设计一个彩灯控制器，循环点亮三个 LED，要求三个灯点亮的时间比是 3：2：1，其时序波形如图 6-39 所示。

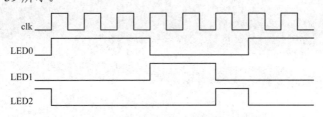

图 6-39 习题 6-11 循环彩灯控制器时序波形

6-12 设计一个信号发生器，能够完成如图 6-40 所示输出信号 q 的波形。

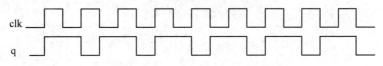

图 6-40 习题 6-12 信号发生器波形

6-13　设计一个信号发生器，能够完成如图 6-41 所示输出信号 q 的波形。

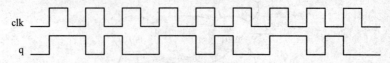

图 6-41　习题 6-13 信号发生器波形

6-14　设计一个序列检测器，可用于检测二进制码序列。当检测到的输入为 "1110011" 时，在数码管上显示 "OK"；其余情况下，数码管上均显示 "RROR"

6-15　设计一个微波炉控制器，通过按键 set 可以设置烹调时间；通过按键 start 可以开始烹调，并递减烹调时间，直到时间为 0 后结束烹调；通过按键 end 可以直接结束烹调，即使时间还未到。整个烹调过程中，用数码管显示时间的变化，当烹调完成后，数码管显示 "ONE"

6-16　以 EDA 综合实验箱上的数/模转换芯片 TLC5615 为对象，设计数/模转换控制器。可参考《EDA 技术与 VHDL 设计实验指导》第 2 章实验 11。

6-17　设计一个电梯控制器，完成 8 层的载客服务，遵循方向优先的原则，能够提前关闭和延时关闭电梯门，需要指示电梯的运行情况，包括当前楼层、开门等待、向上或向下运行等。

第 7 章 程序包和子程序

本章主要介绍程序包和子程序，其中子程序有函数和过程两种形式，它们既可以放置于主代码中直接使用，也可以放置于库中，使得其他设计能够直接调用。后者更能够体现它们作为代码分享和重用的意义。通过使用程序包和子程序，一方面使得代码结构清晰，便于阅读；另一方面节约了设计时间，能够有效提高设计效率。

7.1 程 序 包

经常需要使用的一些设计代码可以以元件、函数或过程的形式出现，然后再放置于程序包中，编译到库中，这是代码重用的重要手段。程序包中可以包含数据类型、常量、元件、函数和过程等。程序包的语句结构如下：

PACKAGE 程序包名 IS   --程序包首
    声明部分；
END PACKAGE 程序包名；
[PACKAGE BODY 程序包名 IS   --程序包体
    函数和过程的描述；
END PACKAGE BODY 程序包名;]

程序包一般由程序包首和程序包体构成，二者的程序包名必须一致。在程序包首部分进行常量、数据类型、函数、过程以及元件的声明。程序包体并不是必须的，只有当子程序在程序包首中被声明了，才需要在程序包体中进行描述。包含了程序包的常用 VHDL 代码结构可扩展为图 7-1 所示结构。

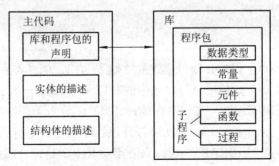

图 7-1 VHDL 代码结构示意图

例 7-1 例举了一个简单的程序包，仅包含数据类型和常量的声明，因此并不需要程序包体。

【例 7-1】

```
L1    -----------------------------------------------------------------------------------------------------------------
L2    LIBRARY ieee;
L3    USE ieee.std_logic_1164.all;
L4    -----------------------------------------------------------------------------------------------------------------
L5    PACKAGE my_package IS              --程序包首，程序包名是 my_package
L6        TYPE state IS ( st1, st2, st3, st4);    --数据类型 state
L7        CONSTANT a : STD_LOGIC_VECTOR( 7 DOWNTO 0) := "11111111";   --常数 a
L8    END my_package;
L9    -----------------------------------------------------------------------------------------------------------------
```

例 7-2 例举了一个包含函数声明的程序包，所以需要程序包体。

【例 7-2】

```
L1    -----------------------------------------------------------------------------------------------------------------
L2    LIBRARY ieee；
L3    USE ieee.std_logic_1164.all;
L4    -----------------------------------------------------------------------------------------------------------------
L5    PACKAGE my_package IS              --程序包首，程序包名为 my_package
L6        TYPE color IS(red,green,blue)；   --枚举类型 color
L7        CONSTANT x: STD_LOGIC:= ' 0';--常量 x
L8        FUNCTION positive_edge(SIGNAL s: STD_LOGIC) RETURN BOOLEAN;     --声明函数
L9    END my_package;                     --程序包首结束
L10   -----------------------------------------------------------------------------------------------------------------
L11   PACKAGE BODY my_package IS       --程序包体
L12   FUNCTION positive_edge(SIGNAL s: STD_LOGIC) RETURN BOOLEAN IS
L13                              --函数的描述部分
L14   BEGIN
L15       RETUREN(s' EVENT AND s=' 1');
L16   END positive_edge;
L17   END my_package;                  --程序包体结束
L18   -----------------------------------------------------------------------------------------------------------------
```

例 7-3 例举了一个利用 VHDL 语言描述的 2 输入与门，例 7-4 是将与门作为元件在程序包中声明的示例，例 7-5 则使用该程序包中的与门元件实现一个三输入逻辑与的电路。如果将程序包保存于当前工程同一文件夹内编译，相当于放入工作库 WORK 中，则通过使用语句"USE work.my_component.all;"就可打开该程序包中的所有内容(由于 WORK 库是默认打开的，所以不需要"LIBRARY work；"语句)。图 7-2 是综合后的 RTL 电路结构，图 7-3 是仿真结果。

【例 7-3】

```
L1    -----------------------------------------------------------------------------------------------------------------
L2    LIBRARY ieee；
```

```
L3    USE ieee.std_logic_1164.all;
L4    ------------------------------------------------------------------------------------------
L5    ENTITY my_and IS
L6        PORT( a, b : IN    STD_LOGIC;
L7                c    : OUT STD_LOGIC);
L8    END;
L9    ------------------------------------------------------------------------------------------
L10   ARCHITECTURE bhv OF my_and IS
L11   BEGIN
L12       c <= a AND b;
L13   END;
L14   ------------------------------------------------------------------------------------------
```

【例 7-4】

```
L1    ------------------------------------------------------------------------------------------
L2    LIBRARY ieee;
L3    USE ieee.std_logic_1164.all;
L4    ------------------------------------------------------------------------------------------
L5    PACKAGE my_component IS      --程序包首，程序包名 my_component
L6        COMPONENT my_and IS      --声明元件 my_and
L7            PORT( a, b : IN    STD_LOGIC;
L8                    c    : OUT STD_LOGIC );
L9        END COMPONENT;
L10   END my_component;                --程序包首结束，由于没有声明子程序，不需要程序包体
L11   ------------------------------------------------------------------------------------------
```

【例 7-5】

```
L1    ------------------------------------------------------------------------------------------
L2    LIBRARY ieee;
L3    USE ieee.std_logic_1164.all;
L4    USE work.my_component.all;        --打开 work 库中的 my_component 程序包
L5    ------------------------------------------------------------------------------------------
L6    ENTITY and_n IS
L7        PORT( d1,   d2,   d3   : IN    STD_LOGIC;
L8                q                  : OUT STD_LOGIC);
L9    END;
L10   ------------------------------------------------------------------------------------------
L11   ARCHITECTURE construct OF and_n IS
L12       SIGNAL x : STD_LOGIC;
L13   BEGIN
L14       u1 : my_and PORT MAP ( a => d1, b => d2, c => x );
```

L15　　　u2 : my_and PORT MAP (a=> d3, b => x, c => q);

L16　END;

L17 ---

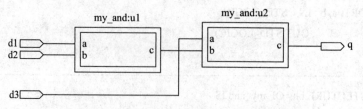

图 7-2　　三输入与门综合后 RTL 电路结构

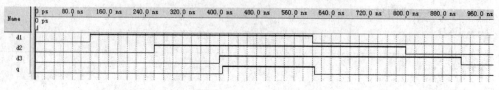

图 7-3　　三输入与门时序仿真波形

7.2　子　程　序

函数和过程统称为子程序。从结构特征上看，它们与进程十分相似，其内部都只能采用顺序描述语句，如 **IF** 语句、**CASE** 语句、**LOOP** 语句。但子程序内部不允许使用 **WAIT** 语句，这点与进程不同。其次，从应用的角度来看，进程只能在主代码中使用，不能被其他设计实体调用来实现代码的共享和重用；而子程序既可在主代码中使用，也可通过程序包放入库中使用。相比于前者，放入库中是使得子程序能够被其他设计调用以达到代码重用的目的的更为重要和常用的手段。需要指出的是，每一次调用子程序都将在综合时产生一个硬件电路，这与软件语言的子程序有很大的不同。

7.2.1　函数的创建和调用

函数就是一段顺序描述的代码，在 VHDL 中有两种函数形式，一是库中预定义的具有特殊功能的预定义函数，如数据类型转换函数、运算符重载函数等；二是用户自定义函数。使用函数需要经过两个步骤：函数的创建和函数的调用。

创建函数(或称为函数体)的语句格式如下：

FUNCTION　函数名　[参数列表] RETURN　数据类型　IS

　　　声明语句部分；

BEGIN

　　　顺序语句部分；

END FUNCTION　函数名；

函数的创建中应注意以下几点：

(1) 参数列表专指函数的输入参数，所以不需要以显式表示参数的方向。输入参数可以是常量和信号(不能使用变量)，具体描述如下：

　　[CONSTANT]常量名：数据类型；　--当参数是常量时，可省略关键词 CONSTANT
SIGNAL 信号名：数据类型;

　　参数的个数是任意的，即可以没有、有一个或多个参数。参数的类型是可以被综合的任意一种数据类型，如布尔型、标准逻辑型、整型等，但不能指定它的取值范围(如使用整型时不能使用关键词 RANGE 来指定范围，使用 BIT_VECTOR 和 STD_LOGIC_VECTOR 数据类型时不能使用关键词 TO 和 DOWNTO 来指定范围)。

　　(2) 函数只有一个返回值，该返回值的数据类型由关键词 RETURN 后面的数据类型决定。

　　(3) 函数名可以是普通的标识符，也可以是运算符。当函数名采用运算符时，必须加双引号，这就是前面章节中提及的运算符重载。运算符重载是对 VHDL 中现有运算符进行重新定义，以在原有基础上获得新的功能，具体讲解见 7.2.2 节。

　　(4) 在 VHDL93 标准中，结束语句"END FUNCTION 函数名;"中的关键词 FUNCTION 和函数名都是可以省略的。

　　(5) 函数内不能声明信号和元件。

　　例 7-6 是一个函数的创建示例。函数名是 max，有 a、b 两个输入参数，其数据类型均为 STD_LOGIC_VECTOR。a、b 缺省数据类型的定义，默认为常量。返回值是数据 a 和 b 中的最大值，其数据类型也是 STD_LOGIC_VECTOR。由于不能限制数据的取值范围，因此对数据类型 STD_LOGIC_VECTOR 没有使用关键词 DOWNTO 或 TO 来约束参数的取值范围。

【例 7-6】

```
FUNCTION max ( a, b : STD_LOGIC_VECTOR) RETURN STD_LOGIC_VECTOR IS
BEGIN
    IF a > b THEN RETURE a;
    ELSE    RETURN b;
    END IF;
END FUNCTION max;
```

　　函数的创建可以放在程序包中，也可以直接放在主代码中(如结构体并行语句部分、进程内、实体内)。如果是在程序包中定义一个函数，则函数首是必须的，它放置于程序包首内，用于声明函数；如果函数定义在主代码内，则不需要函数首。

　　函数首的语句格式如下：

　　FUNCTION　函数名 [参数列表]　RETURN　数据类型;

　　例 7-7 在一个程序包 my_pacakage 中创建了一个函数 max，功能是返回两个数据中的大值。例 7-8 是在主代码中调用该函数的示例，L15 在结构体并行语句部分采用的是并行函数调用，L16～L19 在进程内部采用的是顺序函数调用。此外，数据 d1、d2 的长度是 4，数据 d3、d4 的长度是 8，即函数可以使用任意长度的矢量调用。

　　本例还需要指出的是，由于大多数综合器都兼容 VHDL87 标准和 VHDL93 标准，所以程序包、函数、过程以及以前曾提及的实体、结构体的结束语句既可以单独使用关键词"END"表示结束，也可以使用"END 名称;"或"END PACKAGE 名称;"这样的语句格式。图 7-4 是例 7-8 主代码综合后的 RTL 电路结构，图 7-5 是例 7-8 的仿真结果。

【例 7-7】

```
L1  --------------------------------------------------------------------------------
L2  LIBRARY ieee;
L3  USE ieee.std_logic_1164.all;
L4  --------------------------------------------------------------------------------
L5  PACKAGE my_package IS              --程序包首
L6      FUNCTION max ( a, b : STD_LOGIC_VECTOR) RETURN STD_LOGIC_VECTOR;
L7                                     --函数 max 声明
L8  END;
L9  --------------------------------------------------------------------------------
L10 PACKAGE BODY my_package IS         --程序包体
L11     FUNCTION max ( a, b : STD_LOGIC_VECTOR) RETURN STD_LOGIC_VECTOR IS
L12     BEGIN                          --函数 max 描述
L13         IF a > b THEN RETURN a;
L14         ELSE    RETURN b;
L15         END IF;
L16     END;
L17 END;
L18 --------------------------------------------------------------------------------
```

【例 7-8】

```
L1  --------------------------------------------------------------------------------
L2  LIBRARY ieee;
L3  USE ieee.std_logic_1164.all;
L4  USE work.my_package.all;           --打开程序包 my_package 中的所有内容
L5  --------------------------------------------------------------------------------
L6  ENTITY example IS
L7      PORT( d1, d2    : IN   STD_LOGIC_VECTOR( 3 DOWNTO 0);
L8            d3, d4    : IN   STD_LOGIC_VECTOR( 7 DOWNTO 0);
L9            q1        : OUT STD_LOGIC_VECTOR( 3 DOWNTO 0);
L10           q2        : OUT STD_LOGIC_VECTOR ( 7 DOWNTO 0));
L11 END;
L12 --------------------------------------------------------------------------------
L13 ARCHITECTURE bhv OF example IS
L14 BEGIN
L15     q1 <= max( d1, d2 );           --并行函数调用
L16     PROCESS( d3, d4)
L17     BEGIN
L18         q2 <= max( d3, d4 );       --顺序函数调用
L19     END PROCESS;
```

L20　END;

L21　--

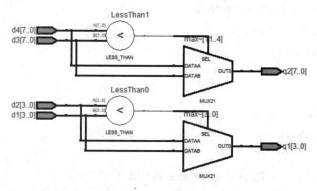

图 7-4　例 7-8 综合后的 RTL 电路结构

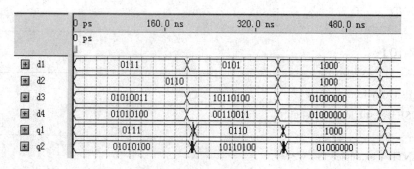

图 7-5　例 7-8 仿真结果

　　例 7-9 将函数的创建放于主代码结构体的并行语句部分，例 7-10 将函数的创建放于主代码的进程中，这两种创建函数的形式都不需要函数首，都不能够进行函数的重用。需要注意的是，如果将函数的创建放于进程内，则不能在进程外调用它，如例 7-11 是一个错误的示例，编译后会出现图 7-6 所示错误。

【例 7-9】

L1　--

L2　LIBRARY ieee;

L3　USE ieee.std_logic_1164.all;

L4　--

L5　ENTITY example2 IS

L6　　　PORT(d1, d2　　: IN　STD_LOGIC_VECTOR(3 DOWNTO 0);

L7　　　　　　d3, d4　　: IN　STD_LOGIC_VECTOR(7 DOWNTO 0);

L8　　　　　　q1　　　　: OUT STD_LOGIC_VECTOR(3 DOWNTO 0);

L9　　　　　　q2　　　　: OUT STD_LOGIC_VECTOR (7 DOWNTO 0));

L10　END;

L11　--

L12　ARCHITECTURE bhv OF example2 IS

```
L13    FUNCTION max ( a, b : STD_LOGIC_VECTOR) RETURN STD_LOGIC_VECTOR IS
L14    BEGIN                                        --在结构体内创建函数 max
L15        IF a > b THEN RETURN a;
L16        ELSE    RETURN b;
L17          END IF;
L18     END;
L19  BEGIN
L20     q1 <= max( d1, d2 );          --并行函数调用
L21     PROCESS( d3, d4 )
L22     BEGIN
L23        q2 <= max( d3, d4 );      --顺序函数调用
L24     END PROCESS;
L25   END;
L26  ------------------------------------------------------------------------------------------------------
```

【例 7-10】

```
L1   ------------------------------------------------------------------------------------------------------
L2   LIBRARY ieee;
L3   USE ieee.std_logic_1164.all;
L4   ------------------------------------------------------------------------------------------------------
L5   ENTITY example3 IS
L6        PORT( d1, d2    : IN   STD_LOGIC_VECTOR( 3 DOWNTO 0);
L7               d3, d4   : IN   STD_LOGIC_VECTOR( 7 DOWNTO 0);
L8               q1       : OUT STD_LOGIC_VECTOR( 3 DOWNTO 0);
L9               q2       : OUT STD_LOGIC_VECTOR( 7 DOWNTO 0));
L10  END;
L11  ------------------------------------------------------------------------------------------------------
L12  ARCHITECTURE bhv OF example3 IS
L13  BEGIN
L14     PROCESS( d1, d2, d3, d4)
L15        FUNCTION max ( a, b : STD_LOGIC_VECTOR) RETURN STD_LOGIC_VECTOR IS
L16        BEGIN                                        --在进程内创建函数 max
L17            IF a > b THEN RETURN a;
L18            ELSE    RETURN b;
L19              END IF;
L20        END;
L21     BEGIN
L22        q1 <= max( d1, d2 );      --顺序函数调用
L23        q2 <= max( d3, d4 );      --顺序函数调用
L24     END PROCESS;
```

L25　END;

L26　---

【例 7-11】

L1　---

L2　ARCHITECTURE bhv OF example3 IS　　　--此处省略实体等部分的描述

L3　BEGIN

L4　　　PROCESS(d3, d4)

L5　　　　　FUNCTION max (a, b : STD_LOGIC_VECTOR) RETURN STD_LOGIC_VECTOR IS

L6　　　　　BEGIN

L7　　　　　　　IF a > b THEN RETURN a;

L8　　　　　　　ELSE　RETURN b;

L9　　　　　　　END IF;

L10　　　　　END;

L11　　　BEGIN

L12　　　　　q2 <= max(d3, d4);

L13　　　END PROCESS;

L14　　　q1 <= max(d1, d2);　　--错误，进程内定义的函数，进程外不能调用

L15　END;

L16　---

✖　　Error (10482): VHDL error at example3.vhd(25): object "max" is used but not declared
⊞ ✖　Error: Quartus II Analysis & Synthesis was unsuccessful. 1 error, 0 warnings

图 7-6　例 7-11 编译后的错误报告

7.2.2　函数的重载

VHDL 允许以相同的函数名定义函数，但要求函数中的参数具有不同的数据类型，这就是函数的重载。如在 IEEE 库的 std_logic_unsigned 程序包中预定义的"+"运算，能够实现数据类型 STD_LOGIC_VECTOR 间、数据类型 STD_LOGIC_VECTOR 与 INTEGER 间、数据类型 STD_LOGIC_VECTOR 与 STD_LOGIC 间的相加运算。例 7-12 是程序包 std_logic_unsigned 中截取的重载函数"+"的定义。可以看到，在程序包首的部分对函数进行了声明，5 个函数具有相同的名字，即都是以加法运算符"+"作为函数名，但它们具有不同的参数数据类型。在实际应用中，如果使用 USE 语句打开程序包 std_logic_unsigned，就能够根据主代码中数据类型的需要自动调用相应的函数。例如：主代码中有一个数据类型是 STD_LOGIC_VECTOR 的数据和一个数据类型是 INTEGER 的数据相加，就会调用第二个函数。

【例 7-12】

L1　---

L2　LIBRARY IEEE;

L3　USE ieee.std_logic_1164.all;

```
L4   USE ieee.std_logic_arith.all;

L5   ----------------------------------------------------------------------------------

L6   PACKAGE std_logic_unsigned IS

L7      FUNCTION   "+" ( L : STD_LOGIC_VECTOR; R : STD_LOGIC_VECTOR )

L8                    RETURN   STD_LOGIC_VECTOR;

L9      FUNCTION   "+" ( L : STD_LOGIC_VECTOR; R : INTEGER)

L10                   RETURN   STD_LOGIC_VECTOR;

L11     FUNCTION   "+" ( L: INTEGER;  R : STD_LOGIC_VECTOR)

L12                   RETURN   STD_LOGIC_VECTOR;

L13     FUNCTION   "+" ( L: STD_LOGIC_VECTOR;   R: STD_LOGIC)

L14                   RETURN   STD_LOGIC_VECTOR;

L15     FUNCTION   "+" ( L: STD_LOGIC;  R: STD_LOGIC_VECTOR)

L16                   RETURN   STD_LOGIC_VECTOR;

L17                   … …

L18  END std_logic_unsigned;

L19  ----------------------------------------------------------------------------------

L20  LIBRARY IEEE;

L21  USE ieee.std_logic_1164.all;

L22  USE ieee.std_logic_arith.all;

L23  ----------------------------------------------------------------------------------

L24  PACKAGE BODY std_logic_unsigned IS

L25     FUNCTION maximum ( L, R : INTEGER)   RETURN INTEGER IS

L26     BEGIN                      --函数 maximum 只在程序包内调用，没有函数首

L27        IF L > R THEN   RETURN L;

L28        ELSE   RETURN R;

L29        END IF;

L30     END;

L31     FUNCTION   "+"( L: STD_LOGIC_VECTOR;   R: STD_LOGIC_VECTOR)

L32                   RETURN   STD_LOGIC_VECTOR   IS

L33        CONSTANT   length    : INTEGER := maximum( L'length,   R'length );

L34        VARIABLE   result    : STD_LOGIC_VECTOR ( length-1 DOWNTO 0);

L35     BEGIN

L36        result   := UNSIGNED(L) + UNSIGNED(R);

L37        RETURN   STD_LOGIC_VECTOR(result);

L38     END;

L39     … …

L40  END std_logic_unsigned;

L41  ----------------------------------------------------------------------------------
```

例 7-13 通过对运算符"+"的重载，使其能够实现两个长度相同的二进制数组相加的

功能。其中，在函数内声明了两个变量 sum 和 carry(注意：函数内部不能声明信号)，返回值是求和结果 sum。例 7-14 通过对"+"的调用，实现了 3 个 4 位二进制数组的相加运算。图 7-7 是例 7-14 的仿真结果。

【例 7-13】

```
L1  ---------------------------------------------------------------
L2  LIBRARY ieee;
L3  USE ieee.std_logic_1164.all;
L4  ---------------------------------------------------------------
L5  PACKAGE my_add IS
L6      FUNCTION "+" ( a, b : STD_LOGIC_VECTOR)   RETURN   STD_LOGIC_VECTOR;
L7  END;
L8  ---------------------------------------------------------------
L9  PACKAGE BODY my_add IS
L10     FUNCTION  "+"  ( a, b : STD_LOGIC_VECTOR)   RETURN   STD_LOGIC_VECTOR  IS
L11         VARIABLE sum    : STD_LOGIC_VECTOR (a'length-1 DOWNTO 0);   --求和结果
L12         VARIABLE carry  : STD_LOGIC;                --进位
L13     BEGIN
L14         carry := '0';
L15         FOR i IN a 'REVERSE_RANGE LOOP
L16             sum(i)   := a(i) XOR b(i) XOR carry;
L17             carry    := (a(i) AND b(i)) OR ( a(i) AND carry) OR ( b(i) AND carry);
L18         END LOOP;
L19         RETURN sum;
L20     END;
L21 END;
L22 ---------------------------------------------------------------
```

【例 7-14】

```
L1  ---------------------------------------------------------------
L2  LIBRARY ieee;
L3  USE ieee.std_logic_1164.all;
L4  USE work.my_add.all;
L5  ---------------------------------------------------------------
L6  ENTITY add_3 IS
L7  PORT ( x,  y, z  : IN   STD_LOGIC_VECTOR(3 DOWNTO 0);
L8          sum      : OUT STD_LOGIC_VECTOR(3 DOWNTO 0));
L9  END;
L10 ---------------------------------------------------------------
L11     ARCHITECTURE bhv OF add_3 IS
L12     BEGIN
```

```
L13        Sum <= x+y+z;
L14    END;
L15    -----------------------------------------------------------------------------------
```

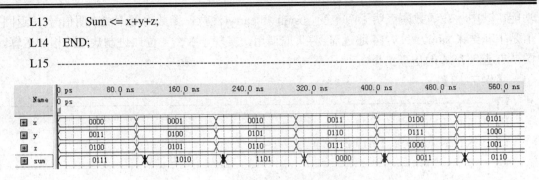

图 7-7　例 7-14 仿真结果

如果将例 7-14 稍作改动，假设 x、y、z 是 5 位二进制数组，如例 7-15，则仿真结果如图 7-8 所示。例 7-14 和例 7-15 再次显示了函数可以使用任意长度的矢量调用。

【例 7-15】

```
L1     -----------------------------------------------------------------------------------
L2     LIBRARY ieee;
L3     USE ieee.std_logic_1164.all;
L4     USE work.my_add.all;
L5     -----------------------------------------------------------------------------------
L6     ENTITY add_3 IS
L7     PORT (x, y, z    : IN    STD_LOGIC_VECTOR(4 DOWNTO 0);
L8              sum      : OUT STD_LOGIC_VECTOR(4 DOWNTO 0));
L9     END;
L10    -----------------------------------------------------------------------------------
L11    ARCHITECTURE bhv OF add_3 IS
L12    BEGIN
L13        Sum <= x+y+z;
L14    END;
L15    -----------------------------------------------------------------------------------
```

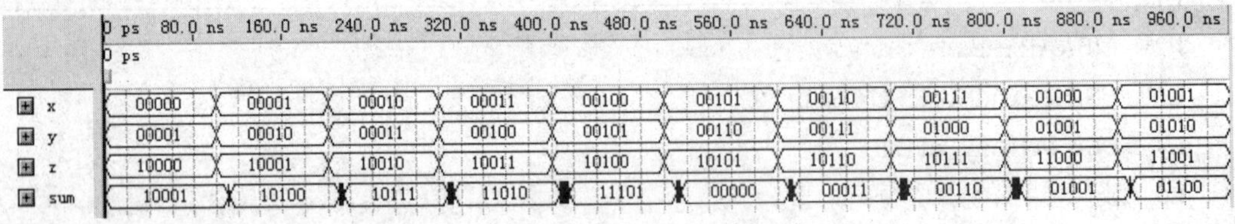

图 7-8　例 7-15 仿真结果

例 7-16 是一个完整的对重载函数 max 的定义，分别能够实现数据类型 STD_LOGIC_VECTOR、BIT_VECTOR 以及 INTEGER 的操作；例 7-17 是对此函数的调用示例。

【例 7-16】

```
L1     -----------------------------------------------------------------------------------
L2     LIBRARY ieee;
```

```
L3    USE ieee.std_logic_1164.all;
L4    ----------------------------------------------------------------------------------------------------
L5    PACKAGE my_package IS
L6        FUNCTION max ( a, b : STD_LOGIC_VECTOR)   RETURN   STD_LOGIC_VECTOR;
L7        FUNCTION max ( a, b : BIT_VECTOR)   RETURN   BIT_VECTOR;
L8        FUNCTION max ( a, b : INTEGER)   RETURN   INTEGER;
L9    END;
L10   ----------------------------------------------------------------------------------------------------
L11   PACKAGE BODY my_package IS
L12       FUNCTION max ( a, b : STD_LOGIC_VECTOR)   RETURN   STD_LOGIC_VECTOR   IS
L13       BEGIN
L14           IF a > b THEN RETURN a;
L15           ELSE   RETURN b;
L16           END IF;
L17       END;
L18       FUNCTION max ( a, b : BIT_VECTOR)   RETURN   BIT_VECTOR   IS
L19       BEGIN
L20           IF a > b THEN RETURN a;
L21           ELSE   RETURN b;
L22           END IF;
L23       END;
L24       FUNCTION max ( a, b : INTEGER)   RETURN   INTEGER   IS
L25       BEGIN
L26           IF a > b THEN RETURN a;
L27           ELSE   RETURN b;
L28           END IF;
L29       END;
L30   END;
L31   ----------------------------------------------------------------------------------------------------
```

【例 7-17】

```
L1    ----------------------------------------------------------------------------------------------------
L2    LIBRARY ieee;
L3    USE ieee.std_logic_1164.all;
L4    USE work.my_package.all;
L5    ----------------------------------------------------------------------------------------------------
L6    ENTITY example IS
L7        PORT( d1, d2    : IN   STD_LOGIC_VECTOR( 3 DOWNTO 0);
L8              d3, d4    : IN   BIT_VECTOR( 7 DOWNTO 0);
L9              d5, d6    : IN   INTEGER RANGE 0 TO 255;
```

```
L10        q1              : OUT STD_LOGIC_VECTOR( 3 DOWNTO 0);
L11        q2              : OUT BIT_VECTOR( 7 DOWNTO 0);
L12        q3              : OUT INTEGER RANGE 0 TO 255);
L13  END;
L14  ------------------------------------------------------------------------
L15  ARCHITECTURE bhv OF example IS
L16  BEGIN
L17      q1 <= max( d1, d2 );
L18      q2 <= max( d3, d4 );
L19      q3 <= max( d5, d6 );
L20    END;
L21  ------------------------------------------------------------------------
```

7.2.3　决断函数

决断函数不可综合，主要在 VHDL 仿真中用于解决信号有多个驱动源时，驱动信号间的竞争问题。在 std_logic_1164 程序包中定义的数据类型 STD_LOGIC 和 STD_LOGIC_VECTOR 就是决断函数类型，其定义如例 7-18 所示。其中，L5～L15 是程序包首，L20～L49 是程序包体。当有几个驱动源驱动一个 STD_LOGIC 信号时，即调用函数 resolved，返回该信号在有多个驱动源时应取的一个值。

【例 7-18】

```
L1   ------------------------------------------------------------------------
L2   LIBRARY std ;
L3   USE std.standard.all ;
L4   ------------------------------------------------------------------------
L5   PACKAGE std_logic_1164 IS
L6       … …
L7       TYPE std_ulogic IS ( 'U', 'X', '0', '1', 'Z', 'W', 'L', 'H', '-' );
L8           --声明数据类型 STD_ULOGIC，有 9 种取值
L9       FUNCTION resolved ( s : STD_ULOGIC_VECTOR ) RETURN STD_ULOGIC;
L10          --声明决断函数 resolved
L11      SUBTYPE STD_LOGIC   IS resolved STD_ULOGIC;
L12          --声明子类型 STD_LOGIC，该数据类型是 STD_ULOGIC 的子类型，是决断类型
L13      TYPE STD_LOGIC_VECTOR   IS   ARRAY ( NATURAL RANGE <>) OF STD_LOGIC;
L14          --声明数据类型 STD_LOGIC_VECTOR
L15  END std_logic_1164;
L16  ------------------------------------------------------------------------
L17  LIBRARY altera;
L18  USE altera.altera_internal_syn.all;
```

```
L19  ------------------------------------------------------------------------------------------------
L20  PACKAGE BODY   std_logic_1164   IS
L21      … …
L22      CONSTANT resolution_table : stdlogic_table := (
L23    --       ------------------------------------------------------------------------------------
L24    --    | U    X    0    1    Z    W    L    H    -       |  |
L25    --    -------------------------------------------------------------------------------------
L26          ('U',   'U',   'U',   'U',   'U',   'U',   'U',   'U',   'U' ),     -- | U |
L27          ('U',   'X',   'X',   'X',   'X',   'X',   'X',   'X',   'X' ),     -- | X |
L28          ('U',   'X',   '0',   'X',   '0',   '0',   '0',   '0',   'X' ),     -- | 0 |
L29          ('U',   'X',   'X',   '1',   '1',   '1',   '1',   '1',   'X' ),     -- | 1 |
L30          ('U',   'X',   '0',   '1',   'Z',   'W',   'L',   'H',   'X' ),     -- | Z |
L31          ('U',   'X',   '0',   '1',   'W',   'W',   'W',   'W',   'X' ),     -- | W |
L32          ('U',   'X',   '0',   '1',   'L',   'W',   'L',   'W',   'X' ),     -- | L |
L33          ('U',   'X',   '0',   '1',   'H',   'W',   'W',   'H',   'X' ),     -- | H |
L34          ('U',   'X',   'X',   'X',   'X',   'X',   'X',   'X',   'X' )      -- | - |
L35      );
L36  FUNCTION resolved ( s : STD_ULOGIC_VECTOR ) RETURN   STD_ULOGIC   IS
L37       VARIABLE result : STD_ULOGIC := 'Z';   -- 默认最弱状态
L38       ATTRIBUTE synthesis_return OF result:VARIABLE IS "WIRED_THREE_STATE" ;
L39  BEGIN
L40       IF ( s'LENGTH = 1) THEN   RETURN s(s'LOW);
L41       ELSE
L42          FOR i IN s'RANGE LOOP
L43              result := resolution_table( result, s(i) );
L44          END LOOP;
L45       END IF;
L46       RETURN result;
L47  END resolved;
L48      … …
L49  END std_logic_1164;
L50  ------------------------------------------------------------------------------------------------
```

例 7-19 所示是一个两输入与门。例 7-20 是它的测试平台，用于产生测试激励信号(具体测试平台相关知识点请参考第 8 章)，其中信号 a 有两个驱动源。根据决断函数 resolved 的定义，最终 a 将取值"1"，仿真结果如图 7-9 所示。如果将 a 的驱动源稍作改动，如例 7-21，则 a 最终取值为"0"，仿真结果如图 7-10 所示。

【例 7-19】

```
L1   ------------------------------------------------------------------------------------------------
L2   LIBRARY ieee;
```

```
L3   USE ieee.std_logic_1164.all;
L4   ------------------------------------------------------------------------------------------------------
L5   ENTITY and_2 IS
L6       PORT( a, b : IN   STD_LOGIC;
L7                 y    : OUT STD_LOGIC);
L8   END;
L9   ------------------------------------------------------------------------------------------------------
L10  ARCHITECTURE bhv OF and_2 IS
L11  BEGIN
L12      y <= a AND b;
L13  END;
L14  ------------------------------------------------------------------------------------------------------
```

【例 7-20】

```
L1   ------------------------------------------------------------------------------------------------------
L2   LIBRARY ieee;
L3   USE ieee.std_logic_1164.all;
L4   ------------------------------------------------------------------------------------------------------
L5   ENTITY and_2_tb IS          --测试平台空实体
L6   END;
L7   ------------------------------------------------------------------------------------------------------
L8   ARCHITECTURE bhv OF and_2_tb IS
L9       COMPONENT and_2
L10          PORT( a, b : IN   STD_LOGIC;
L11                    y    : OUT STD_LOGIC);
L12      END COMPONENT;
L13      SIGNAL a, b, y : STD_LOGIC;
L14  BEGIN
L15      u1 : and_2 PORT MAP( a => a, b => b, y => y );
L16      a <= 'Z';   --信号 a 有两个驱动源
L17      a <= '1';
L18      b <= '0',
L19          '1' AFTER 100ns,
L20          '0' AFTER 200ns,
L21          '1' AFTER 300ns;
L22  END;
L23  ------------------------------------------------------------------------------------------------------
```

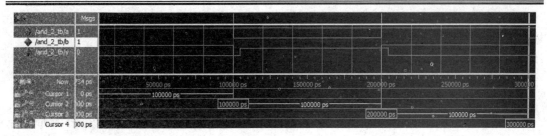

图 7-9　带有多个驱动源的两输入与门仿真结果(1)

【例 7-21】

L1　--

L2　ARCHITECTURE bhv OF and_2_tb IS

L3　　　… …

L4　BEGIN

L5　　　a <= '0';　--信号 a 有两个驱动源

L6　　　a <= 'H';

L7　　　… …

L8　END;

L9　--

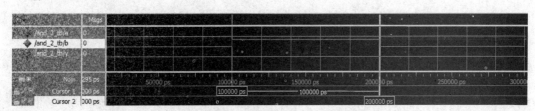

图 7-10　带有多个驱动源的两输入与门仿真结果(2)

　　由此可见，数据类型 STD_LOGIC 是一个决断类型。当有多个驱动源时，它能够调用预定义的决断函数解决冲突并决定最终赋值。而当有多个驱动源时，数据类型 STD_ULOGIC 会导致错误，因为 VHDL 不允许一个非决断类型有两个及其以上的驱动源。所以，由于 STD_ULOGIC 类型的限制，设计者更多地使用 STD_LOGIC 数据类型。

7.2.4　过程的创建与调用

　　过程与函数非常相似，都有实现代码重用的功能，但过程允许返回多个值(函数只允许一个返回值)。过程的使用也需要经过两个阶段：过程的创建和过程的调用。

　　创建过程(或称过程体)的语句格式如下：

PROCEDURE　过程名　[参数列表] IS

　　声明语句部分;

BEGIN

　　顺序语句部分;

END PROCEDURE 过程名;

过程的创建中应注意以下几点：

(1) 参数列表给出了过程的输入、输出参数。参数可以是常量、信号和变量，具体描述如下：

CONSTANT　常量名: 模式类型;

SIGANAL　信号名: 模式类型;

VARIABLE　变量名: 模式类型;

模式类型可以从 IN(输入)、OUT(输出)、INOUT(输入/输出)三种类型中选择。如果没有指定模式类型，则默认是 IN。如果模式类型是 OUT 或 INOUT，则参数可以是变量或信号。对于输入类型的参数，其数据对象默认是常量；对于输出类型(OUT/INOUT)的参数，其数据对象默认是变量。

(2) 过程内部可以声明变量和信号，但变量参数不允许出现在并行过程调用中。

例 7-22 是一个过程的创建示例。该例有两个输入参数 a 和 b，其中 a 是数据类型为 BIT 的常量，b 是数据类型为 INTEGER 的信号。有两个输出参数 x 和 y，其中 x 是数据类型为 STD_LOGIC_VECTOR 的变量，y 是数据类型为 STD_LOGIC 的信号。

【例 7-22】

```
PROCEDURE my_procedure( a : IN BIT;       --输入参数 a，没有指定数据对象则默认为常量
                        SIGNAL b : IN INTEGER; --输入参数 b，信号，数据类型为整型
                        x : OUT STD_LOGIC_VECTOR --输出参数 x，默认为变量
                        SIGNAL y : OUT STD_LOGIC )IS    --输出参数 y，信号

BEGIN
…
END my_procedure;
```

与函数的创建相似，过程的创建也可以放在程序包内或是直接放在主代码中，如结构体并行语句部分、进程内、实体内。如果在程序包中创建一个过程，则过程首是必须有的，它放置于程序包首内，用于声明过程。如果过程定义在主代码内，则不需要过程首。过程首的语句格式如下：

PROCEDURE　过程名 [参数列表] ;

例 7-23 是一个在程序包中创建过程的示例。在程序包首中声明过程 compare，在程序包体中创建该过程。过程 compare 有两个数据类型是整型的输入参数 a 和 b，默认为常量；有两个输出参数 max 和 min，默认为变量，数据类型也是整型。例 7-24 是对该过程的调用，其中声明了两个变量 temp1 和 temp2，用于比较结果的暂存。例 7-24 在进程中调用过程 compare，属于顺序过程调用。例 7-24 的仿真结果如图 7-11 所示。

【例 7-23】

```
L1    ------------------------------------------------------------------------------------------------------
L2    PACKAGE my_procedure IS
L3        PROCEDURE compare (   a,  b  : IN  INTEGER;      --声明过程 compare
L4                              max, min : OUT INTEGER );
L5    END my_procedure;
L6    ------------------------------------------------------------------------------------------------------
L7    PACKAGE BODY my_procedure IS
```

```
L8       PROCEDURE compare (  a,  b  : IN  INTEGER;        --创建过程 compare
L9                            max, min : OUT INTEGER) IS
L10      BEGIN
L11          IF a > b THEN max := a; min := b;
L12          ELSE max := b; min := a;
L13          END IF;
L14      END compare;
L15  END my_procedure;
L16  ------------------------------------------------------------------------------------------------
```

【例 7-24】

```
L1   ------------------------------------------------------------------------------------------------
L2   USE work.my_procedure.all;
L3   ------------------------------------------------------------------------------------------------
L4   ENTITY example IS
L5       GENERIC ( length : INTEGER := 255);
L6       PORT( d1, d2  : IN   INTEGER RANGE 0 TO length;
L7              max, min: OUT INTEGER RANGE 0 TO length);
L8   END;
L9   ------------------------------------------------------------------------------------------------
L10  ARCHITECTURE bhv OF example IS
L11  BEGIN
L12      PROCESS( d1, d2 )
L13          VARIABLE temp1, temp2 : INTEGER RANGE 0 TO length;
L14      BEGIN
L15          compare( d1, d2, temp1, temp2 );        --顺序过程调用
L16          max <= temp1;
L17          min <= temp2;
L18      END PROCESS;
L19  END bhv;
L20  ------------------------------------------------------------------------------------------------
```

	0 ps	160.0 ns	320.0 ns	480.0 ns	640.0 ns	800.0 n;
	0 ps					
d1	23	24	25	26	27	28	29	30
d2	47	48	49	50	12	13	14	15
max	47	48	49	50	27	28	29	30
min	23	24	25	26	12	13	14	15

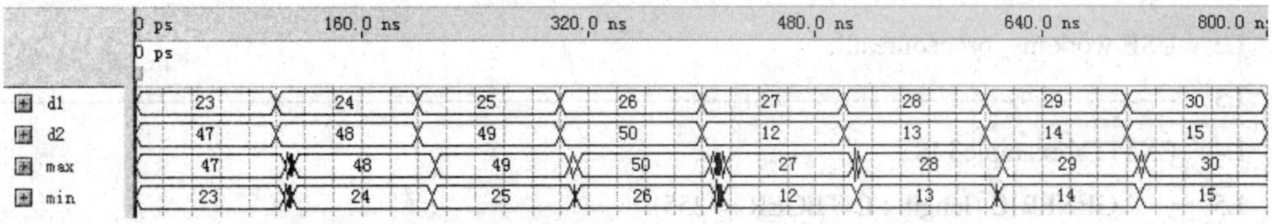

图 7-11 例 7-24 仿真结果

如果将例 7-24 稍加修改，如例 7-25，其本意是想实现并行过程调用，但编译时却出现图 7-12 所示错误。究其原因是因为在过程 compare 中的输出参数 max 和 min 是变量。所以，当参数是变量时不能进行并行过程调用。如果要进行并行过程调用，则需要声明过程 compare 中的输出参数 max 和 min 为信号，见例 7-26 和例 7-27。

【例 7-25】

```
L1   -----------------------------------------------------------------
L2   USE work.my_procedure.all;
L3   -----------------------------------------------------------------
L4   ENTITY example2 IS
L5       GENERIC (length : INTEGER := 255);
L6       PORT( d1, d2   : IN   INTEGER RANGE 0 TO length;
L7               max, min: OUT INTEGER RANGE 0 TO length);
L8   END;
L9   -----------------------------------------------------------------
L10  ARCHITECTURE bhv OF example2 IS
L11  BEGIN
L12      compare( d1, d2, max, min ); --并行过程调用出错，因过程创建时输出参数是变量，而非信号
L13  END bhv;
L14  -----------------------------------------------------------------
```

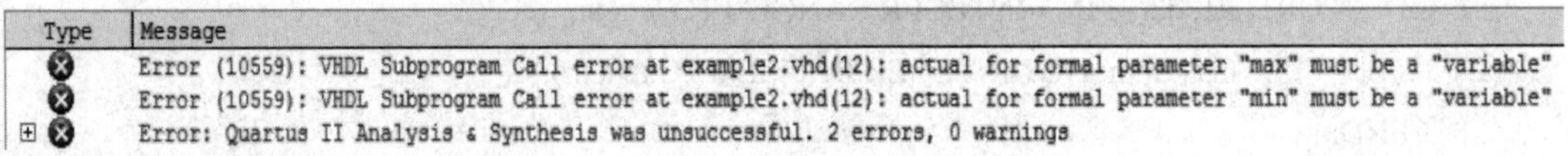

Type	Message
✖	Error (10559): VHDL Subprogram Call error at example2.vhd(12): actual for formal parameter "max" must be a "variable"
✖	Error (10559): VHDL Subprogram Call error at example2.vhd(12): actual for formal parameter "min" must be a "variable"
⊞ ✖	Error: Quartus II Analysis & Synthesis was unsuccessful. 2 errors, 0 warnings

图 7-12　例 7-25 并行过程调用错误信息报告

【例 7-26】

```
L1   -----------------------------------------------------------------
L2   PACKAGE my_procedure IS
L3       PROCEDURE compare ( a, b : IN INTEGER;
L4                       SIGNAL max, min   : OUT   INTEGER );   --声明 max 和 min 是信号
L5   END my_procedure;
L6   -----------------------------------------------------------------
L7   …                    --此处省略程序包体，请参见例 7-23，但赋值符号需要变为 "<="
L8   -----------------------------------------------------------------
```

【例 7-27】

```
L1   -----------------------------------------------------------------
L2   USE work.my_procedure.all;
L3   -----------------------------------------------------------------
L4   ENTITY example3 IS
L5       GENERIC (length : INTEGER := 255);
L6       PORT( d1, d2, d3, d4 : IN INTEGER RANGE 0 TO length;
L7              max1,min1,max2,min2: OUT INTEGER RANGE 0 TO length);
L8   END;
L9   -----------------------------------------------------------------
L10  ARCHITECTURE bhv OF example3 IS
```

```
L11   BEGIN
L12       compare( d1, d2, max1, min1 );              --并行过程调用
L13       PROCESS( d3, d4 )
L14       BEGIN
L15           compare( d3, d4, max2, min2);          --顺序过程调用
L16       END PROCESS;
L17   END bhv;
L18   --------------------------------------------------------------------------------------------------------
```

过程也可以直接在结构体中创建，请读者自行实现在结构体中创建过程 compare，然后调用，这里不再赘述。

7.2.5　过程的重载

两个或两个以上有相同过程名和互不相同的参数数量或数据类型的过程称为重载过程。与重载函数相似，重载过程也是通过参数的不同来辨别应该调用哪一个过程的。例 7-28 中定义了两个重载过程，它们的过程名、参数数量及模式类型都是完全一致的。但第一个过程的参数的数据类型是 INTEGER，第二个过程的参数的数据类型是 STD_LOGIC_VECTOR。例 7-29 采用并行过程调用语句对两个重载过程进行了调用。

【例 7-28】

```
L1    --------------------------------------------------------------------------------------------------------
L2    LIBRARY ieee;
L3    USE ieee.std_logic_1164.all;
L4    --------------------------------------------------------------------------------------------------------
L5    PACKAGE my_procedure IS
L6        PROCEDURE compare ( a,   b : IN   INTEGER;
L7                              SIGNAL max,   min : OUT   INTEGER );
L8        PROCEDURE compare ( a,   b : IN   STD_LOGIC_VECTOR;
L9                              SIGNAL max, min : OUT   STD_LOGIC_VECTOR);
L10   END my_procedure;
L11   --------------------------------------------------------------------------------------------------------
L12   PACKAGE BODY my_procedure IS
L13       PROCEDURE compare ( a, b : IN INTEGER;
L14                              SIGNAL max, min : OUT INTEGER) IS
L15       BEGIN
L16           IF a > b THEN max <= a; min <= b;
L17           ELSE max <= b; min <= a;
L18           END IF;
L19       END compare;
L20       PROCEDURE compare ( a, b : IN STD_LOGIC_VECTOR;
```

```
L21                          SIGNAL max, min : OUT STD_LOGIC_VECTOR) IS
L22        BEGIN
L23            IF a > b THEN max <= a; min <= b;
L24            ELSE max <= b; min <= a;
L25            END IF;
L26        END compare;
L27    END my_procedure;
L28    ----------------------------------------------------------------------------------------------
```

【例 7-29】

```
L1     ----------------------------------------------------------------------------------------------
L2     LIBRARY ieee;
L3     USE ieee.std_logic_1164.all;
L4     USE work.my_procedure.all;
L5     ----------------------------------------------------------------------------------------------
L6     ENTITY example4 IS
L7         GENERIC (length : INTEGER := 255;
L8                  n : INTEGER := 7);
L9         PORT(  d1,  d2      : IN   INTEGER RANGE 0 TO length;
L10               d3,  d4      : IN   STD_LOGIC_VECTOR(0 TO n);
L11               max1,min1    : OUT INTEGER RANGE 0 TO length;
L12               max2,min2    : OUT STD_LOGIC_VECTOR(0 TO n));
L13    END;
L14    ----------------------------------------------------------------------------------------------
L15    ARCHITECTURE bhv OF example4 IS
L16    BEGIN
L17        compare( d1, d2, max1, min1 );
L18        compare( d3, d4, max2, min2);
L19    END bhv;
L20    ----------------------------------------------------------------------------------------------
```

7.2.6　函数与过程的比较

　　函数和过程统称为子程序，它们都可以实现代码的重用。二者都可以在程序包、实体、结构体或是进程中创建，但只有在程序包中创建的函数和过程才能够被其他设计调用。当在程序包中创建时，必须要在程序包首内声明函数和过程。

　　子程序内部的 VHDL 代码都是顺序的，即在子程序内部只能使用顺序语句，但 WAIT 语句除外。另一方面，由于子程序内部是顺序语句，这就意味子程序内部只能声明变量，不能声明信号。

　　函数和过程的不同如下：

(1) 函数可以没有、有一个或有多个输入参数，但只能有一个返回值。函数输入参数只能是信号或常量，且默认为常量，不能是变量。

(2) 过程可以有任意的输入、输出参数(IN、OUT、INOUT)，可以是常量、变量和信号。在没有以关键词显式明确参数类型时，输入参数默认是常量，输出参数默认是变量。变量参数不允许出现在并行过程调用中。

习　题

7-1　子程序包含哪两种形式？它们各自有什么样的特点？

7-2　函数的定义可以在哪些位置？哪个位置有利于函数代码的重用？

7-3　什么是重载？重载函数有何用处？

7-4　数据类型 STD_LOGIC 和数据类型 STD_ULOGIC 有什么区别？

7-5　设计一个程序包，使其包含两个函数：avg 和 sum。函数 avg 能够返回两个数的平均值(四舍五入)，函数 sum 能够返回两个数的和，参数类型是 INTEGER。

7-6　设计一个元件 operat，有 2 个数据类型是 INTEGER 的输入信号 a 和 b，取值范围是 0～127；有 2 个数据类型是 INTEGER 的输出信号 avg 和 sum。调用习题 7-5 所设计的函数。

7-7　将习题 7-5 所设计的函数进行重载，使其能够实现数据类型 STD_LOGIC_VECTOR 和 BIT_VECTOR 的运算。

7-8　例 7-13 实现了对运算符 "+" 的重载，但其返回值只有求和信号 sum。试设计子程序，使其输出除了包含求和信号外，还包含向高位的进位信号 cout。采用函数和过程两种形式。

第 8 章　仿真测试平台

在 EDA 设计中，验证设计的正确性是相当重要的步骤。对于较为简单的设计的验证，采用 Quartus Ⅱ 软件的图形仿真工具就能很好的解决。但对于大型复杂的设计，验证中涉及的条件比较复杂，相关的测试向量也很多，如果全部采用图形手工的方式进行绘制，不仅容易出错，而且费时费力。硬件语言既可以用于电路系统的设计，也可以用于验证和测试。通过测试平台(TB，Test Bench)能够方便、高效地进行大型设计项目的验证测试。本章首先以一个计数器的例子来引入对 TB 的感性认识，然后详细介绍几种常用的 TB 模型，目的是使读者对 TB 的使用有一个整体性的了解。最后介绍用于代码调试和仿真的 ASSERT 断言语句。

8.1　VHDL 仿真概述

当一个设计完成后，需要对设计的正确性进行测试和验证。前面的章节都是通过 Quartus Ⅱ 软件自带的图形仿真工具进行仿真验证的。但是，当需要测试的向量很多时，如果仅靠画波形的手工方式，会相当耗费精力。实际上，VHDL 作为硬件描述语言，既可以用于电路系统的设计，也可以用于电路系统的测试和验证。这时就可以使用测试平台(TB，Test Bench)来完成测试。TB 其实就是一个与所设计的电路系统程序相对应的激励程序，用来为设计提供激励。当然，TB 既可以采用 VHDL 语言，也可以采用 Verilog 语言来实现。总地来说，VHDL Test Bench 就是一段用于验证设计功能正确性的 VHDL 代码。

一般来说，仿真器通常需要两个输入：设计块(即 DUT，Design Unit Test)和激励块(即 TB，Test Bench)。TB 能够完成以下几点目标：

(1) 在测试中实例化 DUT。

(2) 为 DUT 产生激励。

(3) 产生参考输出，并与 DUT 的输出进行比较。

(4) 自动提供测试通过或失败的提示。

下面先以一个简单的实例来感性认识 TB 的使用。设计一个具有异步清零功能的十进制计数器，能够完成 0~9 的计数，并能够产生进位信号。第 6 章中曾采用状态机的方式实现该例，本章采用 IF 语句实现，具体代码见例 8-1。

【例 8-1】

```
L1    --------------------------------------------------------------------------------
L2    LIBRARY ieee;
L3    USE ieee.std_logic_1164.all;
L4    USE ieee.std_logic_unsigned.all;
```

```
L5    ----------------------------------------------------------------------------------------------------------------
L6    ENTITY cnt IS
L7       PORT(clk    : IN   STD_LOGIC;
L8              reset  : IN   STD_LOGIC;
L9              q      : OUT STD_LOGIC_VECTOR(3 DOWNTO 0);
L10             cout   : OUT STD_LOGIC);
L11   END;
L12   ----------------------------------------------------------------------------------------------------------------
L13   ARCHITECTURE bhv OF cnt IS
L14      SIGNAL reg : STD_LOGIC_VECTOR(3 DOWNTO   0);
L15   BEGIN
L16      PROCESS(clk)
L17      BEGIN
L18         IF reset = '1' THEN reg <= "0000"; cout <= '0';
L19         ELSIF clk'EVENT AND clk = '1' THEN
L20            IF reg < "1001" THEN reg <= reg +1; cout <= '0';
L21            ELSE reg <= "0000"; cout <= '1';
L22            END IF;
L23         END IF;
L24      END PROCESS;
L25      q <= reg;
L26   END;
L27   ----------------------------------------------------------------------------------------------------------------
```

使用 VHDL 语言编写 TB，由于测试设计只用来进行仿真，不受综合中仅能使用 RTL 语言子集这样的语法约束。因此它可以使用所有的行为级结构，即所有基本语法都是适用的(包括一些不能被综合的语法)。例 8-1 的十进制计数器所对应的 TB 见例 8-2。

【例 8-2】

```
L1    ----------------------------------------------------------------------------------------------------------------
L2    LIBRARY ieee;
L3    USE ieee.std_logic_1164.all;
L4    ----------------------------------------Tesh Bench Entity----------------------------------------------------
L5    ENTITY cnt_tb IS
L6    END;
L7    ----------------------------------------------------------------------------------------------------------------
L8    ARCHITECTURE bhv OF cnt_tb IS
L9       ----------------------------------------------------DUT----------------------------------------------
L10      COMPONENT cnt
L11         PORT(clk   : IN   STD_LOGIC;
L12               reset : IN   STD_LOGIC;
```

```
L13                 q      : OUT STD_LOGIC_VECTOR(3 DOWNTO 0);
L14                 cout   : OUT STD_LOGIC);
L15        END COMPONENT;
L16        ---------------------------------Output Signal---------------------------------
L17        SIGNAL clk      : STD_LOGIC := '1';
L18        SIGNAL reset    : STD_LOGIC;
L19        SIGNAL q        : STD_LOGIC_VECTOR(3 DOWNTO 0);
L20        SIGNAL cout     : STD_LOGIC;
L21    BEGIN
L22        -------------------------Component instantiation and stimuli generation-------------------------
L23        u1 : cnt PORT MAP (clk => clk, reset => reset, q => q, cout => cout);
L24        clk <= NOT clk AFTER 25ns;
L25        reset <= '0',
L26                  '1' AFTER 240ns,
L27                  '0' AFTER 360ns;
L28    END;
L29    ----------------------------------------------------------------------------------
```

从例 8-2 可总结出 TB 的基本结构：包含一个不需要定义输入/输出端口的空实体和一个带有被测试元件声明、例化、激励产生的结构体。例 8-2 的 L5～L6 是 TB 的实体定义，实体名为 cnt_tb，它与外界没有任何接口，只和 DUT 通过信号进行连接，不需要定义输入/输出端口；L10～L15 是被测试元件 DUT 的声明；L17～L20 声明了与 DUT 相连接的信号；L23 是元件例化；L24 确定了时钟信号 clk 的周期为 50 ns，每隔 25 ns 值取反，其初始值为"1"（由 L17 定义）；L25～L27 确定了信号 reset 的取值，初始值为"0"，240 ns 后取值为"1"，360ns 后取值为"0"。

DUT 和 TB 的结构关系如图 8-1 所示，它们之间通过内部信号进行交互。

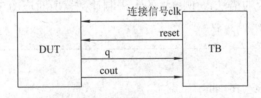

图 8-1　DUT 和 Test Bench 结构示意

从本章开始均采用不再自带图形仿真工具的 Quartus Ⅱ 11.1 版本，直接调用 Modelsim 完成仿真的形式。本例需要将设计文件 cnt.vhd 和测试平台文件 cnt_tb.vhd 都保存于同一文件夹、同一工程内。设置设计文件 cnt.vhd 为顶层实体，然后选择菜单 Assignments→Settings，打开如图 8-2 所示对话框。在左边的 Category 栏中选择 EDA Tool Settings→Simulation，即可打开仿真设置对话框。在其中选择 Compile test bench，然后单击 Test Benches 按钮，打开图 8-3 所示对话框。单击 New，添加测试文件，弹出图 8-4 所示新建测试平台设置对话框。在 Test bench name 栏中输入测试平台实体的名称，即 cnt_tb，则 Top level module in test bench 栏也会出现相同的名称。在 Use test bench to perform VHDL timing simulation 前的方框内打勾，则 Design instance name in test bench 栏变亮，在其中填入例化名 u1。 Simulation period 栏可根据需要选择是根据激励变化确定仿真时间还是自定义仿真时间，本例选择 Run simulation until all vector stimuli are used。在 File name 栏右侧单击"…"按钮，添加测试平台文件 cnt_tb.vhd。设置完成后，单击 OK，会发现图 8-3 所示的窗口已经包含相关设置信息，如图 8-5 所示，单击 OK 返回。

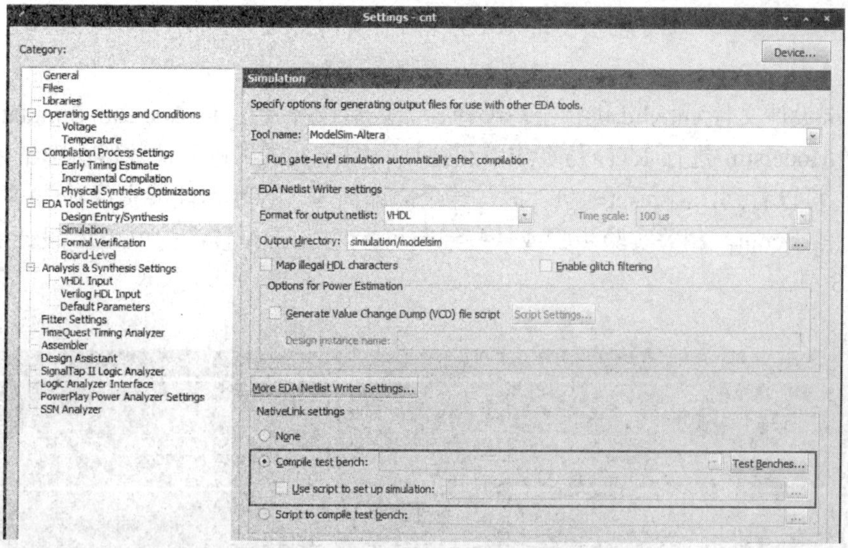

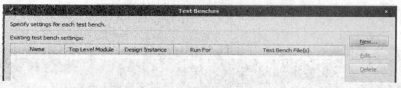

图 8-2　仿真设置对话框

图 8-3　添加测试文件

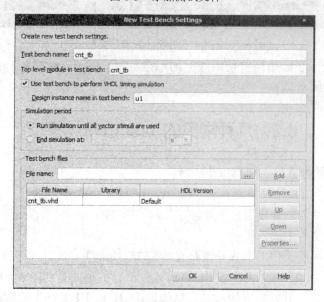

图 8-4　新建测试平台设置

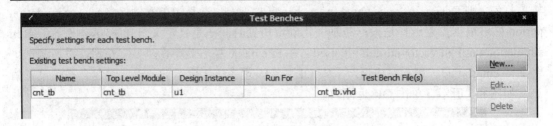

图 8-5　已添加测试平台

将顶层设计文件 cnt.vhd 进行全程编译, 无误后选择菜单 Tools→Run Simulation Tool, 即可调用 Modelsim 进行 RTL 仿真或门级仿真。例 8-1 的十进制计数器仿真结果见图 8-6 和图 8-7。可以看到, 当 reset= "1" 时, 输出立即清零。计数器能够实现 0~9 的计数, 并产生进位信号 cout。相关实验步骤或一些细节可参见《EDA 技术与 VHDL 设计实验指导》一书的 5.3 节。

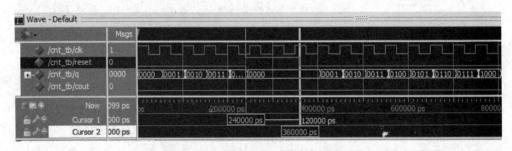

图 8-6　例 8-1 十进制计数器仿真结果(1)

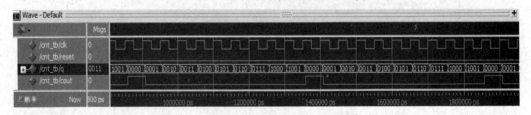

图 8-7　例 8-1 十进制计数器仿真结果(2)

该例给读者展示了一个简单使用 TB 的示范, 由于例子比较简单, 并不能突出当测试向量巨大时 TB 的优点。

8.2　几种常见的 Test Bench 模型

TB 产生激励的方式, 主要有以下三种:
(1) 激励直接在 TB 中产生。
(2) 由其他硬件或软件模型产生激励。
(3) 从单独的文件中读入激励。
很明显, 例 8-1 所采用的形式是激励直接在 TB 中产生, 该方式导致 TB 的可重用性比较差, 只能针对该 DUT。对于大型设计, 目前比较流行的形式是利用 Matlab 产生激励文件, 由 TB 读入该激励文件并将相应的激励信息传递给 DUT, DUT 产生的输出可以以文件的形式进行存储，或直接与 Matlab 产生的理想输出进行比较。下面以一个移位寄存器的例子来讲解几种不同形式的 TB 模型。

8.2.1 简单 Test Bench

1. 移位寄存器实例

简单的 TB 模型中只有相应的 DUT 被例化，激励在 TB 中直接产生，其模型结构见图 8-8。例 8-2 即为一个简单的 TB 模型。例 8-3 是移位寄存器 DUT 的 VHDL 代码，例 8-4 是其对应的简单 TB。

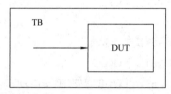

图 8-8　简单 TB 模型

【例 8-3】

```
L1    --------------------------------------------------------------------------------
L2    LIBRARY ieee;
L3    USE ieee.std_logic_1164.all;
L4    --------------------------------------------------------------------------------
L5    ENTITY shift IS
L6        PORT(clk    : IN      STD_LOGIC;
L7            load     : IN      STD_LOGIC;    --置数允许信号
L8            din      : IN      STD_LOGIC_VECTOR(7 DOWNTO 0);    --置数初值
L9            q        : OUT     STD_LOGIC_VECTOR(7 DOWNTO 0));   --移位结果
L10   END;
L11   --------------------------------------------------------------------------------
L12   ARCHITECTURE bhv OF shift IS
L13       SIGNAL reg : STD_LOGIC_VECTOR(7 DOWNTO 0);
L14   BEGIN
L15       PROCESS( clk, load )
L16       BEGIN
L17           IF load = '1' THEN reg <= din;
L18           ELSIF clk 'EVENT AND clk = '1' THEN
L19               reg(7 DOWNTO 1) <= reg (6 DOWNTO 0);    reg(0) <= '1';
L20           END IF;
L21       END PROCESS;
L22       q <= reg;
L23   END bhv;
L24   --------------------------------------------------------------------------------
```

【例 8-4】

```
L1    ----------------------------------------------------------------------------------
L2    LIBRARY ieee;
L3    USE ieee.std_logic_1164.all;
L4    ----------------------------------------------------------------------------------
L5    ENTITY shift_tb IS
L6    END;
L7    ----------------------------------------------------------------------------------
L8    ARCHITECTURE bhv OF shift_tb IS
L9        COMPONENT shift
L10           PORT(clk    : IN    STD_LOGIC;
L11                 load : IN    STD_LOGIC;
L12                 din  : IN    STD_LOGIC_VECTOR(7 DOWNTO 0);
L13                 q    : OUT STD_LOGIC_VECTOR(7 DOWNTO 0));
L14       END COMPONENT;
L15       CONSTANT period : TIME := 50 ns;
L16       SIGNAL clk     : STD_LOGIC := '1';    --必须设定时钟信号的初始值为 "1" 或 0
L17       SIGNAL load    : STD_LOGIC;
L18       SIGNAL din     : STD_LOGIC_VECTOR(7 DOWNTO 0);
L19       SIGNAL q       : STD_LOGIC_VECTOR(7 DOWNTO 0);
L20   BEGIN
L21       u1 : shift PORT MAP (clk => clk, load => load, din => din, q => q);
L22       clk <= NOT clk AFTER period/2;
L23       load <= '1',
L24              '0' AFTER 40ns,
L25              '1' AFTER 500ns,
L26              '0' AFTER 540ns;
L27       din   <= "00110011",
L28              "11001000" AFTER 500ns,
L29              "00001100" AFTER 800ns;
L30   END bhv;
L31   ----------------------------------------------------------------------------------
```

例 8-4 的仿真结果见图 8-9 和图 8-10。从图 8-9 中可以明显观察到 din 变化的时间；图 8-10 显示在时钟 clk 的上升沿时，数据依次左移，最右位补 "1" 的过程。

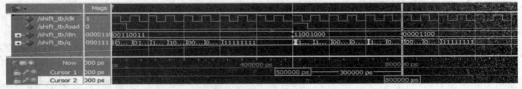

图 8-9　例 8-4TB 移位寄存器仿真结果(1)

图 8-10 例 8-4TB 移位寄存器仿真结果(2)

2. 直接产生激励信号的各种方式

激励信号一般可分为两类：周期性的激励信号和时序变化的激励信号。周期性的激励信号最典型的代表就是时钟信号,而时序变化的激励信号包括复位信号 reset、清零信号 clear 以及其他一些输入信号等。

(1) 周期性激励信号的产生。时钟信号是最典型的周期性信号，既可以使用并行信号赋值语句来产生，也可以在进程中产生；既可以产生占空比是 50%的时钟信号，也可以产生占空比任意的时钟信号。例 8-5 采用并行信号赋值语句中的条件信号赋值语句建立了一个占空比是 75%的时钟信号 clk。

【例 8-5】

```
…
CONSTANT period : TIME := 50 ns;
…
clk <= '0' AFTER 3*period/4 WHEN clk = '1' ELSE
       '1' AFTER period/4 WHEN clk = '0' ELSE
       '0';
```

将例 8-5 改为在进程中实现，见例 8-6。

【例 8-6】

```
…
CONSTANT period : TIME := 50 ns;
…
PROCESS
BEGIN
    clk <= '1';
    WAIT FOR 3*period/4;
    clk <= '0';
    WAIT FOR period/4;
END PROCESS;
```

仍然以移位寄存器为例，二者仿真结果相同，见图 8-11，所不同的是时钟信号 clk 的占空比由 50%变为 75%。需要注意的是，如果采用例 8-4 所示并行信号赋值语句，则时钟信号的初值必须明确声明为 "1" 或者 "0"。

图 8-11 时钟信号占空比为 75%

例 8-7 显示了一个周期性的信号，其周期为 70 ns，波形见图 8-12。一般来说，为实现信号的周期性变化，一般采用 WAIT 语句。

【例 8-7】

```
PROCESS
BEGIN
    s <= '0' ,
         '1' AFTER 10ns,
         '0' AFTER 20ns,
         '1' AFTER 40ns,
         '0' AFTER 45ns;
         WAIT FOR 70ns;
END PROCESS;
```

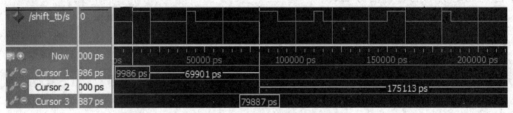

图 8-12　例 8-7 周期性波形仿真结果

(2) 时序变化的激励信号的产生。时序变化的激励信号也可以通过并行赋值语句和进程两种方式产生。例 8-8 采用并行赋值语句显示了一个复位信号 reset 的变化，仿真开始时，其值为 "0"；60 ns 后，其值变为 "1"；再经过 30 ns 后，其值变为 "0"。例 8-9 在进程中定义复位信号 reset，采用 WAIT 语句来实现。二者仿真结果完全一致，如图 8-13 所示。需要注意的是，例 8-9 中最后一句 WAIT 语句的作用，如果不加该条语句，仿真结果又会如何变化，请读者自行分析。

【例 8-8】

```
reset <= '0',
         '1' AFTER 60ns,
         '0' AFTER 90ns;
```

【例 8-9】

```
PROCESS
BEGIN
    reset <= '0' ;
    WAIT FOR 60ns;
    reset <= '1';
    WAIT FOR 30ns;
    reset <= '0';
    WAIT;   --一直等待
END PROCESS;
```

图 8-13　例 8-8 和例 8-9 复位信号 reset 仿真结果

例 8-10 显示了使用预定义属性 DELAYED 来产生一个延时一定时间的激励信号。信号 s 较信号 reset 延时 50 ns，仿真波形见图 8-14。

【例 8-10】

```
s <= reset'DELAYED(50ns);
```

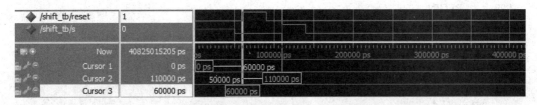

图 8-14　使用预定义属性产生延时一定时间的激励信号

还有一类比较特殊的激励信号，称为动态激励信号，即输入的激励信号与 DUT 的行为相关，受其影响或由其决定。例 8-11 仍然以例 8-3 中的移位寄存器为 DUT，置数信号 load 由移位结果控制，当移位结果全 1 时，load="1" 允许置数。

【例 8-11】

```
L1    -----------------------------------------------------------------------------
L2    LIBRARY ieee;
L3    USE ieee.std_logic_1164.all;
L4    -----------------------------------------------------------------------------
L5    ENTITY shift_tb IS
L6    END;
L7    -----------------------------------------------------------------------------
L8    ARCHITECTURE bhv OF shift_tb IS
L9       COMPONENT shift
L10      PORT(clk   : IN   STD_LOGIC;
L11           load : IN   STD_LOGIC ;
L12           din  : IN   STD_LOGIC_VECTOR(7 DOWNTO 0);
L13           q    : OUT STD_LOGIC_VECTOR(7 DOWNTO 0));
L14      END COMPONENT;
L15      CONSTANT period : TIME := 50 ns;
L16      SIGNAL clk    : STD_LOGIC ;
L17      SIGNAL load   : STD_LOGIC := '1';          --置位信号 load 初始值为 "1"
L18      SIGNAL din    : STD_LOGIC_VECTOR(7 DOWNTO 0);
L19      SIGNAL q      : STD_LOGIC_VECTOR(7 DOWNTO 0);
```

```
L20  BEGIN
L21      U1 : shift PORT MAP (clk => clk, load => load, din => din, q => q);
L22      clk <= '0' AFTER 3*period/4 WHEN clk = '1' ELSE
L23              '1' AFTER period/4 WHEN clk = '0' ELSE
L24              '0';
L25      din  <= "00110011",
L26              "11001000" AFTER 500ns,
L27              "00001100" AFTER 800ns;
L28      PROCESS(q)
L29      BEGIN
L30          CASE q IS
L31              WHEN "11111111" => load <= '1' AFTER 60ns;
L32              WHEN OTHERS   => load <= '0' AFTER 60ns;
L33          END CASE;
L34      END PROCESS;
L35  END bhv;
L36  ----------------------------------------------------------------------
```

例 8-11 的仿真结果见图 8-15。可以看到，当 q 移位为"11111111"时，延时 60 ns 后，load 由"0"变为"1"，允许置数，重新将"00110011"置入；q 置数成功后，再次触发进程，此时由于 q 不等于"11111111"，则执行 L32，延时 60 ns 后，load 由"1"变为"0"。

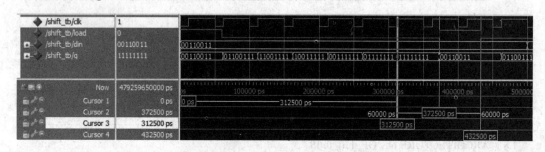

图 8-15　例 8-11TB 移位寄存器仿真结果

8.2.2　带有独立源的 Test Bench

将产生激励的模块作为一个文件，与 DUT 一起，在 TB 中进行例化，就称为带有独立源的 TB，其结构模型见图 8-16。该模型比较适合于具有复杂输入、简单输出的设计；激励信号由独立源 Source 产生。

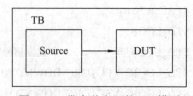

图 8-16　带有独立源的 TB 模型

仍然以例 8-3 所设计的移位寄存器为 DUT，在此，再设计一个计数器，其计数输出作为移位寄存器的置数初值，即移位寄存器的激励由计数器产生，结构模型如图 8-17 所示。当置数信号 load="1"时，计数器 count 停止计数，将当前计数结果作为激励信号传递给移位寄存器；同时，由于 load="1"，移位寄存器允许置数，并将在下一个时钟上升沿到来时开始移位操作。计数器的 VHDL 代码见例 8-12，TB 见例 8-13。

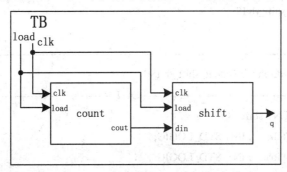

图 8-17　由计数器产生激励信号

【例 8-12】

```
L1      -------------------------------------------------------------------------------------------------------------
L2      LIBRARY ieee;
L3      USE ieee.std_logic_1164.all;
L4      USE ieee.std_logic_unsigned.all;
L5      -------------------------------------------------------------------------------------------------------------
L6      ENTITY count IS
L7      PORT(clk          : IN STD_LOGIC;
L8            load        : IN STD_LOGIC;
L9            cout        : OUT STD_LOGIC_VECTOR(7 DOWNTO 0));
L10     END;
L11     -------------------------------------------------------------------------------------------------------------
L12     ARCHITECTURE bhv OF count IS
L13         SIGNAL reg1,reg2 : STD_LOGIC_VECTOR(7 DOWNTO 0):= "00000000";
L14     BEGIN
L15         PROCESS(clk)
L16         BEGIN
L17             IF load = '1' THEN    reg1 <= "00000000";
L18             ELSIF clk' EVENT AND clk = '1' THEN reg1 <= reg1 + 1;
L19             END IF;
L20             cout <= reg1;
L21         END PROCESS;
L22     END bhv;
L23     -------------------------------------------------------------------------------------------------------------
```

【例 8-13】

```
L1    ------------------------------------------------------------------------------------------------
L2    LIBRARY ieee;
L3    USE ieee.std_logic_1164.all;
L4    ------------------------------------------------------------------------------------------------
L5    ENTITY count_shift_tb IS
L6    END;
L7    ------------------------------------------------------------------------------------------------
L8    ARCHITECTURE bhv OF count_shift_tb IS
L9    -------------------------------------------------DUT-------------------------------------------
L10   COMPONENT shift
L11       PORT(clk   : IN    STD_LOGIC;
L12             load : IN    STD_LOGIC;
L13             din  : IN    STD_LOGIC_VECTOR(7 DOWNTO 0);
L14             q    : OUT STD_LOGIC_VECTOR(7 DOWNTO 0));
L15   END COMPONENT;
L16   ------------------------------------------------Source-----------------------------------------
L17   COMPONENT count
L18       PORT(clk   : IN STD_LOGIC;
L19             load : IN STD_LOGIC;
L20             cout : OUT STD_LOGIC_VECTOR(7 DOWNTO 0));
L21   END COMPONENT;
L22   -----------------------------------------Output Signal-----------------------------------------
L23   SIGNAL a      : STD_LOGIC_VECTOR(7 DOWNTO 0);
L24   SIGNAL clk    : STD_LOGIC := '1';
L25   SIGNAL load   : STD_LOGIC;
L26   SIGNAL q      : STD_LOGIC_VECTOR(7 DOWNTO 0);
L27   BEGIN
L28   ---------------------------Component instantiation and clk generation----------------------------
L29   U1 : shift PORT MAP (clk => clk, load => load, din => a, q => q);
L30   U2 : count PORT MAP (clk => clk, load => load, cout => a);
L31   clk <= NOT clk AFTER 25ns;
L32   load <= '1',
L33           '0'AFTER 70ns,
L34           '1'AFTER 840ns,
L35           '0'AFTER 880ns;
L36   END bhv;
L37   ------------------------------------------------------------------------------------------------
```

例 8-13 的仿真结果见图 8-18 和图 8-19。其中，图 8-19 是图 8-18 当 load 第二次由 "0"

变"1"时的放大。可以看到，当第一次 load = "1"后，计数器进行一次清零，重新开始
计数，直到第二次 load = "1"时，计数结果为"00001111"，将其传递给 DUT 作为置数初
值，然后在时钟信号 clk 的上升沿进行移位。

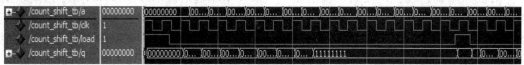

图 8-18　例 8-13TB 仿真结果(1)

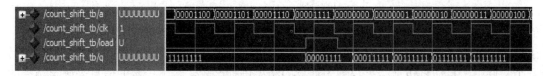

图 8-19　例 8-13TB 仿真结果(2)

需要注意的是，如果采用带有独立源的 TB 模型，则在 Quartus II 软件中设置 TB 时，
需要添加产生激励的源文件，如图 8-20 所示。

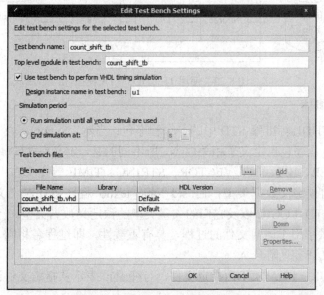

图 8-20　添加产生激励的源文件

当然，如果激励的变化与电路的行为相关，即 8.2.1 节中提到的动态激励信号，则带有
独立源 Source 的动态激励模型框图如图 8-21 所示。如果输出端较为复杂，也需要由单独的
模块(输出模块 Sink)产生或者变化，则模型框图可变为如图 8-22 所示，该模型也可以由电
路影响激励的变化。

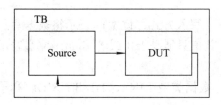

图 8-21　电路响应影响激励变化

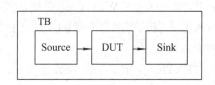

图 8-22　带有独立源和输出模块的 TB 模型

8.2.3　使用 TEXTIO 的 Test Bench

对于大型设计项目，输入、输出比较复杂，单靠输入波形或直接产生激励的形式难以验证结果的正确性。这时，采用文本文件存储激励的形式更加方便，能够有效地提高效率。TEXTIO 是 VHDL 标准库 STD 中的一个程序包，它提供了 VHDL 与磁盘文件直接访问的桥梁，可以利用它来读取存储在磁盘中的文件或者将仿真数据写入磁盘文件并存储。

TEXTIO 的使用是通过 TB 来进行的，即可以在 TB 中调用 TEXTIO 来进行仿真。常用的做法是，将所有的输入激励保存在文件中，仿真时，可以直接读取文件中的激励数据产生相应的波形或是将仿真结果存储到文件中；也可以将其他软件计算出来的结果保存在另一个文件中，自动将仿真结果与预先计算的结果进行比较，给出一定的信息来确定结果的正确与否。使用 TEXTIO 的 TB 模型见图 8-23。

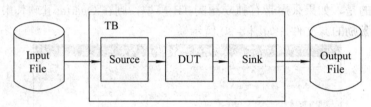

图 8-23　使用 TEXTIO 的 TB 模型

1．TEXTIO 概述

TEXTIO 是 VHDL 标准库 STD 中的一个程序包；当然，Synopsys 公司加入 IEEE 库中的 std_logic_textio 程序包也定义了相关内容。所不同的是，定义在 STD 库中的 TEXTIO 程序包针对 INTEGER、BIT、BIT_VECTOR、STRING、TIME 等定义在 VHDL 标准程序包 STANDARD 中的预定义数据类型；而 std_logic_textio 程序包针对定义在 IEEE 库中的 STD_ULOGIC、STD_LOGIC 以及它们的矢量类型的预定义数据类型。

TEXTIO 提供了用于访问文件的过程，具有重载性，即过程名相同，但参数类型或个数不同，详细定义请参见附录 A。

➢ PROCEDURE READLINE(指定文件，行变量); 表示从指定文件读取一行数据到行变量中。

➢ PROCEDURE READ(行变量，数据变量，[GOOD]); 表示从指定行读取相应数据类型的数据。GOOD 为可选项，返回 BOOLEAN 类型，用于表明过程是否正确执行，正确则返回 TURE。

➢ PROCEDURE WRITELINE(指定文件，行变量); 表示向指定文件写入行变量所包含的数据。

➢ PROCEDURE WRITE(行变量，数据变量，写入方式，位宽); 表示将数据写入行变量；写入方式表示写在行变量的左边还是右边，其值只能是 left 或者 right；位宽表示写入数据时所占的宽度。

在 TEXTIO 中定义了几种数据类型，包括：数据类型 LINE、TEXT、SIDE 和子类型 WIDTH。

(1) 数据类型 LINE。其源代码定义如下：

TYPE LINE IS ACCESS STRING;

定义 LINE 为存取类型的变量，它表示该变量是指向字符串的指针，是 TEXTIO 中所有操作的基本单元。读文件时，先按行(LINE)读出一行数据，再对 LINE 操作来读取各种不同数据类型的数据；写文件时，先将各种数据类型组合成 LINE，再将 LINE 写入文件。需要注意的是，只有变量才可以是存取类型，而信号则不能是存取类型。例 8-14 声明了两个变量 line_in 和 line_out，其类型都是 LINE。

【例 8-14】

```
VARIABLE line_in    : LINE;
VARIABLE line_out   : LINE;
```

(2) 数据类型 TEXT。其源代码定义如下：

TYPE TEXT IS FILE OF STRING;

定义 TEXT 是文件类型，长度可变。例 8-15 和例 8-16 都定义了两个文件类型的变量 file_input 和 file_output，用于访问对应的文件 datain.txt 和 dataout.txt。不同的是，例 8-15 采用的是 VHDL87 标准，而例 8-16 采用的是 VHDL93 标准，两个标准在文件使用方面有较大的差别，使用时应注意选择相应的标准。

【例 8-15】

```
FILE   file_input    : TEXT IS IN "datain.txt";
FILE   file_output   : TEXT IS OUT "dataout.txt";
```

【例 8-16】

```
FILE   file_input    : TEXT OPEN READ_MODE IS "datain.txt";
FILE   file_output   : TEXT OPEN WRITE_MODE IS "dataout.txt";
```

(3) 数据类型 SIDE。其源代码定义如下：

TYPE SIDE IS (right, left);

定义了 SIDE 为一种枚举类型，取值只有 right 和 left 两种，分别表示将数据从左和从右写入行变量中。例 8-17 显示了将 output_data 从左边写入 LINE 变量 line_out，位宽为 8。

【例 8-17】

```
WRITE(line_out,output_data,left,8);
```

(4) 子类型 WIDTH。其源代码定义如下：

SUBTYPE WIDTH IS NATURAL;

数据类型 WIDTH 用于指定写入 LINE 变量的位宽。

2. 移位寄存器实例

这里仍然以例 8-3 移位寄存器的例子，采用 TEXTIO 的方法来实现测试验证，其原理框图如图 8-24 所示。文件 datain.txt 提供移位寄存器的置数初值 din，在传递给 DUT 之前，进行数据类型的变化，由 BIT_VECTOR 变化为符合 DUT 中声明的数据类型 STD_LOGIC_VECTOR。再按照时钟节拍，将 DUT 的输出数据写入到输出文件 dataout.txt。当然，在写入前，也需要进行数据类型的变换。

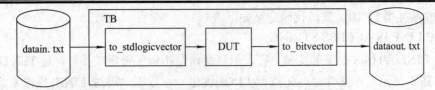

图 8-24　使用 TEXTIO 的移位寄存器 TB 原理框图

首先将存储输入激励的 datain.txt 文件保存于移位寄存器工程同一文件夹下，datain.txt 文件内有三个激励输入，分别是："00001101"、"00000101" 和 "00001001"，见图 8-25。对于大型设计，更好的方式是采用 C 语言或者 Matlab 产生激励。例 8-18 读取 datain.txt 中的激励，并将其传递给信号 din，作为置数初值。

图 8-25　提供激励的文件 datain.txt

【例 8-18】

```
L1    ----------------------------------------------------------------------------------------------------------------
L2    LIBRARY ieee;
L3    USE ieee.std_logic_1164.all;
L4        --打开该程序包可确保数据类型 STD_LOGIC，以及数据类型转化函数 to_stdlogicvector 和
          to_bitvector 的使用
L5    USE std.textio.all;        --打开库 STD 中的 TEXTIO 程序包
L6    ----------------------------------------------------------------------------------------------------------------
L7    ENTITY txt_shift_tb IS
L8    END;
L9    ----------------------------------------------------------------------------------------------------------------
L10   ARCHITECTURE bhv OF txt_shift_tb IS
L11       ----------------------------------------------------DUT----------------------------------------------------
L12       COMPONENT shift
L13         PORT(clk   : IN   STD_LOGIC;
L14              load : IN   STD_LOGIC;
L15              din   : IN   STD_LOGIC_VECTOR(7 DOWNTO 0);
L16              q    : OUT STD_LOGIC_VECTOR(7 DOWNTO 0));
L17       END COMPONENT;
L18       ----------------------------------------------Output Signal----------------------------------------------
L19       CONSTANT  period  :  TIME := 50 ns;
```

```
L20    SIGNAL   clk          :   STD_LOGIC := '1';
L21    SIGNAL   load         :   STD_LOGIC;
L22    SIGNAL   din          :   STD_LOGIC_VECTOR(7 DOWNTO 0);
L23    SIGNAL   q            :   STD_LOGIC_VECTOR(7 DOWNTO 0);
L24  BEGIN
L25        ---------------------------Component instantiation and clk generation---------------------------
L26        U1 : shift PORT MAP (clk => clk, load => load, din => din, q => q);
L27        clk <= NOT clk AFTER period/2;
L28        load <= '1' ,
L29                '0' AFTER 30ns,
L30                '1' AFTER 400ns,
L31                '0' AFTER 430ns,
L32                '1' AFTER 900ns,
L33                '0' AFTER 930ns,
L34                '1' AFTER 1200ns,
L35                '0' AFTER 1230ns;
L36        ---------------------------------Read stimu form file datain.txt---------------------------------
L37        p0 : PROCESS(load)
L38            FILE file_in          : TEXT   OPEN READ_MODE IS "datain.txt";
L39            VARIABLE line_in      : LINE;
L40            VARIABLE input_tmp    : BIT_VECTOR(7 DOWNTO 0);
L41        BEGIN
L42            IF load = '1' THEN
L43                IF NOT (ENDFILE(file_in)) THEN
L44                    READLINE(file_in,line_in);
L45                    READ(line_in,input_tmp);
L46                    din <= to_stdlogicvector(input_tmp);
L47                ELSE ASSERT FALSE        --断言语句 ASSERT 的使用请参见 8.3 节
L48                    REPORT "end of file"
L49                    SEVERITY warning;
L50                END IF;
L51            END IF;
L52        END PROCESS p0;
L53        ---------------------------------Write output to file dataout.txt---------------------------------
L54        p1 : PROCESS(clk)
L55            FILE file_out         : TEXT OPEN WRITE_MODE IS   "f:\shift_mo\dataout.txt";
L56            VARIABLE line_out     : LINE;
L57            VARIABLE output_tmp   : BIT_VECTOR(7 DOWNTO 0);
L58        BEGIN
```

L59　　　　　　　IF clk 'EVENT AND clk = '1' THEN

L60　　　　　　　　　output_tmp := to_bitvector(q);

L61　　　　　　　　　WRITE(line_out,output_tmp,right,8);

L62　　　　　　　　　WRITELINE(file_out,line_out);

L63　　　　　　　END IF;

L64　　　　END PROCESS p1;

L65　　END bhv;

L66　---

　　例 8-18 中 L5 声明了 STD 库中的 TEXTIO 程序包。L28～L35 确定了 4 次有效的置数信号(load="1")。进程 p0 从 datain.txt 读出激励，并传递给 din，使用了断言语句 ASSERT，当文件读完后，会出现警告信息。进程 p1 将 DUT 的输出经过转化后写入文件 dataout.txt。需要注意的是，L55 声明了文件类型变量 file_out，可以访问的对应保存输出结果的文件是 dataout.txt，这里必须要写明文件路径和文件名，且在工程同一文件夹内保存有空 dataout.txt 文件。

　　例 8-18 的仿真结果如图 8-26 和图 8-27 所示。可以看到，"00001101"、"00000101"、"00001001" 分别被作为初值置入，然后在时钟信号 clk 的上升沿开始进行移位操作。在 1200 ns 时，由于文件数据已经读完，执行断言语句 L47～L49，在 Modelsim 的 Transcript 窗口显示文件结束的警告信息，如图 8-28 所示。

　　例 8-18 也可打开 IEEE 库中的 std_logic_textio 程序包，直接对数据类型 STD_LOGIC 进行操作，避免数据类型的转换，请读者自行完成相应的代码和仿真测试。

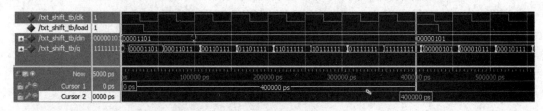

图 8-26　例 8-18TB 仿真结果(1)

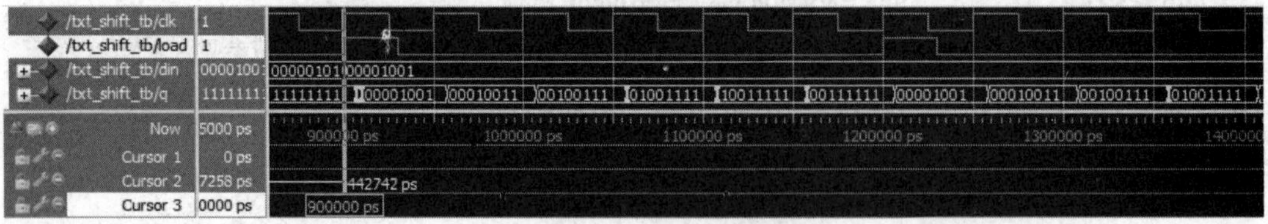

图 8-27　例 8-18TB 仿真结果(2)

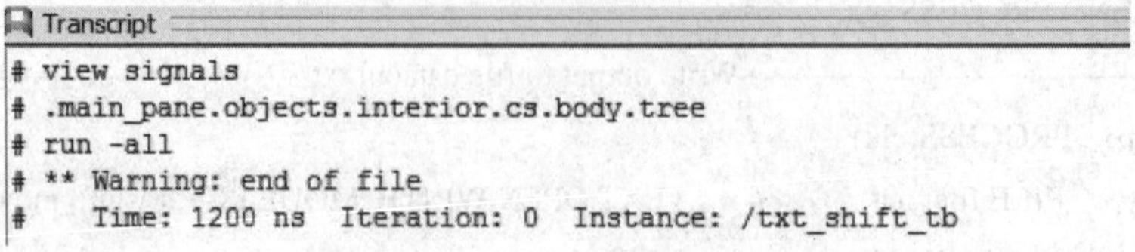

```
🗋 Transcript
# view signals
# .main_pane.objects.interior.cs.body.tree
# run -all
# ** Warning: end of file
#    Time: 1200 ns  Iteration: 0  Instance: /txt_shift_tb
```

图 8-28　文件结束的警告信息

　　在工程保存目录下找到文件 dataout.txt，打开文件即可观察输出结果，如图 8-29 所示。

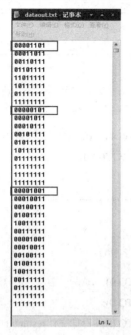　　　　　　　　　　　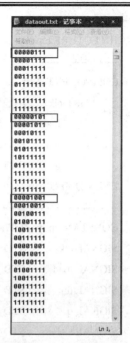

图 8-29　文件 dataout.txt 仿真输出结果　　　图 8-30　改变激励后文件 dataout.txt 仿真输出结果

　　如果改变 datain.txt 中的激励数据，如将"00001101"改为"00000111"，则仿真结果也会发生改变，见图 8-30。输出结果文件 dataout.txt 也会发生相应的改变，如图 8-31 所示。

图 8-31　改变激励数据后的仿真结果

　　当然，对于大型的设计项目，自动化的测试结果验证将更加高效，它减少了检查设计正确性所需的时间，并将人为错误减少到最小。可以采用其他软件编程生成理想化的输出结果(又称为"黄金向量"文件 Golden Design)，将其保存在一个文件中；然后，将仿真输出结果自动与"黄金向量"文件中的数据进行比较。

　　例 8-19 显示了如何将仿真结果与保存在 result.txt 文件中的理想结果进行比较，并返回比较信息。如果比较数据不同，则会在 Modelsim 的 Transcript 窗口中出现警告信息，如图 8-32 所示，提示在 25 ns 时两个数据出现不一致。

【例 8-19】

```
L1    -------------------------------------------------------------------------------------------------------
L2    LIBRARY ieee;
L3    USE ieee.std_logic_1164.all;
L4    USE std.textio.all;
L5    -------------------------------------------------------------------------------------------------------
L6    ENTITY txt_shift_tb IS
L7    END;
```

```
L8      ----------------------------------------------------------------------------------------------------
L9      ARCHITECTURE bhv OF txt_shift_tb IS
L10             ------------------------------------------------DUT--------------------------------------------------
L11     COMPONENT shift
L12         PORT(clk    : IN    STD_LOGIC;
L13                 load  : IN    STD_LOGIC;
L14                 din   : IN    STD_LOGIC_VECTOR(7 DOWNTO 0);
L15                 q     : OUT STD_LOGIC_VECTOR(7 DOWNTO 0));
L16     END COMPONENT;
L17             --------------------------------------Output Signal----------------------------------------------
L18     CONSTANT period : TIME := 50 ns;
L19     SIGNAL clk      : STD_LOGIC := '0';
L20     SIGNAL load     : STD_LOGIC;
L21     SIGNAL din      : STD_LOGIC_VECTOR(7 DOWNTO 0);
L22     SIGNAL q        : STD_LOGIC_VECTOR(7 DOWNTO 0);
L23     SIGNAL s        : STD_LOGIC_VECTOR(7 DOWNTO 0); --存储文件result.txt中读出的数据
L24 BEGIN
L25             ----------------------------Component instantiation and clk generation----------------------------
L26     U1 : shift PORT MAP (clk => clk, load => load, din => din, q => q);
L27     clk <= NOT clk AFTER period/2;
L28     load <= '1' ,
L29             '0' AFTER 30ns,
L30             '1' AFTER 425ns,
L31             '0' AFTER 450ns,
L32             '1' AFTER 925ns,
L33             '0' AFTER 950ns,
L34             '1' AFTER 1225ns,
L35             '0' AFTER 1250ns;
L36             --------------------------------Read stimu form file datain.txt----------------------------------
L37     p0 : PROCESS(load)
L38         FILE file_in            : TEXT    OPEN READ_MODE IS "datain.txt";
L39         VARIABLE line_in        : LINE;
L40         VARIABLE input_tmp      : BIT_VECTOR(7 DOWNTO 0);
L41     BEGIN
L42         IF load = '1' THEN
L43             IF NOT (ENDFILE(file_in)) THEN
L44                 READLINE(file_in,line_in);
L45                 READ(line_in,input_tmp);
L46                     din <= to_stdlogicvector(input_tmp);
```

L47   ELSE ASSERT FALSE

L48   REPORT "end of file"

L49   SEVERITY warning;

L50   END IF;

L51   END IF;

L52   END PROCESS p0 ;

L53   --------------------------------Comparison with data in result.txt--------------------------------

L54   p1: PROCESS(clk)

L55   FILE   file_r   :   TEXT OPEN READ_MODE IS "result.txt";

L56   VARIABLE   line_r   :   LINE;

L57   VARIABLE   input_r   :   BIT_VECTOR(7 DOWNTO 0);

L58   BEGIN

L59   IF clk' EVENT AND clk = '1' THEN

L60   READLINE(file_r,line_r);

L61   READ(line_r,input_r);

L62   s <= to_stdlogicvector(input_r);

L63   IF s /= q THEN

L64   ASSERT FALSE REPORT "they are different!"

L65   SEVERITY WARNING;

L66   END IF;

L67   END IF;

L68   END PROCESS p1;

L69 END bhv;

L70 --

```
Transcript
# view structure
# .main_pane.structure.interior.cs.body.struct
# view signals
# .main_pane.objects.interior.cs.body.tree
# run -all
# ** Warning: they are different!
#    Time: 25 ns  Iteration: 0  Instance: /txt_shift_tb
# ** Warning: end of file
```

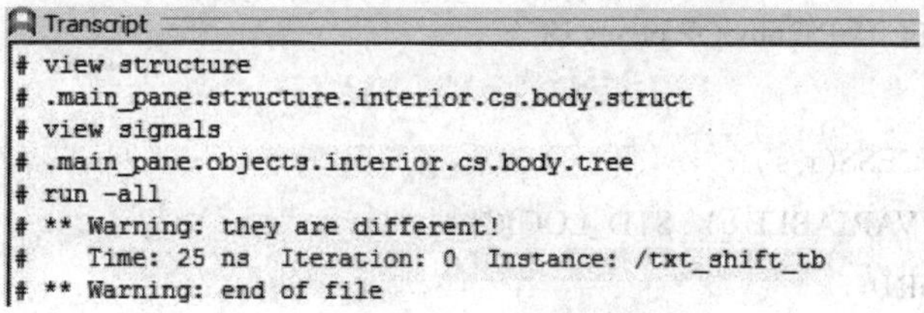

图 8-32 提示数据不一致的警告信息

8.3 ASSERT 语句

ASSERT 语句(断言语句)主要用于代码的调试、仿真，属于不可综合的语句。软件在综合时断言语句将被忽略或报警，它不会产生硬件电路。当仿真发生错误时，断言语句可以报告信息，其语句格式如下：

ASSERT 条件表达式

[REPORT 出错信息]

[SEVERITY 错误等级];

关键词 ASSERT 后的条件表达式是布尔类型的表达式，当条件表达式取值为假时，表示运行出错，于是执行 REPORT 子句报告错误信息，并由 SEVERITY 子句指定错误级别。断言语句对错误判断给出的错误信息和等级，都是设计者预先在代码编写时决定的，VHDL 并不自动生成这些错误信息。

断言语句的使用要注意以下几点：

(1) 条件表达式必须由设计者给出，没有默认格式。

(2) 出错信息必须是由双引号括起来的字符。

(3) 错误等级必须是预定义的四种等级之一，包括：Note(通报)、Warning(警告)、Error(错误)以及 Failure(失败)。如果错误等级是 Failure，则会在发生错误时结束编译。

例 8-20 是一个使用 VHDL 语言描述的基本 RS 触发器。由基本 RS 触发器的功能可知，当输入信号 r 和 s 取值均为"1"时，输出 q 和 qb 也均为"1"，破坏了触发器正常工作时的互补输出关系，导致触发器失效。因此，从电路正常工作的角度来考虑，这种情况是不允许出现的。例 8-21 是基本 RS 触发器的测试平台，其中使用 ASSERT 语句检测 RS 触发器的 r 和 s 两个输入端不能同时为"1"。

【例 8-20】

```
L1  -----------------------------------------------------------------------------
L2  LIBRARY ieee;
L3  USE ieee.std_logic_1164.all;
L4  -----------------------------------------------------------------------------
L5  ENTITY rs_reg IS
L6      PORT( r,  s     : IN   STD_LOGIC;
L7            q,  qb    : OUT STD_LOGIC);
L8  END;
L9  -----------------------------------------------------------------------------
L10 ARCHITECTURE bhv OF rs_reg IS
L11 BEGIN
L12     PROCESS( r, s )
L13         VARIABLE q1 : STD_LOGIC;
L14     BEGIN
L15         IF r = '1' AND s = '0'   THEN q1 <= '0';
L16         ELSIF r = '0' AND s = '1'   THEN q1 <= '1';
L17         END IF;
L18         q <= q1;   qb <= NOT q1;
L19     END PROCESS;
L20 END;
L21 -----------------------------------------------------------------------------
```

【例 8-21】

```
L1  -----------------------------------------------------------------------------
L2  LIBRARY ieee;
```

L3　USE ieee.std_logic_1164.all;

L4　---

L5　ENTITY rs_reg_tb IS

L6　END;

L7　---

L8　ARCHITECTURE bhv OF rs_reg_tb IS

L9　　　COMPONENT rs_reg IS

L10　　　　PORT(r,　s　　: IN　STD_LOGIC;

L11　　　　　　　q,　qb　　: OUT STD_LOGIC);

L12　　　END COMPONENT;

L13　　　SIGNAL r , s　　: STD_LOGIC;

L14　　　SIGNAL q, qb　　: STD_LOGIC;

L15　BEGIN

L16　　　u1 : rs_reg PORT MAP (r => r, s => s, q => q ,qb => qb);

L17　　　r <= '1',

L18　　　　　'0' AFTER 100ns,

L19　　　　　'1' AFTER 200ns;

L20　　　s <= '0',

L21　　　　　'1' AFTER 50ns,

L22　　　　　'0' AFTER 200ns;

L23　　　PROCESS(r, s)

L24　　　BEGIN

L25　　　　ASSERT NOT (r = '1' AND s = '1')

L26　　　　REPORT " both r and s equal to '1' "

L27　　　　SEVERITY ERROR;

L28　　　END PROCESS;

L29　END;

L30　---

　　从例 8-21 的 TB 中 r 和 s 的取值设置可以发现，在时间 50 ns 到 100 ns 的区间内，r 和 s 的取值都是"1"。图 8-33 是基本 RS 触发器的仿真结果，图 8-34 是在 Modelsim 的 Transcript 窗口中报告的错误信息，与预先设定一致。如果将例 8-21 中的错误等级改为"Failure"，则仿真结果如图 8-35 所示，可以看到从 50 ns 处就结束了。

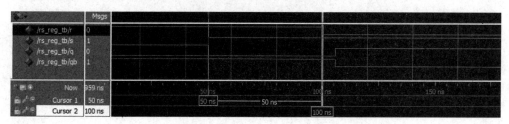

图 8-33　基本 RS 触发器仿真结果

```
# ** Error:  both r and s equal to '1'
#    Time: 50 ns  Iteration: 0  Instance: /rs_reg_tb
```

图 8-34　基本 RS 触发器错误信息报告

图 8-35　错误等级 "Failure" 的仿真结果

习　　题

8-1　解释什么是 Test Bench，它能够完成哪些目标？

8-2　详细说明 Test Bench 有哪几种常用模型，以及各自的特点。

8-3　解释什么是 TEXTIO，如何使用 TEXTIO 对磁盘文件进行访问？

8-4　设计一个加法器，完成 a 和 b 的相加，其数据类型均为整型。分别采用简单 TB、带有独立源的 TB(加数 a、b 均由另一 4 位二进制加法器的计数结果提供)以及使用 TEXTIO 的 TB 完成测试验证。

8-5　设计一个带异步清零信号的 4 位二进制增 1/减 1 计数器，当计数结果为 "1001" 时，使用断言语句报告错误信息 "the counter gets to nine"，并结束编译。

第 9 章　数字电子系统设计及典型实例

在实际应用中的电子系统(或设备)往往要求实现某种(或多种)特定的、复杂的功能。因此，在设计过程中就不能仅仅考虑某单一电路的功能实现，而是需要根据系统的指标要求，综合考虑各种因素，选取最优的设计方案进行设计。良好的设计是保证电子系统正确、高效、稳定工作的关键。本章以 3 个典型的应用型综合实例来说明基于 EDA 技术及 VHDL 的数字电子系统设计的过程，从而帮助读者掌握借助 EDA 工具和 VHDL 完成小型数字电子系统设计的基本方法。对于初学者而言，通过对电子系统的实际设计，能够更深入透彻地理解和掌握 EDA 技术及 VHD 设计的本质。

9.1　数字电子系统的构成

数字电子系统通过数字电路逻辑器件，以数字方式对信息进行处理、传送或存储，来实现其特定的、复杂的功能。从功能上，数字电子系统通常可以分为系统接口、数据处理器和控制器三个部分，如图 9-1 所示。

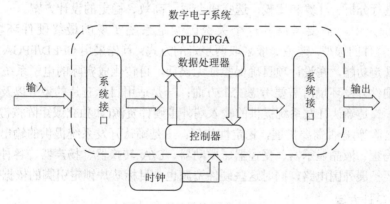

图 9-1　数字电子系统的构成

其中，系统接口是完成将物理量转化为数字量或将数字量转化为物理量的功能部件，例如键盘、打印机、音响系统、显示系统等；数据处理器的主要功能是实现对数字信息的处理，在接受控制命令，执行相应动作的同时，还将自身的状态反馈给控制部分，其逻辑功能常常可分解为若干个子处理单元来完成，例如译码器、运算器等；控制器的功能则是接收外部输入信号，以及数据处理器反馈的信号，管理各个子系统的局部及整个系统按规定顺序工作。

一般情况下，系统接口、数据处理器可通过组合电路或时序电路构成；控制器由同步时序电路构成。而这些数字逻辑电路都可以通过可编程逻辑器件(CPLD/FPGA)来实现。

随着可编程逻辑器件的集成度和功能的日益提高，一个可编程逻辑器件芯片除了有丰富的数字逻辑资源外，还含有一个或多个主要功能模块(如 CPU、数字信号处理器核和其他的专门处理功能模块)、嵌入式存储器功能块以及通用或专用 I/O 功能块等。这样，一个芯片就可以构成一个完整的数字电子系统(片上可编程系统 SOPC，System on Programmable Chip)。

9.2　数字电子系统设计基本流程

在现代电子系统设计领域，EDA 技术已经成为电子系统设计的重要手段。基于 EDA 技术及 VHDL 的数字电子系统是采用自顶向下和层次化结构建模的方法来进行设计的，其基本的设计流程如下：

1. 分析设计要求

进行数字电子系统设计，首先要正确理解项目的任务、要求和指标。例如：设计一个数字电子钟系统，需要理解数字电子钟的基本功能，工作原理，输入、输出端口，显示方式，测试精度等相关知识，这些基本概念是提出设计方案的前提和依据，也是完成整个设计任务的关键。相关设计项目的技术资料可以通过搜寻相关网站或查阅参考文献完成。

2. 确定方案

根据设计任务的总体框架、技术指标，找出可以实现设计任务的不同方案，然后从可行性、性能价格比、复杂度、可靠性、通用性、扩展性、工作速度、所需器件的资源、成本等多方面进行分析、计算和比较，选择出合适、高效、稳定的设计方案。

在方案确定中，需要考虑的一个关键因素是系统实现的最终硬件环境，也就是 CPLD/FPGA 器件的选型。选型一般采取两步走的方式：首先采用 CPLD/FPGA 适配板或开发板来实现既定功能，在设计项目确保验证无误后，再转化成实际的电子系统。

在选择硬件开发环境时需要考虑三个方面：一是适用目标芯片的型号以及开发系统的类别和型号；二是确认开发系统提供的输入端外围硬件资源(如独立或矩阵按键、键盘、晶振、A/D 转化器等)是否需要扩展，稳定性如何；三是确认开发系统提供的输出端外围硬件资源，如数码管、液晶显示器、受控器、驱动器、D/A 转换器、扬声器、各种接插件等，判断是否需要扩展外围电路，同时这些硬件资源也是目标芯片锁定引脚的依据。

3. 细化设计方案

确定设计方案后，需要把设计项目分解成若干个功能清晰、易于设计的模块，构成层次化设计方案的结构框图，再将结构框图从粗至细，步步细化，直到每个模块易于实现为止。要明确每一个模块的基本功能(任务)、输入/输出端口以及各模块间的接口信号、控制关系，使之合情合理，满足设计要求。

4. 设计模块电路

设计模块电路时，首先需明确各模块的工作原理、设计思路。根据实际需要，可选取原理图或 HDL 语言描述方式来实现。一个好的设计构思，应简单明了、结构清晰、易于扩充，这不仅能提高设计效率，而且能有好的设计方案。每完成一个模块设计，都要进行仿真测试，检验每一个模块能否实现预定的技术指标，及时发现问题并予以修正，确保设计工作顺利进行。

5. 设计顶层模块

顶层模块设计实际是将底层模块电路级联起来，形成整体电路。对顶层模块进行仿真测试时，如果顶层电路出现异常，问题大多来源于底层电路或总体设计方案，应及时排除故障，反复测试推敲。

6. 适配下载

根据选定的目标芯片的编程接口、编程模式、配置器件等，锁定管脚适配下载。

7. 硬件验证

进行硬件验证的目的，一方面是实际检验目标芯片的逻辑功能，另一方面是检验系统电路的响应速度、带载能力、抗干扰能力、电能损耗等多项性能指标。只有对目标芯片编程下载成功并通过了硬件验证的设计项目才会是合格的项目。当然，对于不同的设计项目，进行硬件验证的方式、方法、手段都可能有所不同。

8. 文件归档和撰写设计总结报告

当硬件测试结果符合设计要求后，最后的工作即是文件归档和撰写设计总结报告。文件归档指将所有设计文件归纳整理，删除不必要的中间文件，保留最终版本的设计文件。设计总结报告是设计者对整个设计进程的工作业绩、收获体会的全面总结。在撰写设计总结报告时，其内容次序应尽量与设计过程一致。设计报告一般包括设计思路、电路结构选择依据、实现关键技术指标的理论依据和计算公式、核心模块的工作原理等，并辅以必要的整体/局部原理电路、仿真分析、HDL 语言注释、各模块的端口名称定义、各图表的编号说明等。设计报告中对设计成果的检测方法和结果必须真实可靠，同时，对设计成果的不足之处以及改进措施也可以写进报告之中。设计总结报告的撰写，不仅可使设计者自身在理论分析、应用技术、实践能力上有所提高，也可为他人使用或者修改系统设计项目提供完整的第一手资料。

9.3　数字电子系统设计实例

本节以数字跑表的设计、交通信号灯控制系统的设计以及离线误码检测仪的设计共三个实例来进一步说明数字电子系统的设计。

9.3.1　数字跑表的设计

1. 设计要求

数字跑表是体育比赛中常用的计时仪器。它使用简单、携带方便，通过按键控制计时的起点和终点，其主要技术指标是计时精度和计时范围。

本例设计的数字跑表计时精度为 10 毫秒，计时范围为 0 分 00 秒 00 毫秒～59 分 59 秒99 毫秒，具有复位、开始计时、停止计时及显示等功能。

2. 确定方案

通过对设计要求的分析可以看出，数字跑表的核心功能就是控制、计时和显示。计时功能可以通过计数器来实现，显示功能可以通过对 8 位数码管扫描控制来实现；而复位、开始计时、停止计时功能实际上是对计数器进行控制，可通过按键输入信号控制计数器是否清零、是否开始或停止计数来实现。由此可得出数字跑表的系统总体设计框图，如图 9-2 所示。

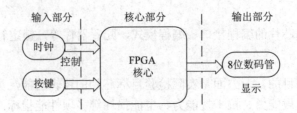

图 9-2　数字跑表总体设计框图

数字跑表的硬件验证环境可以先采用 FPGA/CPLD 适配板或开发板，当设计无误后，再选用最合适的芯片，设计 PCB 板来最终实现。下面将 EDA 综合实验箱作为开发平台进行设计。

(1) 核心部分：由 FPGA 器件 Cyclone Ⅲ系列 EP3C10E144C8 实现所有的逻辑功能。

(2) 输入部分：以 EDA 综合实验箱提供的 40 MHz 的晶振时钟作为输入时钟信号，按需要进行不同的分频；使用 EDA 核心板上的按键 SW0 和 SW1 分别作为复位和开始计时/停止计时信号。

(3) 输出部分：采用 8 位七段数码管分别对分、秒、百分之一秒进行显示，其格式如图 9-3 所示。

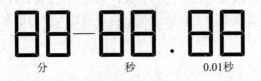

图 9-3　数字跑表输出格式

3. 细化设计方案

根据数字跑表的计时、控制、显示这三个功能，可以把 FPGA 设计方案进一步细化，按照功能来分割模块。

(1) 计时功能：由稳定、准确的输入计数时钟和计数模块来实现。考虑到设计指标要求跑表精度为 0.01 秒，那么计数器的时钟输入就应该是频率为 100 Hz 的脉冲，但 EDA 综合实验箱提供的时钟晶振是 40 MHz，不能直接使用。所以要先设计一个分频系数是 400000 的分频器，该分频器的输出才能作为计数器的最低位的计数时钟信号。其次，计数模块设计应考虑跑表的计时范围(0 分 0 秒 00 毫秒~59 分 59 秒 99 毫秒)。可以看出，需要 6 位计数输出，其中有两位是六进制形式(分和秒的十位)，其余四位是十进制形式，即可通过 4 个模 10 计数器和 2 个模 6 计数器来实现，其中低一级的进位输出就是高一级的计数时钟信号。计数器模块构成如图 9-4 所示。

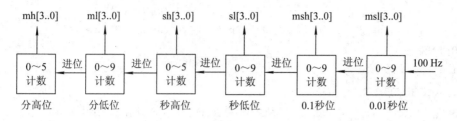

图 9-4　计数器模块构成图

(2) 按键控制功能：通过开始计时/停止计时、复位两个按键来控制计数器的工作状态。复位按键端口直接接到计数器的清零端 rst 即可实现复位。开始计时/停止计时按键可通过控制计数器的使能端 en 来实现对计数器的控制，当 en 取值为"0"时，计数器开始计数；反之，则停止计数。但是此按键输入需要先经过消抖处理，否则容易误判按键键值；然后再进行信号转化。

(3) 显示功能：使用 8 位数码管来显示计时结果。根据 EDA 综合实验箱的硬件结构，数码管采用动态扫描显示的方式，使用一个频率是 1 kHz 的扫描信号扫描数码管，实现对 6 位已经锁存的计数结果以及分割符"—"和小数点"."的扫描输出。

根据上述分析，将具体功能整合后数字跑表的原理框图如图 9-5 所示。可以看出，数字跑表主要包含：时钟分频模块、使能控制模块、计数模块、显示控制模块四个模块。

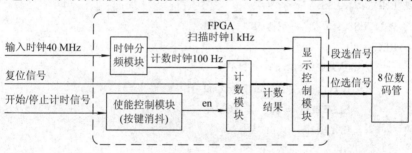

图 9-5　数字跑表的原理框图

4. 模块设计

1) 时钟分频模块

时钟分频模块的功能是将实验箱提供的 40 MHz 的晶振信号进行分频，产生用于数码管扫描的 1 kHz 的扫描时钟 clk_s，以及用于计数器模块进行计数的 100 Hz 的计数时钟 clk_c。时钟分频模块的 VHDL 源代码见例 9-1，仿真结果见图 9-6。

【例 9-1】

```
L1    --------------------------------------------------------------------------------
L2    LIBRARY ieee;
L3    USE ieee.std_logic_1164.all;
L4    USE ieee.std_logic_unsigned.all;
L5    --------------------------------------------------------------------------------
L6    ENTITY fdiv IS
```

L7   PORT(clk   : IN   STD_LOGIC;   --EDA 综合实验箱提供 40 MHz 时钟

L8   clk_s   : OUT STD_LOGIC;   --扫描信号，1 kHz

L9   clk_c   : OUT STD_LOGIC);   --计数信号，100 Hz

L10 END;

L11 --

L12 ARCHITECTURE bhv OF fdiv IS

L13   SIGNAL cnt1 : INTEGER RANGE 0 TO 20000;   --计数信号，用于分频产生 clk_s

L14   SIGNAL cnt2 : INTEGER RANGE 0 TO 7;   --计数信号，用于分频产生 clk_c

L15   SIGNAL ct,st : STD_LOGIC;

L16 BEGIN

L17   clk_s <= st; clk_c <= ct;

L18   PROCESS(clk)   --占空比 50%，1KHz

L19   BEGIN

L20   IF clk'EVENT AND clk = '1' THEN

L21   IF cnt1 < 19999 THEN cnt1 <= cnt1+1 ;

L22   ELSE   cnt1 <= 0 ; st <= NOT st;

L23   END IF;

L24   END IF;

L25   END PROCESS;

L26   PROCESS(st)   --占空比 50%，100Hz

L27   BEGIN

L28   IF st'EVENT AND st = '1' THEN

L29   IF cnt2 < 4 THEN cnt2 <= cnt2+1;

L30   ELSE cnt2 <= 0; ct <= NOT ct;

L31   END IF;

L32   END IF;

L33   END PROCESS;

L34 END;

L35 --

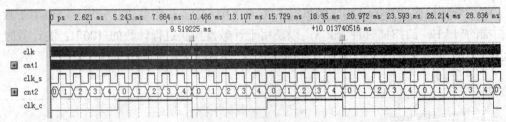

图 9-6   分频模块仿真波形

2) 计数模块

计数模块由 4 个十进制计数器和 2 个六进制计数器构成，低一级的计数进位信号作为高一级的计数器的时钟信号，结构如图 9-4 所示。这里先分别构造十进制计数器(见例 9-2)

和六进制计数器(见例 9-3)。图 9-7 是十进制计数器的仿真结果，图 9-8 是六进制计数器的仿真结果。

【例 9-2】

```
L1    ------------------------------------------------------------------------------------------
L2    LIBRARY ieee;
L3    USE ieee.std_logic_1164.all;
L4    USE ieee.std_logic_unsigned.all;
L5    ------------------------------------------------------------------------------------------
L6    ENTITY cnt_10 IS
L7       PORT( clk, rst, en : IN    STD_LOGIC;
L8              sum        : OUT STD_LOGIC_VECTOR(3 DOWNTO 0);
L9              cout       : OUT STD_LOGIC );
L10   END;
L11   ------------------------------------------------------------------------------------------
L12   ARCHITECTURE bhv OF cnt_10 IS
L13       SIGNAL cnt : STD_LOGIC_VECTOR( 3 DOWNTO 0);
L14   BEGIN
L15       PROCESS( clk )
L16       BEGIN
L17           IF rst = '1' THEN cnt <= "0000" ;cout <= '0';
L18           ELSIF clk 'EVENT AND clk = '1' THEN
L19               IF en = '0' THEN
L20                   IF cnt < "1001" THEN cnt <= cnt+1 ;cout <= '0';
L21                   ELSE cnt <= "0000" ; cout <= '1';
L22                   END IF;
L23                END IF;
L24            END IF;
L25        END PROCESS;
L26        sum <= cnt;
L27   END;
L28   ------------------------------------------------------------------------------------------
```

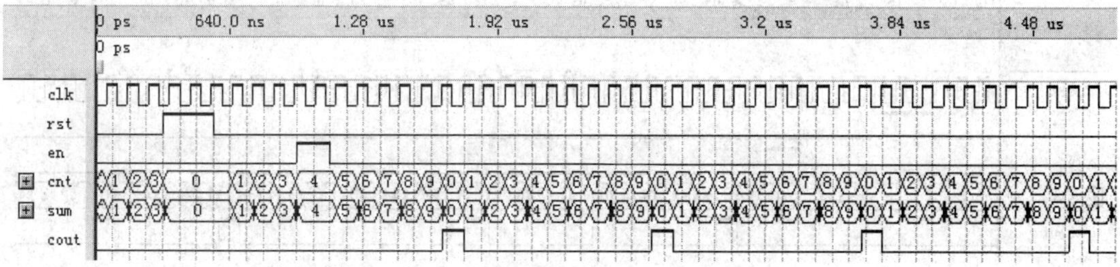

图 9-7 十进制计数器仿真结果

【例 9-3】

```
L1    --------------------------------------------------------------------------------
L2    LIBRARY ieee;
L3    USE ieee.std_logic_1164.all;
L4    USE ieee.std_logic_unsigned.all;
L5    --------------------------------------------------------------------------------
L6    ENTITY cnt_6 IS
L7        PORT( clk, rst, en      : IN STD_LOGIC;
L8              sum               : OUT STD_LOGIC_VECTOR(3 DOWNTO 0);
L9              Cout              : OUT STD_LOGIC );
L10   END;
L11   --------------------------------------------------------------------------------
L12   ARCHITECTURE bhv OF cnt_6 IS
L13       SIGNAL cnt : STD_LOGIC_VECTOR( 3 DOWNTO 0);
L14   BEGIN
L15       PROCESS( clk )
L16       BEGIN
L17           IF rst = '1' THEN cnt <= "0000" ;cout <= '0';
L18           ELSIF clk 'EVENT AND clk = '1' THEN
L19               IF en = '0' THEN
L20                   IF cnt < "0101" THEN cnt <= cnt+1 ;cout <= '0';
L21                   ELSE cnt <= "0000" ; cout <= '1';
L22                   END IF;
L23               END IF;
L24           END IF;
L25       END PROCESS;
L26       sum <= cnt;
L27   END;
L28   --------------------------------------------------------------------------------
```

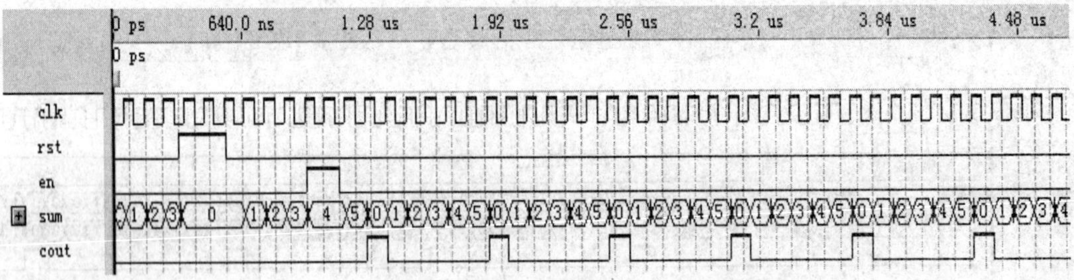

图 9-8　六进制计数器仿真结果

在计数器设计完成后就可以直接调用它们完成计数模块的设计，可以采用原理图的形式或 VHDL 元件例化的形式。图 9-9 采用原理图的形式调用计数器，例 9-4 采用元件例化的形式调用计数器。计数器元件图如图 9-10 所示，有 3 个输入端和 6 个计数输出端。计数器总体设计仿真结果见图 9-11 和图 9-12。

【例 9-4】

```
L1    -----------------------------------------------------------------------
L2    LIBRARY ieee;
L3    USE ieee.std_logic_1164.all;
L4    -----------------------------------------------------------------------
L5    ENTITY cnt IS
L6        PORT ( clk_c, en, rst    : IN   STD_LOGIC;
L7               msl, msh     : OUT STD_LOGIC_VECTOR(3 DOWNTO 0);
L8               sl,  sh      : OUT STD_LOGIC_VECTOR(3 DOWNTO 0);
L9               ml,  mh      : OUT STD_LOGIC_VECTOR(3 DOWNTO 0));
L10   END;
L11   -----------------------------------------------------------------------
L12   ARCHITECTURE bhv OF cnt1 IS
L13       COMPONENT cnt_10
L14           PORT( clk, rst, en : IN   STD_LOGIC;
L15               sum    : OUT STD_LOGIC_VECTOR(3 DOWNTO 0);
L16               cout    : OUT STD_LOGIC );
L17       END COMPONENT;
L18       COMPONENT cnt_6
L19           PORT( clk, rst, en : IN   STD_LOGIC;
L20               sum    : OUT STD_LOGIC_VECTOR(3 DOWNTO 0);
L21               cout    : OUT STD_LOGIC );
L22       END COMPONENT;
L23       SIGNAL c1, c2, c3, c4, c5, c6, c7 : STD_LOGIC;
L24   BEGIN
L25       u1 : cnt_10  PORT MAP ( clk => clk_c, en => en, rst => rst, sum => msl, cout => c1);
L26       u2 : cnt_10  PORT MAP ( clk => c1, en => en, rst => rst, sum => msh, cout => c2);
L27       u3 : cnt_10  PORT MAP ( clk => c2, en => en, rst => rst, sum => sl, cout => c3);
L28       u4 : cnt_6   PORT MAP ( clk => c3, en => en, rst => rst, sum => sh, cout => c4);
L29       u5 : cnt_10  PORT MAP ( clk => c4, en => en, rst => rst, sum => ml, cout => c5);
L30       u6 : cnt_6   PORT MAP ( clk => c5, en => en, rst => rst, sum => mh);
L31   END;
L32   -----------------------------------------------------------------------
```

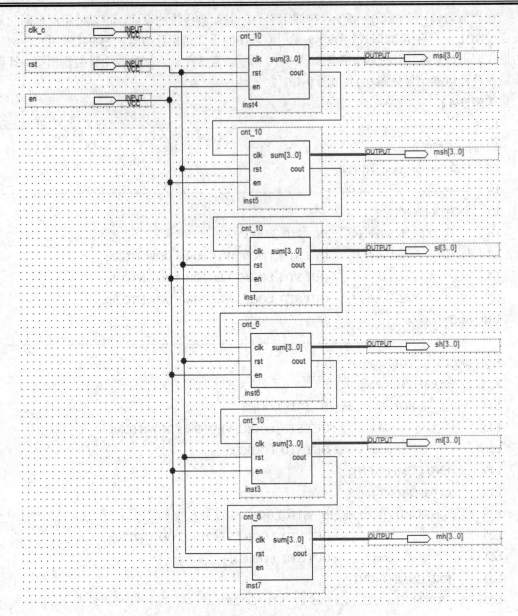

图 9-9　计数模块设计原理图

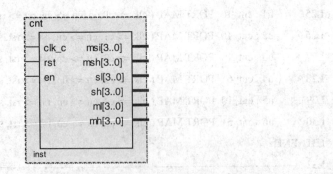

图 9-10　计数器元件图

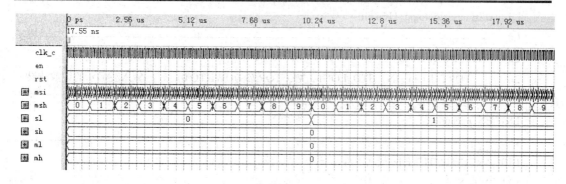

图 9-11　计数模块仿真结果(1)

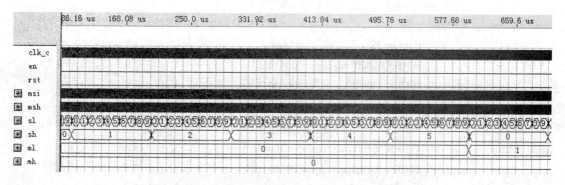

图 9-12　计数模块仿真结果(2)

3) 显示控制模块

显示控制模块的目的是控制数码管按设计要求正确显示计时结果。数码管以发光二极管作为字段来进行显示，分为共阴和共阳两种，其差别在于：共阴数码管的发光二极管的阴极连接在一起，而阳极对应各段分别控制；共阳数码管则刚好相反，发光二极管的阳极连接在一起，阴极对应各段分别控制。5.5.4 节中已对数码管电路和显示编码进行了讲解，这里不再赘述。

EDA 综合实验箱采用共阴数码管，且 8 位数码管的段选信号是连接在一起的，即只能采用动态扫描的形式进行显示。位选信号以一定的扫描速度依次选通数码管，即驱动数码管轮流进行显示，利用发光二极管的余辉与人眼的视觉暂存作用，使人眼感觉数码管是同时进行显示的。

显示控制模块可分为两个子模块：译码子模块和扫描子模块。译码子模块实现 4 位二进制计数结果与对应数码管各段编码的转换；扫描子模块则通过 1 kHz 的扫描信号依次选中数码管，并决定该位数码管显示的数字。

(1) 译码子模块。译码子模块将输入的 4 位二进制计数结果转化为对应的数码管编码，VHDL 代码见例 9-5。其仿真结果如图 9-13 和图 9-14 所示。由图 9-14 可以看出，当输入数字是除 0~9 以及分隔符外，均不显示。

【例 9-5】

L1　---

L2　LIBRARY ieee;

```
L3      USE ieee.std_logic_1164.all;
L4      ----------------------------------------------------------------------------------------------------
L5      ENTITY decoder IS
L6          PORT(datain : IN    STD_LOGIC_VECTOR (3 DOWNTO 0);      --输入要显示的计数结果
L7                  seg    :OUT STD_LOGIC_VECTOR (7 DOWNTO 0));     --段选输出
L8      END decoder;
L9      ----------------------------------------------------------------------------------------------------
L10    ARCHITECTURE behav OF decoder IS
L11    BEGIN
L12        PROCESS( datain )
L13        BEGIN
L14            CASE datain IS
L15                WHEN "0000" => seg<="00111111";          --显示字符 0
L16                WHEN "0001" => seg<="00000110";          --显示字符 1
L17                WHEN "0010" => seg<="01011011";          --显示字符 2
L18                WHEN "0011" => seg<="01001111";          --显示字符 3
L19                WHEN "0100" => seg<="01100110";          --显示字符 4
L20                WHEN "0101" => seg<="01101101";          --显示字符 5
L21                WHEN "0110" => seg<="01111101";          --显示字符 6
L22                WHEN "0111" => seg<="00000111";          --显示字符 7
L23                WHEN "1000" => seg<="01111111";          --显示字符 8
L24                WHEN "1001" => seg<="01101111";          --显示字符 9
L25                WHEN "1010" => seg<="01000000";          --显示分隔符-
L26                WHEN "1011" => seg<="10000000";          --显示小数点
L27                WHEN others => seg<="00000000" ;         --其他数据时不显示
L28            END CASE;
L29        END PROCESS;
L30    END behav;
L31    ----------------------------------------------------------------------------------------------------
```

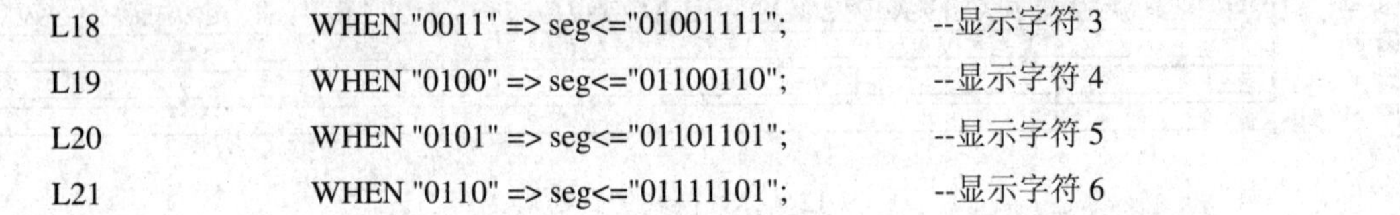

图 9-13　译码子模块仿真结果(1)

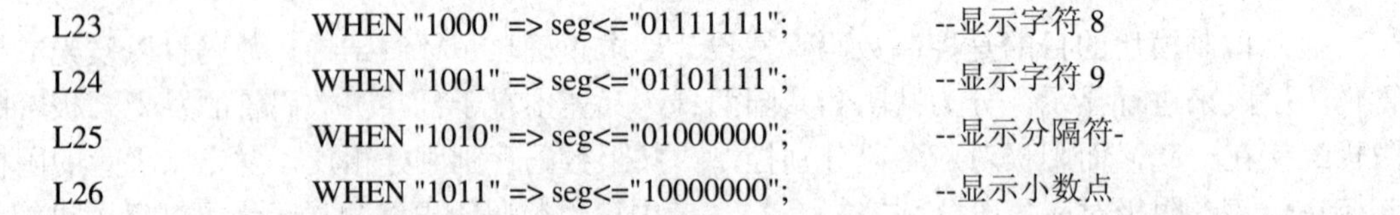

图 9-14　译码子模块仿真结果(2)

(2) 扫描子模块。扫描子模块利用时钟分频模块产生的分频输出信号 clk_s 作为扫描信号，依次选中每个数码管，控制位选信号。同时还决定当不同数码管选中时，该数码管显示哪一位计数结果，如分高位 mh、分低位 ml 等。扫描子模块 VHDL 代码见例 9-6，仿真结果见图 9-15。

【例 9-6】

```
L1   -----------------------------------------------------------------------------------------------------
L2   LIBRARY ieee;
L3   USE ieee.std_logic_1164.all;
L4   USE ieee.std_logic_unsigned.all;
L5   -----------------------------------------------------------------------------------------------------
L6   ENTITY scan IS
L7       PORT( clk_s                : IN   STD_LOGIC;          --扫描信号
L8             mh,ml,sh,sl,msh,msl : IN   STD_LOGIC_VECTOR (3 DOWNTO 0);
L9             data                : OUT STD_LOGIC_VECTOR (3 DOWNTO 0); --要显示的数字
L10            dig                 : OUT STD_LOGIC_VECTOR (7 DOWNTO 0)); --位选信号
L11  END scan;
L12  -----------------------------------------------------------------------------------------------------
L13  ARCHITECTURE behav OF scan IS
L14      SIGNAL abc : STD_LOGIC_VECTOR ( 2 DOWNTO 0 );
L15  BEGIN
L16      PROCESS( clk_s )
L17      BEGIN
L18          IF clk_s'EVENT AND clk_s = '1'   THEN abc <= abc+1;          --扫描计数信号
L19          END IF;
L20      END PROCESS
L21      PROCESS( abc )
L22      BEGIN
L23          CASE abc IS
L24              WHEN"000"   => dig <= "11111110"; data <= msl;      --显示 0.01 秒位
L25              WHEN "001"  => dig <= "11111101"; data <= msh;      --显示 0.1 秒位
L26              WHEN "010"  => dig <= "11111011"; data <= "1011";   --显示小数点
L27              WHEN "011"  => dig <= "11110111"; data <= sl;       --显示秒个位
L28              WHEN "100"  => dig <= "11101111"; data <= sh;       --显示秒十位
L29              WHEN "101"  => dig <= "11011111"; data <= "1010";   --显示分隔符
L30              WHEN "110"  => dig <= "10111111"; data <= ml;       --显示分个位
L31              WHEN "111"  => dig <= "01111111"; data <= mh;       --显示分十位
L32              WHEN OTHERS => NULL;
L33          END CASE;
```

L34　　　END PROCESS ;

L35　END behav;

L36　--

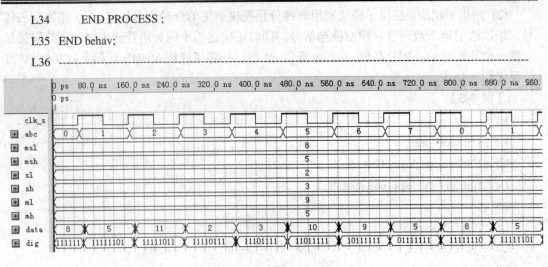

图 9-15　扫描子模块仿真结果

(3) 显示控制模块总体设计。显示控制模块由译码子模块和扫描子模块组成，可采用 VHDL 例化语句(见例 9-7)或原理图的形式将它们连接起来。原理图的形式请读者自行完成。显示控制模块元件如图 9-16 所示。

【例 9-7】

L1　--

L2　LIBRARY ieee;

L3　USE ieee.std_logic_1164.all;

L4　USE ieee.std_logic_unsigned.all;

L5　--

L6　ENTITY display IS

L7　　　PORT(clk_s　　　　　　　　: IN　 STD_LOGIC;　--数码管扫描信号

L8　　　　　　　mh,ml,sh,sl,msh,msl : IN　 STD_LOGIC_VECTOR (3 DOWNTO 0);　--计数结果

L9　　　　　　　seg　　　　　　　　: OUT STD_LOGIC_VECTOR (7 DOWNTO 0);　--段选信号

L10　　　　　　　dig　　　　　　　　: OUT STD_LOGIC_VECTOR (7 DOWNTO 0));　--位选信号

L11　END display;

L12　--

L13　ARCHITECTURE behav OF display IS

L14　　　SIGNAL data_temp : STD_LOGIC_VECTOR(3 DOWNTO 0);

L15　　　COMPONENT scan IS

L16　　　　PORT(clk_s　　　　　　　　: IN　 STD_LOGIC;

L17　　　　　　　msl, msh, sl, sh, ml, mh : IN　 STD_LOGIC_VECTOR (3 DOWNTO 0);

L18　　　　　　　data　　　　　　　　: OUT STD_LOGIC_VECTOR (3 DOWNTO 0);

L19　　　　　　　dig　　　　　　　　: OUT STD_LOGIC_VECTOR (7 DOWNTO 0));

L20　　　END COMPONENT scan;

L21　　　COMPONENT decoder　 IS

L22　　　　PORT(datain　　　: IN　 STD_LOGIC_VECTOR (3 DOWNTO 0);

L23   seg   : OUT STD_LOGIC_VECTOR (7 DOWNTO 0));

L24   END COMPONENT decoder;

L25   BEGIN

L26   u1 : scan   PORT MAP (clk_s, mh, ml, sh, sl, msh, msl, data_temp, dig);   --位置关联

L27   u2 : decoder   PORT MAP (data_temp, seg);

L28   END Behav;

L29   ---

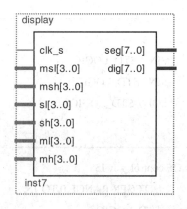

图 9-16   显示控制模块元件图

4) 使能控制模块

由于使能按键信号是单个脉冲信号，而计数器要持续计数所需的使能信号是持续的电平，因此，使能控制模块的功能是对输入的开始计时/停止计时按键信号进行处理，使之变成能直接控制计数器模块的使能信号。另外，由于按键是一种机械开关(单个按键工作原理见图 9-17)，核心部件是弹性金属簧片，在开关切换的瞬间(即按键开关按下或松开时)会在触点出现来回弹跳的现象，如图 9-18 所示。弹跳现象引起的信号抖动会造成电路的误判，从而影响系统的正确性。一般而言，抖动的时间是 5～10 ms。所以，使能控制模块首先需要对按键信号进行消除抖动处理，然后再完成信号的转换。

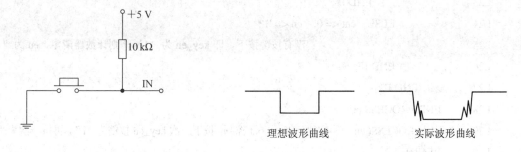

图 9-17   按键工作原理   图 9-18   按键抖动波形

消除按键抖动有多种方法，如：计数器型消抖、D 触发器型消抖、状态机消抖等。由于篇幅有限，这里不再详细阐述，可参考《EDA 技术与 VHDL 设计实验指导》一书实验 9。例 9-8 采用计数器型消抖的方法来消除按键的抖动。计数时钟采用时钟分频模块的 1 kHz 分频输出信号 clk_s，即一次计数周期为 1 ms，从 0 计数到 15 共计数 16 次，延时时间 16 ms，

满足抖动时间要求。仿真结果见图 9-19 和图 9-20。消除抖动后，按下一次按键 key_en，输出使能端 en_out 为 "1"，再按下一次，en_out 为 "0"。

【例 9-8】

```
L1   --------------------------------------------------------------------------------
L2   LIBRARY ieee;
L3   USE ieee.std_logic_1164.all;
L4   USE ieee.std_logic_unsigned.all;
L5   --------------------------------------------------------------------------------
L6   ENTITY control_key IS
L7       PORT(clk              : IN   STD_LOGIC;
L8            key_en           : IN   STD_LOGIC;
L9            en_out           : OUT STD_LOGIC);
L10      END control_key;
L11  --------------------------------------------------------------------------------
L12  ARCHITECTURE behav OF control_key IS
L13      SIGNAL cnt            : INTEGER RANGE 0 TO 15;
L14      SIGNAL en, en_temp    : STD_LOGIC;
L15  BEGIN
L16      p0 : PROCESS( clk )  --实现按键消抖
L17      BEGIN
L18         IF clk'EVENT AND clk = '1' THEN
L19            IF key_en = '0'   THEN  --如果按键 key_en 按下，按键按下为低电平
L20               IF CNT = 15   THEN   en <= '0';
L21                              --延时后，若 key_en 仍为 "0"，则 en 为 "0"
L22               ELSE cnt <= cnt + 1;en <= '1'; --否则若延时时间未到，继续计数，en 为 "1"
L23               END IF;
L24            ELSE   cnt <= 0;   en <= '1';
L25                         --若没有按键按下，即 key_en 为 '1'，则计数器清零，en 为 "1"
L26            END IF;
L27         END IF;
L28      END PROCESS p0;
L29      p1 : PROCESS( en )   --实现使能 en_out 控制，按下一次 key_en 按键为 "1"，再按一次为 "0"
L30      BEGIN
L31         IF en'EVENT AND en = '1'   THEN
L32            en_temp<=not en_temp;
L33         END IF;
L34         en_out <= en_temp;
```

L35　　　　END PROCESS p1;

L36　END behav;

L37　---

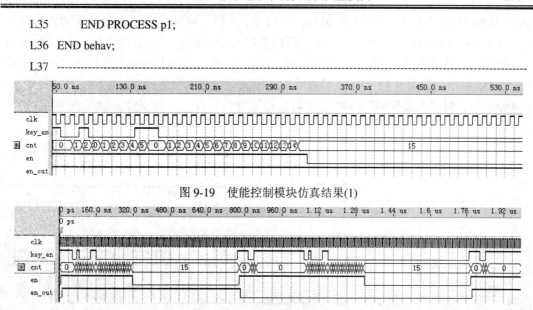

图 9-19　使能控制模块仿真结果(1)

图 9-20　使能控制模块仿真结果(2)

5. 顶层电路设计

将时钟分频、计数器、显示控制以及使能控制 4 个模块连接起来，即可构成顶层电路。顶层电路设计既可采用原理图的形式，如图 9-21 所示；也可采用 VHDL 元件例化的形式。请读者自行完成元件例化实现的顶层电路设计。

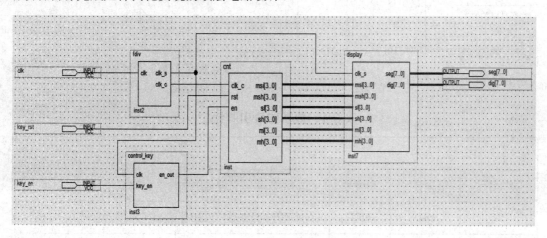

图 9-21　数字跑表顶层电路原理图

顶层电路的仿真与各功能模块的仿真类似，但由于时钟初值为 40 MHz，与仿真时间(几秒)相差过大，导致仿真速度过慢，这里不再展示顶层原理仿真结果。

6. 适配下载

系统设计在完成逻辑描述与仿真测试并确认达到设计要求后，需要下载到含有目标芯片的开发系统上，进行硬件验证。

本例采用 EDA 综合实验箱，选用 Altera 公司的 Cyclone Ⅲ系列 EP3C10E114C8 作为

FPGA 目标芯片，外部输入时钟为 40 MHz，清零、开始计时/停止计时按键采用实验箱核心板上的 SW0、SW1 两个按键，利用 8 个数码管显示计时输出。EDA 综合实验箱共有 0～7 共 8 个模式，其中模式 0～4 是单片机模式，模式 5～7 是可编程逻辑器件模式，本例采用模式 5，电路结构如图 9-22 所示。可以看到，模式 5 包含 8 位数码管、8 个发光二极管、3 个时钟输入、独立按键 SW0～SW7、矩阵按键等硬件资源。具体引脚锁定见表 9-1。

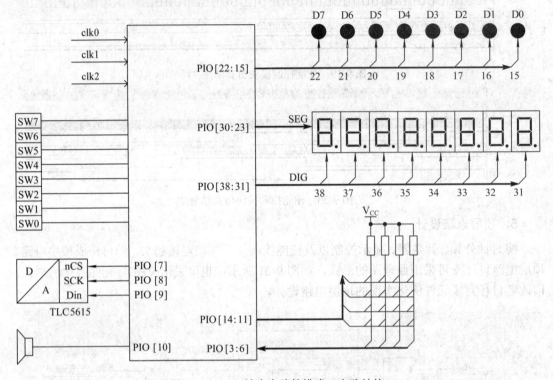

图 9-22　EDA 综合实验箱模式 5 电路结构

表 9-1　数字跑表引脚锁定

输　入			输　出		
端口名称	引脚名称	引脚号	端口名称	引脚名称	引　脚　号
clk	clk0	PIN22	seg[7..0]	SEG7～SEG0	PIN79/77/76/75/74/73/72/71
key_rst	SW0	PIN86	dig[7..0]	DIG7～DIG0	PIN1/2/3/4/85/84/83/80/
key_en	SW1	PIN87			

7. 硬件验证

硬件验证主要有两方面的工作：其一，检查按键功能是否满足要求；其二，观察数码管输出是否正确，是否达到预定要求。

经测试，本例设计能够达到要求，计时结果如图 9-23 所示。

图 9-23　硬件验证结果

8．撰写设计报告

当硬件测试结果满足要求后，就需要撰写设计总结报告以对整个设计过程进行总结。报告内容包括：概述、任务书(设计要求)、目录、方案论证、系统电路设计、模块电路设计、成员分工及进度、结论与收获、参考文献等。设计报告有利于设计者总结设计过程，提升设计能力，也有利于其他设计者了解项目设计。

9.3.2　十字路口交通信号灯控制系统的设计

1．设计要求

某个道路十字路口，在东西、南北两个方向设置红(R)、绿(G)、黄(Y)及左拐(L)四盏信号灯。绿灯亮时，准许车辆通行；黄灯亮时，已越过停止线的车辆可以继续通行；红灯亮时，禁止车辆通行；左拐灯亮时，车辆允许左拐通行。四盏灯按合理的顺序亮灭，并将灯亮的时间以倒计时显示出来。南北方向是主干道，车流量大，因此南北方向通行的时间比东西方向要长一些。交通灯信号系统工作状态见表 9-2 ，其中"1"表示灯亮，"0"表示灯灭。

表 9-2　交通灯信号系统工作状态表

状态	时间	南北方向				东西方向			
		绿灯	黄灯	左拐	红灯	绿灯	黄灯	左拐	红灯
s0	40s	1	0	0	0	0	0	0	1
s1	5s	0	1	0	0	0	0	0	1
s2	15s	0	0	1	0	0	0	0	1
s3	5s	0	1	0	0	0	0	0	1
s4	30s	0	0	0	1	1	0	0	0
s5	5s	0	0	0	1	0	1	0	0
s6	15s	0	0	0	1	0	0	1	0
s7	5s	0	0	0	1	0	1	0	0

2．确定方案

根据交通灯工作规则及设计要求，整个系统可由三个模块构成，它们分别是显示模块、倒计时模块和控制模块，如图 9-24 所示。

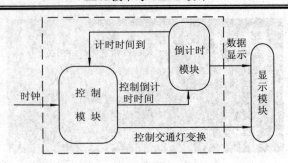

图 9-24　交通灯控制系统的设计方案

(1) 显示模块：分两部分，一是由七段数码管组成的倒计时显示器，每个方向需要 2 个；二是由发光二极管代替交通灯，每个方向需要 4 个。

(2) 倒计时模块：每个方向各有一组，显示交通灯剩余点亮的时间(两位)。

(3) 控制模块：交通灯核心，控制交通灯按工作顺序自动变换，同时控制倒计时模块工作。每当倒计时回零时，控制模块接收计时时间到的信号，并控制交通灯进入下一个工作状态。

由于控制模块和倒计时模块是相互制约的关系，所以，为减少模块间的数据传送，可以将两者合并为控制模块。

为保证倒计时的准确性，控制模块需要引入基准时钟，可将基准时钟分频得到秒时钟，或者直接引入秒脉冲作为倒计时以及显示模块的基准时钟。其设计与 9.3.1 节中的时钟分频模块相同，这里就不详细阐述了。

3. 模块设计

(1) 控制模块。根据交通灯控制系统的工作规则，控制模块可采用有限状态机的方式来设计，共有如图 9-25 所示的 8 个工作状态。在每个状态下，倒计时模块进行倒计数，当倒计数为零时，进入下一个状态。初态设为 s0。

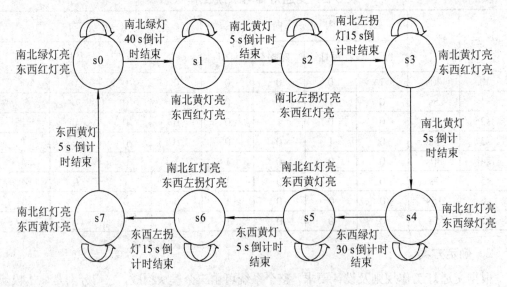

图 9-25　交通灯控制模块状态转移图

当南北方向进行绿灯(40 s)→黄灯(5 s)→左拐灯(15 s)→黄灯(5 s)→红灯的变换过程中，东西方向一直为红灯，两位倒计时时间为 65 s；反之，当东西方向进行绿灯(30 s)→黄灯(5 s)→左拐灯(15 s)→黄灯(5 s)→红灯的变换过程中，南北方向一直为红灯，两位倒计时时间为 55 s。因此，在设计时，还需要考虑某个方向一直为红灯时的倒计时情况，即东西方向为 65 s，南北方向为 55 s，倒计时结束后，红灯变为绿灯。

控制模块在每个状态下的输出，都送到显示模块中进行显示。其中一个是两位的倒计时时间，东西方向高位为 time_ew_h[3..0]、低位为 time_ew_l[3..0]，南北方向高位为 time_sn_h[3..0]、低位为 time_sn_l[3..0]。

另一个是交通指示灯的显示，分成南北方向和东西方向两组。而每一组中的两个方向(南和北、东和西)显示完全相同。所以，四个方向上共有 16 个指示灯(每个方向 4 个)。为了便于区分和说明，表 9-3 用字母对各个方向上指示灯的信号进行了命名。

表 9-3 各个方向上指示灯的信号名称

方 向	绿 灯	黄 灯	左拐灯	红 灯
东	ge	ye	le	re
西	gw	yw	lw	rw
南	gs	ys	ls	rs
北	gn	yn	ln	rn

控制模块的 VHDL 代码见例 9-9。

【例 9-9】

```
L1   --------------------------------------------------------------------------------
L2   LIBRARY ieee;
L3   USE ieee.std_logic_1164.all;
L4   USE ieee.std_logic_unsigned.all;
L5   --------------------------------------------------------------------------------
L6   ENTITY traffic_control1 IS
L7       PORT(rst,clk           : IN   STD_LOGIC;   --复位信号、时钟信号
L8           re, rw, rs, rn     : OUT STD_LOGIC;   --交通灯：红东、红西、红南、红北
L9           ye, yw, ys, yn     : OUT STD_LOGIC;   --交通灯：黄东、黄西、黄南、黄北
L10          le, lw, ls, ln     : OUT STD_LOGIC;   --左拐东：左拐西、左拐南、左拐北
L11          ge, gw, gs, gn     : OUT STD_LOGIC;   --交通灯：绿东、绿西、绿南、绿北
L12          time_sn_l, time_sn_h  : OUT STD_LOGIC_VECTOR(3 DOWNTO 0);
L13                                    --南北方向倒计时指示
L14          time_ew_l, time_ew_h : OUT STD_LOGIC_VECTOR(3 DOWNTO 0));
L15                                    --东西方向倒计时指示
L16  END traffic_control1;
L17  --------------------------------------------------------------------------------
L18  ARCHITECTURE  behav OF  traffic_control1 IS
```

```vhdl
L19        TYPE fsm IS(s0,s1,s2,s3,s4,s5,s6,s7);                    --s0~s7 共 8 个状态
L20        SIGNAL state : fsm;
L21        SIGNAL th, tl    : STD_LOGIC_VECTOR (3 DOWNTO 0);    --状态倒计时计数器
L22        SIGNAL th1, tl1  : STD_LOGIC_VECTOR (3 DOWNTO 0);    --红灯倒计时计数器
L23    BEGIN
L24        p0：PROCESS(rst,clk)
L25            VARIABLE a : STD_LOGIC;                       --状态倒计时计数器控制信号
L26        BEGIN
L27            IF ( rst = '0' ) THEN    state <= s0;   a:='0';--复位信号取值为 "1" 时，重新回到初态
L28            ELSIF( clk'EVENT AND clk = '1' ) THEN
L29                CASE state IS
L30                    WHEN s0 => IF a = '0'THEN
L31                                    th <= "0011"; tl <= "1001";    --南北方向绿灯倒计时 40 s
L32                                    a := '1';
L33                                    re <= '1'; rw <= '1'; rs <= '0'; rn <= '0'; --东西方向红灯亮
L34                                    ye <= '0'; yw <= '0'; ys <= '0'; yn <= '0';
L35                                    le <= '0'; lw <= '0'; ls <= '0'; ln <= '0';
L36                                    ge <= '0'; gw <= '0';gs <= '1'; gn <= '1';    --南北方向绿灯亮
L37                               ELSE
L38                                    IF NOT( th = "0000" AND tl = "0001" )
L39                                    THEN IF tl = "0000" THEN tl <= "1001"; th <= th-1;
L40                                         ELSE    tl <= tl-1;
L41                                         END IF;
L42                                      ELSE
L43                                         th <= "0000"; tl <= "0000";
L44                                         a:='0';
L45                                         state<=s1;
L46                                    END IF;
L47                               END IF;
L48                    WHEN s1 =>IF a = '0' THEN
L49                                    th <= "0000"; tl <= "0100";        --南北方向黄灯倒计时 5s
L50                                    a := '1';
L51                                    re <= '1'; rw <= '1'; rs <= '0'; rn <= '0';        --东西方向红灯亮
L52                                    ye <= '0'; yw <= '0'; ys <= '1'; yn <= '1';        --南北方向黄灯亮
L53                                    le <= '0'; lw <= '0'; ls <= '0'; ln <= '0';
L54                                    ge <= '0'; gw <= '0'; gs <= '0'; gn <= '0';
L55                               ELSE
L56                                    IF NOT( th = "0000" AND tl = "0001" )
```

```
L57                      THEN IF tl = "0000" THEN    tl <= "1001";th <= th-1;
L58                          ELSE tl <= tl-1;
L59                          END IF;
L60                      ELSE
L61                          th <= "0000"; tl <= "0000";
L62                          a := '0';
L63                          state <= s2;
L64                      END IF;
L65                  END IF;
L66              WHEN s2 =>IF a = '0' THEN
L67                          th <= "0001"; tl <= "0100";--南北方向左拐倒计时 15s
L68                          a:='1';
L69                          re <= '1'; rw <= '1'; rs <= '0' ; rn <= '0'; --东西方向红灯亮
L70                          ye <= '0'; yw <= '0'; ys <= '0'; yn <= '0';
L71                          le <= '0'; lw <= '0'; ls <= '1'; ln <= '1';   --南北方向左拐灯亮
L72                          ge <= '0'; gw <= '0'; gs <= '0'; gn <= '0';
L73                      ELSE
L74                          IF NOT(th="0000"AND tl="0001")
L75                          THEN IF tl="0000" THEN tl<="1001";th<=th-1;
L76                              ELSE tl<=tl-1;
L77                              END IF;
L78                          ELSE
L79                              th<="0000";tl<="0000";
L80                              a:='0';
L81                              state<=s3;
L82                          END IF;
L83                      END IF;
L84              WHEN s3 => IF a = '0' THEN
L85                          th <= "0000"; tl <= "0100";   --南北方向黄灯倒计时 5s
L86                          a := '1';
L87                          re <= '1'; rw <= '1'; rs <= '0'; rn <= '0';      --东西方向红灯亮
L88                          ye <= '0'; yw <= '0'; ys <= '1'; yn <= '1';   --南北方向黄灯亮
L89                          le <= '0'; lw <= '0'; ls <= '0'; ln <= '0';
L90                          ge <= '0'; gw <= '0'; gs <= '0'; gn <= '0';
L91                      ELSE
L92                          IF NOT( th = "0000" AND    tl = "0001")
L93                          THEN IF tl = "0000"    THEN    tl <= "1001";th <= th-1;
L94                              ELSE tl <= tl-1;
```

```
L95                         END IF;
L96                     ELSE
L97                         th <= "0000"; tl <= "0000";
L98                         a := '0';
L99                         state <= s4;
L100                    END IF;
L101                END IF;
L102        WHEN s4 => IF a = '0'   THEN
L103                    th <= "0010"; tl <= "1001";    --东西方向绿灯倒计时 30s
L104                    a:='1';
L105                    re <= '0'; rw <= '0'; rs <= '1'; rn <= '1'; --南北方向红灯亮
L106                    ye <= '0'; yw <= '0'; ys <= '0'; yn <= '0';
L107                    le <= '0'; lw <= '0'; ls <= '0'; ln <= '0';
L108                    ge <= '1'; gw <= '1'; gs <= '0'; gn <= '0';--东西方向绿灯亮
L109                ELSE
L110                    IF NOT(th="0000"AND tl="0001")
L111                    THEN IF tl="0000" THEN tl<="1001";th<=th-1;
L112                        ELSE tl<=tl-1;
L113                        END IF;
L114                    ELSE
L115                        th <= "0000"; tl <= "0000";
L116                        a:='0';
L117                        state<=s5;
L118                    END IF;
L119                END IF;
L120        WHEN s5 => IF a = '0'   THEN
L121                    th <= "0000"; tl <= "0100";        --东西方向黄灯倒计时 5s
L122                    a:='1';
L123                    re <= '0'; rw <= '0';rs <= '1';rn <= '1';      --南北方向红灯亮
L124                    ye <= '1';yw <= '1';ys <= '0';yn <= '0';    --东西方向黄灯亮
L125                    le <= '0'; lw <= '0'; ls <= '0'; ln <= '0';
L126                    ge <= '0'; gw <= '0';gs <= '0'; gn <= '0';
L127                ELSE
L128                    IF NOT(th="0000"AND tl="0001")
L129                    THEN IF tl="0000" THEN    tl<="1001";th<=th-1;
L130                        ELSE tl<=tl-1;
L131                        END IF;
L132                    ELSE
```

L133	th <= "0000"; tl <= "0000";
L134	a:='0';
L135	state <= s6;
L136	END IF;
L137	END IF;
L138	WHEN s6 => IF a = '0' THEN
L139	th <= "0001"; tl <= "0100";　　　　--东西方向左拐倒计时 15s
L140	a:= '1';
L141	re <= '0'; rw <= '0'; rs <= '1'; rn <= '1';　　--南北方向红灯亮
L142	ye <= '0'; yw <= '0'; ys <= '0'; yn <= '0';
L143	le <= '1'; lw <= '1'; ls <= '0'; ln <= '0';　　--东西方向左拐灯亮
L144	ge <= '0'; gw <= '0'; gs <= '0'; gn <= '0';
L145	ELSE
L146	IF NOT (th = "0000" AND　　tl = "0001")
L147	THEN IF tl="0000" THEN tl<="1001";th<=th-1;
L148	ELSE tl<=tl-1;
L149	END IF;
L150	ELSE
L151	th <= "0000"; tl <= "0000";
L152	a := '0';
L153	state <= s7;
L154	END IF;
L155	END IF;
L156	WHEN s7 => IF a = '0'　　THEN
L157	th <= "0000"; tl <= "0100";　　　　--东西方向黄灯倒计时 5s
L158	a:= '1';
L159	re <= '0'; rw <= '0'; rs <= '1'; rn <= '1';　　--南北方向红灯亮
L160	ye <= '1';yw <= '1'; ys <= '0'; yn <= '0';　　--东西方向黄灯亮
L161	le <= '0'; lw <= '0'; ls <= '0'; ln <= '0';
L162	ge <= '0'; gw <= '0'; gs <= '0'; gn <= '0';
L163	ELSE
L164	IF NOT(th = "0000" AND　　tl = "0001")
L165	THEN IF tl = "0000"　　THEN tl <= "1001"; th <= th-1;
L166	ELSE tl <= tl-1;
L167	END IF;
L168	ELSE
L169	th <= "0000"; tl <= "0000";
L170	a:= '0';

L171	state <= s0;
L172	END IF;
L173	END IF;
L174	WHEN OTHERS => a := '0';
L175	state <= s0;
L176	END CASE;
L177	END IF;
L178	timeh <= th;
L179	timel <= tl;
L180	END PROCESS p0;
L181	p1: PROCESS(clk,state)
L182	VARIABLE b:STD_LOGIC;　　　　--红灯倒计时计数器控制信号
L183	BEGIN
L184	IF (rst = '0')　 THEN　 b := '0';　　　　--复位信号为低时，红灯倒计时计数器清零
L185	ELSIF(clk'EVENT AND clk = '1') THEN
L186	CASE state IS
L187	WHEN s0 => IF b ='0'　 THEN
L188	th1<= "0110";tl1<= "0100"; --东西方向红灯倒计时 65s
L189	b :='1';
L190	ELSE IF NOT(th1= "0000"AND tl1= "0001") THEN
L191	IF tl1= "0000" THEN tl1<= "1001"; th1<= th1-1;
L192	ELSE tl1<= tl1-1;
L193	END IF;
L194	ELSE
L195	th1<= "0000"; tl1<= "0000";
L196	b := '0';
L197	END IF;
L198	END IF;
L199	WHEN s4 => IF b = '0' THEN
L200	th1<= "0101"; tl1<= "0100"; --南北方向红灯倒计时 55s
L201	b :='1';
L202	ELSE IF NOT(th1="0000"AND tl1="0001") THEN
L203	IF tl1 = "0000"
L204	THEN tl1<= "1001"; th1<= th1-1;
L205	ELSE tl1<= tl1-1;
L206	END IF;
L207	ELSE
L208	th1<= "0000"; tl1<= "0000";
L209	b := '0';

```
L210                          END IF;
L211                        END IF;
L212            WHEN OTHERS => IF NOT ( th1 = "0000" AND    tl1 = "0001") THEN
L213                          IF tl1 = "0000"    THEN
L214                                  tl1 <= "1001"; th1 <= th1-1;
L215                                ELSE tl1<=tl1-1;
L216                                END IF;
L217                              ELSE
L218                                  th1<= "0000"; tl1 <= "0000";
L219                                  b := '0';
L220                                END IF;
L221            END CASE;
L222          END IF;
L223     END PROCESS p1;
L224     p2：PROCESS( state )
L225     BEGIN
L226        CASE state IS
L227            WHEN s0    => time_sn_l <= tl; time_sn_h <= th;      --南北方向倒计时输出
L228                         time_ew_l <= tl1; time_ew_h <= th1;--东西方向红灯倒计时输出
L229            WHEN s1    => time_sn_l <= tl; time_sn_h <= th;
L230                         time_ew_l <= tl1; time_ew_h <= th1;
L231            WHEN s2    => time_sn_l <= tl; time_sn_h <= th;
L232                         time_ew_l <= tl1; time_ew_h <= th1;
L233            WHEN s3    => time_sn_l <= tl; time_sn_h <= th;
L234                         time_ew_l <= tl1; time_ew_h <= th1;
L235            WHEN s4    => time_sn_l <= tl1; time_sn_h <= th1;--南北方向红灯倒计时输出
L236                         time_ew_l <= tl; time_ew_h <= th;  --东西方向倒计时输出
L237            WHEN s5    => time_sn_l <= tl1; time_sn_h <= th1;
L238                         time_ew_l <= tl; time_ew_h <= th;
L239            WHEN s6    => time_sn_l <= tl1; time_sn_h <= th1;
L240                         time_ew_l <= tl; time_ew_h <= th;
L241            WHEN s7    => time_sn_l <= tl1; time_sn_h <= th1;
L242                         time_ew_l <= tl; time_ew_h <= th;
L243            WHEN OTHERS => time_sn_l <= tl; time_sn_h <= th;
L244        END CASE;
L245       time_ew_l<=tl1;time_ew_h<=th1;
L246     END PROCESS p2;
L247  END behav;
L248 ----------------------------------------------------------------------------------------------------------
```

图 9-26 是控制模块的仿真波形，从中可以看出南北方向和东西方向指示灯的变换及倒计时功能都基本上满足设计要求。

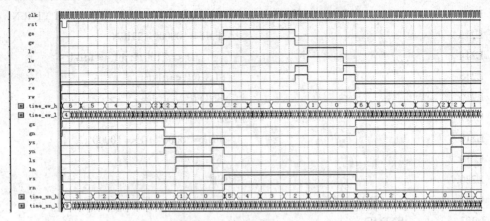

图 9-26　控制模块仿真波形

(2) 显示模块。显示模块中，在每个方向上用两个七段数码管显示倒计时时间，共需 8 个数码管。本例显示模块同样包含译码子模块和扫描子模块，其设计与 9.3.1 节中显示控制模块的设计是类似的，这里不再赘述。另外，每个方向上的四盏交通指示灯，可利用发光二极管来充当。

4. 顶层电路设计

顶层电路设计仍然可以以图形方式或者以例化语句的方式将显示模块和控制模块连接起来。请读者自行完成顶层电路的设计。

5. 适配下载及硬件验证

仍然利用 EDA 综合实验箱来验证设计的正确与否。4 个方向中，南北方向和东西方向的指示是完全相同的，所以各用 4 个发光二极管就可以了。仍然选择模式 5，锁定引脚后，编译适配下载，进行硬件测试验证。请读者自行完成引脚锁定、下载和硬件验证。

6. 设计总结

(略)。

9.3.3　离线误码检测仪的设计

1. 设计要求

设计一个离线误码检测仪电路，用来检测通信传输系统或设备中的误码情况。

2. 确定方案

1) 误码检测原理

在通信过程中，无论是设备故障、传播衰落、码间干扰、邻近波道干扰等因素都可能造成通信系统性能恶化甚至造成通信中断，其结果都可以通过误码的形式表现出来。误码测试仪就是通过检测数据传输系统的误码性能指标对其系统传输质量进行评估的基本测量仪器。

　　误码测试的方法可分为两大类：中断通信业务的误码测试和不中断通信业务的误码测试。前者主要用于产品调试、性能鉴定、系统工程校验、通信电路的定期维护和检修；而后者主要用于系统运行的质量监测、可靠性统计等。本例要设计的离线误码检测仪就是属于中断通信业务的误码测试。它不依赖系统信道，可以独自产生序列，并利用自身产生的序列对数字信道进行误码测试。

　　离线误码检测仪的工作过程可概括为以下几个步骤：

　　(1) 发送端的码型发生器产生一定的码型测试信号，作为待测系统的输入信号，使其通过待测通信系统构成的信道；

　　(2) 接收端接收待测系统的输出信号，并从中提取位同步信号；

　　(3) 产生与码型测试信号相同的码型，且初始相位与接收码流序列同步的本地码序列；

　　(4) 将本地码序列与接收码序列(待测系统的输出信号)逐个进行比较，若不相同，说明有误码，输出误码脉冲信号；

　　(5) 对误码脉冲信号进行统计，并将其结果显示出来。

　　2) 误码检测功能模块

　　由误码检测的工作过程可以将离线误码检测仪分成如图 9-27 所示的几个功能模块。

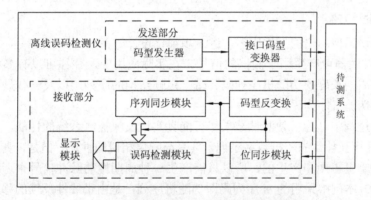

图 9-27　离线误码检测仪的工作原理方框图

　　(1) 发送部分：包含码型发生器和接口码型变换器两个功能模块。

　　➢ 码型发生器用来产生测试用序列信号。但这种信号通常是 NRZ 码的数字信号，并不适合在实际的信道中传输，因此，要把它转换成待测系统所需要的接口信号。

　　➢ 接口码型变换器就是将测试信号变成与待测设备相同的接口信号。

　　(2) 接收部分：包含位同步模块、序列同步模块、误码检测模块和显示模块。

　　➢ 位同步模块的功能是从待测系统接收的码流中提取时钟位同步信号。

　　➢ 序列同步模块用于实现本地码流序列和接收到的码流序列的同步，并源源不断地产生本地序列。

　　➢ 误码检测模块则是将本地码序列和接收到的数据码流序列进行比较，检测是否产生了误码。一旦检测到误码，计数器就将误码个数加 1。

　　➢ 显示模块用来显示误码情况。

　　待测系统的接口信号视不同系统或不同设备而有所不同，且位同步模块设计的方式和复杂程度也直接取决于其接口类型(因为有的接口信号含时钟分量信息较丰富，很容易提取时钟信号，有的则不然，通常采取的做法是利用锁相环来实现)。由于篇幅所限，在此就省略了接口码型变换器和位同步模块的设计，发送部分直接将 NRZ 码和时钟信号送入待测系统中，而接收部分接收的信号也是从待测系统发来的 NRZ 码和时钟信号。

简化的离线误码检测仪的工作原理方框图如图 9-28 所示。

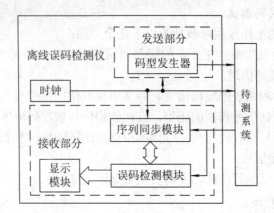

图 9-28　简化的离线误码检测仪的工作原理方框图

3. 细化设计方案

根据离线误码检测仪的工作原理，进一步细化设计方案。

(1) 码型发生器可产生用于测试的信号。在实际应用中，往往可以有多种选择。常用的有：带不同周期长度的伪随机序列码、带一定帧结构的序列码以及一些规则序列码等。本例采用的是伪随机序列码。

在测试的过程中，为了使测试结果尽可能真实地反映被测系统的性能，测试数据应该是 0、1 等概且相互独立的随机数字序列，具有与噪声相似的性质。但是，真正的随机信号和噪声是不能重复再现和产生的，所以只能产生一种周期性的脉冲信号来近似随机噪声，即伪随机序列。本例中采用的 m 序列码即伪随机序列，是由带线性反馈的移位寄存器产生的周期最长的一种序列。虽然是周期信号，但它具有类似于随机信号较好的自相关特性。

m 序列的产生比较简单，利用带线性反馈的 r 级移位寄存器就可以产生长度为 $2^r - 1$ 的 m 序列，如图 9-29 所示。其中，C_r，C_{r-1}，…，C_0 为反馈系数，也是特征多项式系数。这些系数的取值为 "1" 或 "0"，"1" 表示该反馈支路连同，"0" 表示该反馈支路断开。

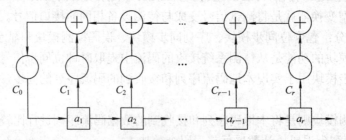

图 9-29　移位寄存器产生 m 序列的结构

r 级移位寄存器的反馈路径由 m 序列的特征多项式决定，m 序列特征多项式的一般表达式为

$$f_{\text{SSRG}}(x) = C_r x^r + C_{r-1} x^{r-1} + \cdots + C_3 x^3 + C_2 x^2 + C_1 x^1 + C_0 x^0$$

本例取该伪随机序列发生器的特征多项式为

$$f_{\text{SSRG}}(15) = C_{15} x^{15} + C_{14} x^{14} + C_0$$

即产生长度为 $2^{15} - 1$ 的 m 序列。

(2) 序列同步模块。由于已知发送部分的周期性 m 序列的产生过程，在接收部分本地也可以产生相同的 m 序列。如果被测的信道或系统无误码，接收的序列码与本地产生的序列码应该完全相同；如果有误码，对序列周期内的码元一一比较，就可以检测出误码的个数。但进行误码检测时，首先本地序列和接收序列应该以一个周期的同一位置为起点开始比较。序列同步模块的作用就是在误码检测的序列比较前进行序列同步，使本地 m 序列与发送端的 m 序列初始相位相同。

常见的序列同步方法有滑动相关法、序列相关法和 SAW 器件捕捉法等。但是这些方法都有实现结构复杂、同步时间长等缺点。例如：滑动相关法的基本原理就是将本地的 m 序列发生器产生的 m 序列和所接收的 m 序列进行逐位比较，若两个 m 序列同步，则比较器输出传输误码；若两 m 序列不同步，则比较器输出的是由于失步造成的误码。由于失步造成的误码较大(根据 m 序列的特性，其误码率应为 0.5)，因此可根据误码率门限来区分检测系统是否失步，若失步，则让本地 m 序列发生器等待一个位时钟周期，依次逐位比较，并逐位控制本地 m 序列发生器的等待时间，直至两序列完全同步。这种方法如果顺利的话，可以 1~2 个时钟周期即取得同步；但如果本地序列和接收序列的初始相位相差很大的话，可能就需要成千上万个时钟周期才能同步了。

为了使误码检测电路能在不知发端序列发生器的初始状态的情况下实现序列的快速同步，本例采用图 9-30 所示的序列同步模块电路来实现。

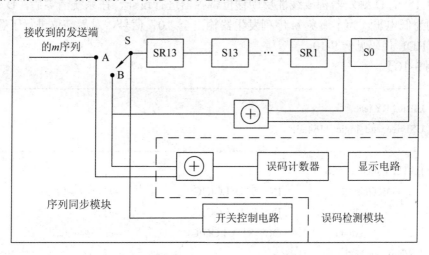

图 9-30　序列同步模块及误码检测模块框图

由于 m 序列的下一个存储器状态组合仅取决于当前的状态组合，也就是说每一个存储器中的 m 序列状态组合都是相同的，只是初始相位有所差异而以，所以在启动误码检测电路时，开关 S 先接到 A 点，这样就形成了一个开环系统，来自码型发生器的伪随机序列载入到 15 个移位寄存器中。当 15 个移位寄存器存满以后，开关控制电路将开关 S 接到 B 点，进行正式测量。

由于 m 序列的下一个状态仅取决于当前状态，所以如果最初接收到的 15 个码元都是正确的，那么就认为达到了预同步。为了防止假同步，规定如果误码检测模块检测到的误码值在连续的 10 个码元周期内都没有增加，那么就认为序列同步，否则需要重新进行同步操作，即开关再次接到 A 点，重复以上过程，直到同步为止。采用这一方法的优点是可大大缩短序列同步所需的时间。

(3) 误码检测模块。误码检测模块主要由误码计数器组成，序列同步后，从待测系统中接收到的序列与本地 m 序列直接进行一一比较，当出现误码时，误码计数器自动加 1，计数结果就可以送到误码显示模块进行显示了。

由于序列同步模块要防止伪同步，需要进行误码检测，所以可以将序列同步模块和误码检测模块合并到一起来进行设计。

(4) 显示模块。可以采用七段数码管对误码个数进行显示。也可以对一段时间的误码进行统计，以误码率的形式显示出来。显示部分的电路在前面的例子中已经说明，这里就不详细阐述了。

综上所述，实际上要设计的主要有两个功能模块：m 序列码型发生器模块和序列同步与误码检测模块。

4. 模块设计

1) m 序列码型发生器模块

本例中，假设信号速率为 2048 kbit/s，m 序列的特征多项式为

$$f_{\text{SSRG}}(15) = C_{15}x^{15} + C_{14}x^{14} + C_0$$

采用 15 个 D 触发器构成线性反馈移位寄存器进行设计，在系统清零后，D 触发器输出状态均为低电平，为了避免 m 序列发生器输出全 "0" 信号，对最高位进行了置 1 操作。具体的 VHDL 代码见例 9-10。

【例 9-10】

```
L1   ------------------------------------------------------------------------
L2   LIBRARY ieee;
L3   USE ieee.std_logic_1164.all;
L4   ------------------------------------------------------------------------
L5   ENTITY mcode15 IS
L6       PORT(clrn_1      : IN   STD_LOGIC;        --复位清零信号
L7            clk         : IN   STD_LOGIC;        --时钟
L8            txdata      : OUT STD_LOGIC);        --m 序列码输出
L9   END mcode15;
L10  ------------------------------------------------------------------------
L11  ARCHITECTURE   behav OF mcode15 IS
L12      SIGNAL reg:STD_LOGIC_VECTOR(14 DOWNTO 0);  --寄存器
```

L13　BEGIN

L14　　　　PROCESS(clk,clrn_l)

L15　　　　BEGIN

L16　　　　　IF(clrn_l = '0')　　THEN reg <= (OTHERS => '0');

L17　　　　　ELSIF(clk'EVENT AND clk = '1')THEN

L18　　　　　　　IF (reg = "000000000000000") THEN

L19　　　　　　　　reg (14) <= '1'; reg (13 DOWNTO 0) <= (OTHERS => '0');

L20　　　　　　　　　　　　　　　　　　　　　--出现全零时，移位寄存器最高位置 1

L21　　　　　　　ELSE reg (13 DOWNTO 0) <= reg (14 DOWNTO 1);　　　--移位

L22　　　　　　　　reg(14) <= reg(1) XOR　　reg(0);　　　　　　　--反馈

L23　　　　　　　END IF;

L24　　　　　END IF;

L25　　　END PROCESS;

L26　　　txdata <= reg(14);

L27　END behav;

L28　--

由于 m 序列的最长周期是 $2^{15} - 1 = 32767$，可以通过仿真看其波形是否正确，因为篇幅有限，这里就不阐述了。

2) 序列同步及误码检测模块

根据序列同步的工作过程，序列同步模块可以进一步细化成如图 9-31 所示的序列同步的工作流程图。

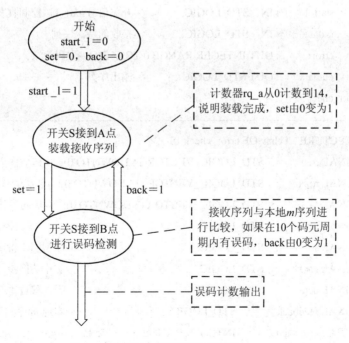

图 9-31　序列同步流程图

序列同步时总共有三种工作状态。

(1) 开始状态。start_1 信号处于低电平，接收系统处于停滞状态，当 start_1 信号为高电平时，发端和收端实现了互联，接收来自被测系统的信号 rxdata，进入下一状态。

(2) 开关 S 接到 A 点状态。将接收的信号 rxdata 一一装载入本地 m 序列的移位寄存器 rreg 中，当计数器 rq_a 由 0 计数到 14 时，表示装载完毕，set 信号由低电平变为高电平，进入下一状态。

(3) 开关 S 接到 B 点状态。开始误码检测过程，如果在连续 10 个码元(用 rq_b 计数器进行计数)周期内误码计数器的值都没有增加，说明序列已经同步(信号 sb 由 0 变成 1)；否则，back 信号出现一个高电平，使 set 信号由高电平变为低电平，即开关 S 重新接到 A 点，重复装载和序列同步的过程。

确认序列同步后(信号 sb=1)，将接收的信号与本地 m 序列进行逐位比较，如果接收信号出现一个误码，误码计数器自动加 1。

序列同步及误码检测模块的 VHDL 代码见例 9-11。

【例 9-11】

```
L1   --------------------------------------------------------------------------------
L2   LIBRARY ieee;
L3   USE ieee.std_logic_1164.ALL;
L4   USE ieee.std_logic_unsigned.ALL;
L5   --------------------------------------------------------------------------------
L6   ENTITY error_check IS
L7      PORT(rclk      : IN   STD_LOGIC;          --收时钟，一般从被测电路提取
L8           start_1   : IN   STD_LOGIC;          --开关信号start_1，控制收发模块之间连接
L9           rxdata    : IN   STD_LOGIC;          --接收的待测序列
L10          error     : OUT INTEGER RANGE 0 TO 65535; --误码个数
L11          outdata   : OUT STD_LOGIC);          --输出序列
L12  END error_check;
L13  --------------------------------------------------------------------------------
L14  ARCHITECTURE   behav OF error_check IS
L15     SIGNAL rreg      : STD_LOGIC_VECTOR(14 DOWNTO 0);  --15个移位寄存器
L16     SIGNAL rq_a      : STD_LOGIC_VECTOR (14 DOWNTO 0); --装载计数器a
L17     SIGNAL rq_b      : STD_LOGIC_VECTOR (3 DOWNTO 0);  --伪同步计数器b
L18     SIGNAL set       : STD_LOGIC;                      --开关控制信号
L19     SIGNAL sb        : STD_LOGIC;                      --序列同步指示信号
L20     SIGNAL back      : STD_LOGIC;                      --防止伪同步信号
L21     SIGNAL data      : STD_LOGIC;                      --送入移位寄存器中的序列
L22     SIGNAL feedback   : STD_LOGIC;                     --本地 m 序列输出
L23     SIGNAL error_temp  : INTEGER RANGE 0 TO 65535;     --误码计数器
L24  BEGIN
```

```
L25        outdata <= data;
L26        error <= error_temp;
L27        p0 : PROCESS( rclk, start_l )
L28        BEGIN
L29            IF( start_l = '0')    THEN rq_a <= ( OTHERS => '0' );
L30            ELSIF( rclk'EVENT AND rclk = '1')    THEN
L31                rq_a <= rq_a+1;
L32            END IF;
L33        END PROCESS p0;
L34        p1 : PROCESS( rclk, start_l )
L35        BEGIN
L36            IF(start_l = '0' ) THEN rreg <= ( OTHERS => '0' );
L37            ELSIF( rclk'EVENT   AND    rclk = '1' )THEN
L38                rreg(13 DOWNTO 0) <= rreg(14 DOWNTO 1);
L39                rreg(14)<=data;
L40            END IF;
L41        END PROCESS p1;
L42        feedback<=Rreg(1)XOR Rreg(0);              --移位寄存器产生的反馈输出
L43        p2 :   PROCESS( rclk, set )                --开关控制
L44        BEGIN
L45            IF ( start_l = '0' )    THEN data <= rxdata;
L46            ELSIF(rclk'EVENT AND rclk = '1') THEN
L47                IF(set = '0')    THEN data <= rxdata;        --rxdata序列送入移位寄存器中
L48                ELSE    data <= feedback;              --反馈送入移位寄存器中
L49                END IF;
L50            END IF;
L51        END PROCESS p2;
L52        p3: PROCESS( rclk, set )
L53        BEGIN
L54            IF( set = '0' ) THEN    error_temp <= 0;
L55            ELSIF ( rclk' EVENT AND rclk = '1') THEN
L56                IF ( rxdata /= feedback) THEN    error_temp <= error_temp+1;
L57                        --误码检测，如果接收信号与本地 m 序列不一致，则误码数加1
L58                ELSE error_temp <= error_temp;         --否则误码计数保持
L59                END IF;
L60            END IF;
L61        END PROCESS p3;
```

```
L62        p4 :   PROCESS( rclk, set )                          --计数器，统计开关接到B后10bit计数器
L63        BEGIN
L64            IF( set = '0')    THEN    rq_b <= ( OTHERS => '0'); sb <= '0';
L65            ELSIF( rclk'EVENT AND rclk = '1')    THEN
L66                IF ( rq_b = "1010" )THEN    sb <= '1'; rq_b <= rq_b;
L67                                            --如果rq_b计数到10，sb置高电平，计数保持
L68                ELSE    rq_b <= rq_b+1;
L69                END IF;
L70            END IF;
L71        END PROCESS p4;
L72        p5 : PROCESS( rclk, se t)                          --伪同步检测
L73        BEGIN
L74            IF( set = '0' ) THEN back <= '0';
L75            ELSIF ( rclk'EVENT AND rclk = '1')    THEN
L76                IF ( ( sb = '0' ) AND (error_temp >= 1) AND ( rq_b = "1001" ) ) THEN back <= '1';
L77                                --如果在10个码元周期内误码计数值发生变化，back置高
L78                END IF;
L79            END IF;
L80        END PROCESS p5;
L81        p6 : PROCESS( rclk, start_l, back )
L82        BEGIN
L83            IF( start_l = '0' ) THEN set <= '0';
L84            ELSIF(rclk'EVENT AND rclk='1')THEN
L85                IF (rq_a = "1110" ) THEN set <= '1';
L86 --计数器a到14时，表示从接收端来的数据装载结束，开关接到b,与本地 m 序列比较进行误码检测
L87            ELSIF ( back = '1' )THEN set <= '0';                --出现伪同步时，重新加载
L88                END IF;
L89            END IF;
L90        END PROCESS p6;
L91 END behav;
L92 ---------------------------------------------------------------------------------------------------------
```

要验证序列同步和误码检测模块的设计是否满足要求，需要输入来自被测系统输出的信号，可以将发送部分产生的 m 序列码人为加上一些误码，作为被测系统(信道)的信号送入接收部分来进行仿真。所以，直接进行顶层设计和仿真即可。

5. 顶层设计

为了直观起见，顶层设计采用原理图的方式将发送部分的码型发生器和接收部分的序列同步及误码检测模块按照如图 9-32 所示连接起来。

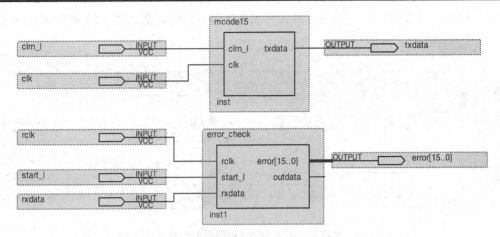

图 9-32　误码检测器顶层原理图

接收部分的时钟本应该从待测接收码流中提取，这里在仿真时，暂时以发送端的时钟来代替，接收部分的输入信号 rxdata 可以采用发送部分的输出信号 txdata 处理后送入。为了充分验证设计是否满足既定要求，可以在无误码时、序列同步后人为加入误码时以及出现伪同步时三种情况下，进行仿真验证。

(1) 无误码时的情况。无误码时的仿真图如图 9-33 和图 9-34 所示。rxdata 与 txdata 完全相同，无误码，误码检测计数输出 error 为 0。

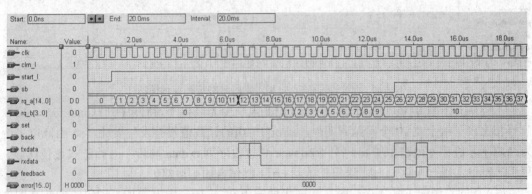

图 9-33　无误码时的仿真波形图(前)

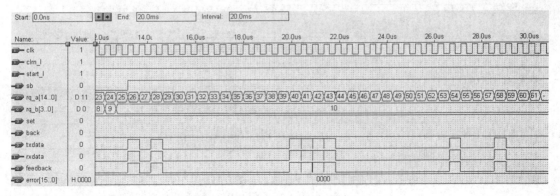

图 9-34　无误码时的仿真波形图(后)

(2) 人为加入误码时。在 rxdata 中人为加入误码时的仿真图如图 9-35 和图 9-36 所示。

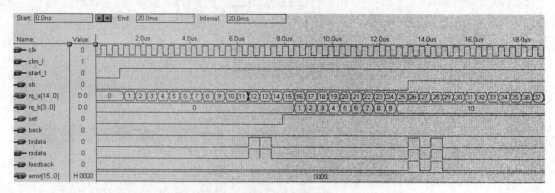

图 9-35　序列同步后人为加上误码时的仿真波形图(前)

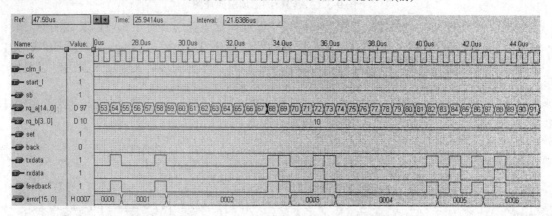

图 9-36　序列同步后人为加上误码时的仿真波形图(后)

从图 9-35 和图 9-36 可以看出，set 信号由低电平变为高电平，待测序列 rxdata 与 feedback 信号相比较，由于在 10 个码元周期内，error[15..0]的计数值没有发生变化，sb 由低电平变为高电平，说明本地产生的 m 序列 feedback 和接收序列 rxdata 同步，开始正式逐位比较，每当 rxdata 出现一个误码时，误码计数器 error 就作自加 1 运算。

(3) 伪同步情况下加入误码时。伪同步情况下在 rxdata 中人为加入误码时的仿真图如图 9-37 和图 9-38 所示。

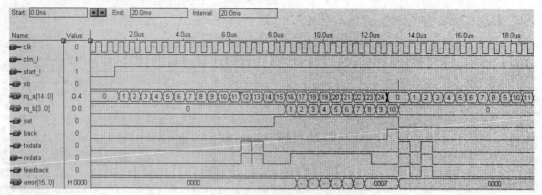

图 9-37　伪同步时加入误码时的仿真波形图(前)

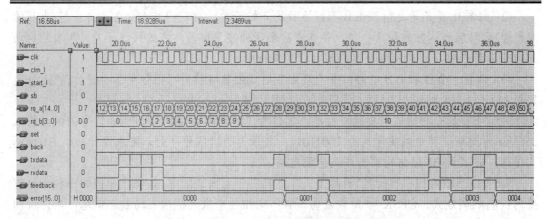

图 9-38 伪序列同步时加入误码时的仿真波形图(后)

如图 9-37 所示，在 start_1 信号使能作用下，伪随机序列发生器产生的 m 序列装载入接收端的 15 个移位寄存器中，但是当 m 序列装载完成后，在连续的 10 个码元周期内，出现了误码，error 计数值发生变化，说明出现了伪同步的情况，这时 back 由低变高，而 set 由高变低，需要重新装载和序列同步。

从以上的波形仿真及分析可以得到结论：所有功能模块工作正常，可以进行离线误码检测。

6. 适配下载与硬件验证

离线误码检测仪系统在完成逻辑描述和仿真测试并达到设计要求后，需要下载到含有目标芯片的开发系统上，进行实际检验。

本例可选用 EDA 综合实验箱作为开发平台，误码检测结果可以用数码管显示出来。

7. 设计报告(略)

习　题

9-1　设计一个简单数字钟系统，具有计时、校时和闹钟的功能。写出设计的详细过程和源代码，并进行软件仿真和硬件验证。

9-2　设计一个数字电子密码锁，要求：

(1) 电子锁开锁密码为 8 位二进制码，用开关输入开锁密码。

(2) 开锁密码是有序的，若顺序不对，即用灯光或声音报警。

9-3　设计一个自适应频率计，测量范围为 0~1 MHz，量程分为 3 挡：10 kHz(0~9.99 kHz)，100 kHz(0~99.9 kHz)，1 MHz(0~999 kHz)，用 3 位七段数码管显示测量结果。当测量频率大于或小于所选量程，频率计自动换挡，当超出量程范围时，显示器的高位指示 F。

9-4　设计一个由甲乙双方参赛的乒乓球游戏机。要求：

(1) 用 8 个发光管排成一条直线，中间为界线，两边各代表参赛双方的位置，其中一只点亮的发光管指示球当前位置，点亮的发光管依次从左到右或从右到左，移动速度可以调节。

(2) 每局比赛开始之前，由裁判按下每局开始开关，决定由其中一方发球，球(点亮的发光管)运动就到这方的最后一位，参赛者应果断地按下自己一方的按钮开关，即表示启动拍击球，若击中，则球向相反方向移动；若未击中，则对方得 1 分。

(3) 设置一个自动记分电路，甲乙双方各用 2 位数码管进行记分显示，每计满 21 分为 1 局。

9-5　E1 是一种通信电路接口标准，其信号工作速率为 2048 kbit/s，信号的帧结构以 256 bit 为周期，其中帧头序列为 10011011，其余为随机信号序列，要求设计一个 E1 帧结构序列，并实现 E1 帧结构同步序列检测电路。

9-6　QPSK(四相相移键控)调制方式广泛应用于无线通信中，是现代通信的一种十分重要的调制解调方式。QPSK 利用载波的四种不同相位差来表征输入的数字信息，具体调制方式等请参考相关资料。设输入的二进制数字序列中每两个比特分成一组，共有四种组合，即 00、01、10、11，分别代表四进制 4 个相位符号中的一个符号。要求实现 QPSK 调制部分的串并变换和差分编码，以及解调部分的差分解码和并串变换过程的电路设计。

9-7　设计一个汽车尾灯控制器，实现对汽车尾灯显示状态的控制。在汽车尾部左右两侧各有 3 个指示灯(假定采用发光二极管模拟)，根据汽车运行情况，指示灯具有 4 种不同的显示模式: (1) 汽车正向行驶时，左右两侧的指示灯全部处于熄灭状态; (2) 汽车右转弯行驶时，右侧的 3 个指示灯按右循环顺序点亮; (3) 汽车左转弯行驶时，左侧 3 个指示灯按左循环顺序电亮; (4) 汽车临时刹车时，左右两侧的指示灯同时处于闪烁状态。

附录 A　预定义程序包

　　此处给出本书所用到的几个常用预定义程序包的定义，方便读者进一步理解调用不同程序包的原因。

A.1　STD 库程序包

A.1.1　standard 程序包

　　VHDL 标准程序包(standard)是 VHDL 标准库 STD 中的一个程序包，它预定义了一些类型、子类型和函数。在每个设计单元开始时，已隐式声明了这个标准包的调用，不必再引用库说明语句，但用户不能对这个标准包进行修改。

　　因为在标准程序包中预定义类型的操作是隐式声明的，所以在注释中应予以写出。

```
L1    ----------------------------------------------------------------------------------------------------------
L2    PACKAGE standard IS
L3        TYPE boolean IS (FALSE, TRUE);
L4             --定义数据类型 BOOLEAN，可进行如下预定义的操作
L5             --FUNCTION "and" (anonymous, anonymous: boolean) RETURN boolean;
L6             --FUNCTION "or" (anonymous, anonymous: boolean) RETURN boolean;
L7             --FUNCTION "nand" (anonymous, anonymous: boolean) RETURN boolean;
L8             --FUNCTION "nor" (anonymous, anonymous: boolean) RETURN boolean;
L9             --FUNCTION "xor" (anonymous, anonymous: boolean) RETURN boolean;
L10            --FUNCTION "xnor" (anonymous, anonymous: boolean) RETURN boolean;
L11            --FUNCTION "not" (anonymous: boolean) RETURN boolean;
L12            --FUNCTION "=" (anonymous, anonymous: boolean) RETURN boolean;
L13            --FUNCTION "/=" (anonymous, anonymous: boolean) RETURN boolean;
L14            --FUNCTION "<" (anonymous, anonymous: boolean) RETURN boolean;
L15            --FUNCTION "<=" (anonymous, anonymous: boolean) RETURN boolean;
L16            --FUNCTION ">" (anonymous, anonymous: boolean) RETURN boolean;
L17            --FUNCTION ">=" (anonymous, anonymous: boolean) RETURN boolean;
L18
L19        TYPE bit IS ('0', '1');
L20            --定义数据类型 BIT，可进行如下预定义的操作
```

L21	--FUNCTION "and" (anonymous, anonymous: bit) RETURN bit;
L22	--FUNCTION "or" (anonymous, anonymous: bit) RETURN bit;
L23	--FUNCTION "nand" (anonymous, anonymous: bit) RETURN bit;
L24	--FUNCTION "nor" (anonymous, anonymous: bit) RETURN bit;
L25	--FUNCTION "xor" (anonymous, anonymous: bit) RETURN bit;
L26	--FUNCTION "xnor" (anonymous, anonymous: bit) RETURN bit;
L27	--FUNCTION "not" (anonymous: bit) RETURN bit;
L28	--FUNCTION "=" (anonymous, anonymous: bit) RETURN boolean;
L29	--FUNCTION "/=" (anonymous, anonymous: bit) RETURN boolean;
L30	--FUNCTION "<" (anonymous, anonymous: bit) RETURN boolean;
L31	--FUNCTION "<=" (anonymous, anonymous: bit) RETURN boolean;
L32	--FUNCTION ">" (anonymous, anonymous: bit) RETURN boolean;
L33	--FUNCTION ">=" (anonymous, anonymous: bit) RETURN boolean;
L34	
L35	TYPE character IS (
L36	NUL, SOH, STX, ETX, EOT, ENQ, ACK, BEL,
L37	BS, HT, LF, VT, FF, CR, SO, SI,
L38	DLE, DC1, DC2, DC3, DC4, NAK, SYN, ETB,
L39	CAN, EM, SUB, ESC, FSP, GSP, RSP, USP,
L40	' ', '!', '"', '#', '$', '%', '&', ''',
L41	'(', ')', '*', '+', ',', '-', '.', '/',
L42	'0', '1', '2', '3', '4', '5', '6', '7',
L43	'8', '9', ':', ';', '<', '=', '>', '?',
L44	'@', 'A', 'B', 'C', 'D', 'E', 'F', 'G',
L45	'H', 'I', 'J', 'K', 'L', 'M', 'N', 'O',
L46	'P', 'Q', 'R', 'S', 'T', 'U', 'V', 'W',
L47	'X', 'Y', 'Z', '[', '\', ']', '^', '_',
L48	'`', 'a', 'b', 'c', 'd', 'e', 'f', 'g',
L49	'h', 'i', 'j', 'k', 'l', 'm', 'n', 'o',
L50	'p', 'q', 'r', 's', 't', 'u', 'v', 'w',
L51	'x', 'y', 'z', '{', '|', '}', '~', DEL,
L52	C128, C129, C130, C131, C132, C133, C134, C135,
L53	C136, C137, C138, C139, C140, C141, C142, C143,
L54	C144, C145, C146, C147, C148, C149, C150, C151,
L55	C152, C153, C154, C155, C156, C157, C158, C159,
L56	' ', 4 '¢', '£', ' ', '¥', '¦', ' ', '§',
L57	'"', '.', 'ª', ' ', ' ', ' ', '-', '5 ', ' ', '¯',
L58	'°', '±', '²', '³', '"', ' ', ' ', ' ', '•',
L59	' ', '¹', 'º', ' ', '1/4', '1/2', '3/4', ' ',

L60　　　　　　　　　　　　　'à', 'á', ' ', ' ', ' ', ' ', ' ', ' ', ' ',

L61　　　　　　　　　　　　　'è', 'é', 'ê', ' ', ' ', 'ì', 'í', ' ', ' ', ' ',

L62　　　　　　　　　　　　　'Đ. ', ' ', 'ò', 'ó', ' ', ' ', ' ', ' ', '◊',

L63　　　　　　　　　　　　　' ', 'ù', 'ú', ' ', 'ü', '"Y', '"P', ' ',

L64　　　　　　　　　　　　　'à', 'á', 'a', ' ', ' ', ' ', ' ', ' ', ' ',

L65　　　　　　　　　　　　　'è', 'é', 'ê', ' ', ' ', 'ì', 'í', ' ', ' ', ' ',

L66　　　　　　　　　　　　　'∂', ' ', 'ò', 'ó', ' ', ' ', ' ', ' ', '÷',

L67　　　　　　　　　　　　　' ', 'ù', 'ú', ' ', 'ü', 'y"', 'p"', ' '

L68　　　　　　　　　　　　　　　　　　　　　　　　　　　　　);

L69　　--定义数据类型 CHARACTER，该类型可进行如下预定义的操作

L70　　--FUNCTION "=" (anonymous, anonymous: character) RETURN boolean;

L71　　--FUNCTION "/=" (anonymous, anonymous: character) RETURN boolean;

L72　　--FUNCTION "<" (anonymous, anonymous: character) RETURN boolean;

L73　　--FUNCTION "<=" (anonymous, anonymous: character) RETURN boolean;

L74　　--FUNCTION ">" (anonymous, anonymous: character) RETURN boolean;

L75　　--FUNCTION ">=" (anonymous, anonymous: character) RETURN boolean;

L76

L77　TYPE SEVERITY_LEVEL IS (NOTE, WARNING, ERROR, FAILURE);

L78　　--定义错误等级，该类型可进行如下预定义的操作

L79　　--FUNCTION "=" (anonymous, anonymous: SEVERITY_LEVEL) RETURN boolean;

L80　　--FUNCTION "/=" (anonymous, anonymous: SEVERITY_LEVEL) RETURN boolean;

L81　　--FUNCTION "<" (anonymous, anonymous: SEVERITY_LEVEL) RETURN boolean;

L82　　--FUNCTION "<=" (anonymous, anonymous: SEVERITY_LEVEL) RETURN boolean;

L83　　--FUNCTION ">" (anonymous, anonymous: SEVERITY_LEVEL) RETURN boolean;

L84　　--FUNCTION ">=" (anonymous, anonymous: SEVERITY_LEVEL) RETURN boolean;

L85

L86　TYPE universal_integer IS range implementation_defined;

L87　　--此类型可进行如下预定义的操作

L88　　--FUNCTION "=" (anonymous, anonymous: universal_integer) RETURN boolean;

L89　　--FUNCTION "/=" (anonymous, anonymous: universal_integer) RETURN boolean;

L90　　--FUNCTION "<" (anonymous, anonymous: universal_integer) RETURN boolean;

L91　　--FUNCTION "<=" (anonymous, anonymous: universal_integer) RETURN boolean;

L92　　--FUNCTION ">" (anonymous, anonymous: universal_integer) RETURN boolean;

L93　　--FUNCTION ">=" (anonymous, anonymous: universal_integer) RETURN boolean;

L94　　--FUNCTION "+" (anonymous: universal_integer) RETURN universal_integer;

L95　　--FUNCTION "-" (anonymous: universal_integer) RETURN universal_integer;

L96　　--FUNCTION "abs" (anonymous: universal_integer) RETURN universal_integer;

L97　　--FUNCTION "+" (anonymous, anonymous: universal_integer)RETURN universal_integer;

L98　　--FUNCTION "–" (anonymous, anonymous: universal_integer)RETURN universal_integer;

L99　　　　--FUNCTION "*" (anonymous, anonymous: universal_integer)RETURN universal_integer;

L100　　　　--FUNCTION "/" (anonymous, anonymous: universal_integer) RETURN universal_integer;

L101　　　　--FUNCTION"mod"(anonymous,anonymous:universal_integer)RETURNuniversal_integer;

L102　　　　--FUNCTION"rem"(anonymous,anonymous:universal_integer)RETURN universal_integer;

L103

L104　　　 TYPE universal_real IS range implementation_defined;

L105　　　　--此类型可进行如下预定义的操作

L106　　　　--FUNCTION "=" (anonymous, anonymous: universal_real) RETURN boolean;

L107　　　　--FUNCTION "/=" (anonymous, anonymous: universal_real) RETURN boolean;

L108　　　　--FUNCTION "<" (anonymous, anonymous: universal_real) RETURN boolean;

L109　　　　--FUNCTION "<=" (anonymous, anonymous: universal_real) RETURN boolean;

L110　　　　--FUNCTION ">" (anonymous, anonymous: universal_real) RETURN boolean;

L111　　　　--FUNCTION ">=" (anonymous, anonymous: universal_real) RETURN boolean;

L112　　　　--FUNCTION "+" (anonymous: universal_real) RETURN universal_real;

L113　　　　--FUNCTION "–" (anonymous: universal_real) RETURN universal_real;

L114　　　　--FUNCTION "abs" (anonymous: universal_real) RETURN universal_real;

L115　　　　--FUNCTION "+" (anonymous, anonymous: universal_real) RETURN universal_real;

L116　　　　--FUNCTION "–" (anonymous, anonymous: universal_real) RETURN universal_real;

L117　　　　--FUNCTION "*" (anonymous, anonymous: universal_real) RETURN universal_real;

L118　　　　--FUNCTION "/" (anonymous, anonymous: universal_real) RETURN universal_real;

L119　　　　--FUNCTION "*" (anonymous : universal_real; anonymous : universal_integer) RETURN

L120　　　　　　universal_real;

L121　　　　--FUNCTION "*" (anonymous : universal_integer; anonymous : universal_real) RETURN

L122　　　　　　universal_real;

L123　　　　--FUNCTION "/" (anonymous : universal_real; anonymous : universal_integer) RETURN

L124　　　　　　universal_real;

L125

L126　　　 TYPE integer IS range implementation_defined;

L127　　　　--定义数据类型 INTEGER，该类型可进行如下预定义的操作

L128　　　　--FUNCTION "**" (anonymous : universal_integer; anonymous : integer) RETURN

L129　　　　　　universal_integer;

L130　　　　--FUNCTION "**" (anonymous : universal_real; anonymous :　 integer) RETURN

L131　　　　　　universal_real;

L132　　　　--FUNCTION "=" (anonymous, anonymous : integer) RETURN boolean;

L133　　　　--FUNCTION "/=" (anonymous, anonymous: integer) RETURN boolean;

L134　　　　--FUNCTION "<" (anonymous, anonymous: integer) RETURN boolean;

L135　　　　--FUNCTION "<=" (anonymous, anonymous: integer) RETURN boolean;

L136　　　　--FUNCTION ">" (anonymous, anonymous: integer) RETURN boolean;

L137　　　　--FUNCTION ">=" (anonymous, anonymous: integer) RETURN boolean;

L138	--FUNCTION "+" (anonymous: integer) RETURN integer;
L139	--FUNCTION "−" (anonymous: integer) RETURN integer;
L140	--FUNCTION "abs" (anonymous: integer) RETURN integer;
L141	--FUNCTION "+" (anonymous, anonymous: integer) RETURN integer;
L142	--FUNCTION "−" (anonymous, anonymous: integer) RETURN integer;
L143	--FUNCTION "*" (anonymous, anonymous: integer) RETURN integer;
L144	--FUNCTION "/" (anonymous, anonymous: integer) RETURN integer;
L145	--FUNCTION "mod" (anonymous, anonymous: integer) RETURN integer;
L146	--FUNCTION "rem" (anonymous, anonymous: integer) RETURN integer;
L147	--FUNCTION "**" (anonymous: integer; anonymous: integer) RETURN integer;
L148	
L149	TYPE real IS range implementation_defined;
L150	--定义数据类型 REAL，该类型可进行如下预定义的操作
L151	--FUNCTION "=" (anonymous, anonymous: REAL) RETURN boolean;
L152	--FUNCTION "/=" (anonymous, anonymous: REAL) RETURN boolean;
L153	--FUNCTION "<" (anonymous, anonymous: REAL) RETURN boolean;
L154	--FUNCTION "<=" (anonymous, anonymous: REAL) RETURN boolean;
L155	--FUNCTION ">" (anonymous, anonymous: REAL) RETURN boolean;
L156	--FUNCTION ">=" (anonymous, anonymous: REAL) RETURN boolean;
L157	--FUNCTION "+" (anonymous: REAL) RETURN REAL;
L158	--FUNCTION "−" (anonymous: REAL) RETURN REAL;
L159	--FUNCTION "abs" (anonymous: REAL) RETURN REAL;
L160	--FUNCTION "+" (anonymous, anonymous: REAL) RETURN REAL;
L161	--FUNCTION "−" (anonymous, anonymous: REAL) RETURN REAL;
L162	--FUNCTION "*" (anonymous, anonymous: REAL) RETURN REAL;
L163	--FUNCTION "/" (anonymous, anonymous: REAL) RETURN REAL;
L164	--FUNCTION "**" (anonymous: REAL; anonymous: integer) RETURN REAL;
L165	
L166	TYPE TIME IS range implementation_defined
L167	units
L168	fs; -- femtosecond(飞秒)
L169	ps = 1000 fs; -- picosecond(皮秒)
L170	ns = 1000 ps; -- nanosecond(纳秒)
L171	us = 1000 ns; -- microsecond(微秒)
L172	ms = 1000 us; -- millisecond(毫秒)
L173	sec = 1000 ms; -- second(秒)
L174	min = 60 sec; -- minute(分)
L175	hr = 60 min; -- hour(小时)
L176	end units;

L177	--定义数据类型 TIME(时间)，该类型可进行如下预定义的操作
L178	--FUNCTION "=" (anonymous, anonymous: TIME) RETURN boolean;
L179	--FUNCTION "/=" (anonymous, anonymous: TIME) RETURN boolean;
L180	--FUNCTION "<" (anonymous, anonymous: TIME) RETURN boolean;
L181	--FUNCTION "<=" (anonymous, anonymous: TIME) RETURN boolean;
L182	--FUNCTION ">" (anonymous, anonymous: TIME) RETURN boolean;
L183	--FUNCTION ">=" (anonymous, anonymous: TIME) RETURN boolean;
L184	--FUNCTION "+" (anonymous: TIME) RETURN TIME;
L185	--FUNCTION "−" (anonymous: TIME) RETURN TIME;
L186	--FUNCTION "abs" (anonymous: TIME) RETURN TIME;
L187	--FUNCTION "+" (anonymous, anonymous: TIME) RETURN TIME;
L188	--FUNCTION "−" (anonymous, anonymous: TIME) RETURN TIME;
L189	--FUNCTION "*" (anonymous: TIME; anonymous: integer) RETURN TIME;
L190	--FUNCTION "*" (anonymous: TIME; anonymous: REAL) RETURN TIME;
L191	--FUNCTION "*" (anonymous: integer; anonymous: TIME) RETURN TIME;
L192	--FUNCTION "*" (anonymous: REAL; anonymous: TIME) RETURN TIME;
L193	--FUNCTION "/" (anonymous: TIME; anonymous: integer) RETURN TIME;
L194	--FUNCTION "/" (anonymous: TIME; anonymous: REAL) RETURN TIME;
L195	--FUNCTION "/" (anonymous, anonymous: TIME) RETURN universal_integer;
L196	
L197	SUBTYPE delay_length IS TIME range 0 fs to TIME'HIGH;
L198	-- A FUNCTION that RETURNs universal_to_physical_time (Tc)
L199	i mpure FUNCTION NOW RETURN DELAY_LENGTH;
L200	
L201	--数据类型 INTEGER(整数)的子类型
L202	SUBTYPE natural IS integer range 0 to integer'HIGH;　　--自然数类型
L203	SUBTYPE positive IS integer range 1 to integer'HIGH;　　--正整数类型
L204	
L205	--以下定义各数据类型的数组类型
L206	TYPE string IS ARRAY (POSITIVE range <>) OF character;
L207	--定义 STRING(字符串)类型，该类型是字符类型的数组，可进行如下预定义的操作
L208	--FUNCTION "=" (anonymous, anonymous: STRING) RETURN boolean;
L209	--FUNCTION "/=" (anonymous, anonymous: STRING) RETURN boolean;
L210	--FUNCTION "<" (anonymous, anonymous: STRING) RETURN boolean;
L211	--FUNCTION "<=" (anonymous, anonymous: STRING) RETURN boolean;
L212	--FUNCTION ">" (anonymous, anonymous: STRING) RETURN boolean;
L213	--FUNCTION ">=" (anonymous, anonymous: STRING) RETURN boolean;
L214	--FUNCTION "&" (anonymous: STRING; anonymous: STRING) RETURN STRING;
L215	--FUNCTION "&" (anonymous: STRING; anonymous: character) RETURN STRING;

L216	--FUNCTION "&" (anonymous: character; anonymous: STRING) RETURN STRING;
L217	--FUNCTION "&" (anonymous: character; anonymous: character) RETURN STRING;
L218	
L219	TYPE bit_vector IS ARRAY (NATURAL range <>) OF bit;
L220	--定义数据类型 BIT_VECTOR，该类型是位型的数组，可进行如下预定义的操作
L221	--FUNCTION "and" (anonymous, anonymous: bit_vector) RETURN bit_vector;
L222	--FUNCTION "or" (anonymous, anonymous: bit_vector) RETURN bit_vector;
L223	--FUNCTION "nand" (anonymous, anonymous: bit_vector) RETURN bit_vector;
L224	--FUNCTION "nor" (anonymous, anonymous: bit_vector) RETURN bit_vector;
L225	--FUNCTION "xor" (anonymous, anonymous: bit_vector) RETURN bit_vector ;
L226	--FUNCTION "xnor" (anonymous, anonymous: bit_vector) RETURN bit_vector;
L227	--FUNCTION "not" (anonymous: bit_vector) RETURN bit_vector;
L228	--FUNCTION "sll" (anonymous : bit_vector; anonymous : integer) RETURN bit_vector;
L229	--FUNCTION "srl" (anonymous : bit_vector; anonymous : integer) RETURN bit_vector;
L230	--FUNCTION "sla" (anonymous : bit_vector; anonymous : integer) RETURN bit_vector;
L231	--FUNCTION "sra" (anonymous : bit_vector;anonymous : integer)RETURN bit_vector;
L232	--FUNCTION"rol"(anonymous : bit_vector;anonymous : integer)RETURN bit_vector;
L233	--FUNCTION"ror"(anonymous: bit_vector;anonymous : integer)RETURN bit_vector;
L234	--FUNCTION "=" (anonymous, anonymous : bit_vector) RETURN boolean;
L235	--FUNCTION "/=" (anonymous, anonymous : bit_vector) RETURN boolean;
L236	--FUNCTION "<" (anonymous, anonymous : bit_vector) RETURN boolean;
L237	--FUNCTION "<=" (anonymous, anonymous : bit_vector) RETURN boolean;
L238	--FUNCTION ">" (anonymous, anonymous : bit_vector) RETURN boolean;
L239	--FUNCTION ">=" (anonymous, anonymous : bit_vector) RETURN boolean;
L240	--FUNCTION "&" (anonymous:bit_VECTOR; anonymous:bit_vector)RETURN bit_vector;
L241	--FUNCTION "&" (anonymous : bit_vector; anonymous : bit) RETURN bit_vector;
L242	--FUNCTION "&" (anonymous : bit; anonymous : bit_vector) RETURN bit_vector;
L243	--FUNCTION "&" (anonymous : bit; anonymous : bit) RETURN bit_vector;
L244	
L245	--以下定义各种文件操作的预定义类型
L246	TYPE FILE_OPEN_KIND IS (
L247	READ_MODE,　　　　　 -- Resulting access mode IS read-only.
L248	WRITE_MODE,　　　　　 -- Resulting access mode IS write-only.
L249	APPEND_MODE);
L250	-- Resulting access mode IS write-only; information IS appended to the end OF the exISting file.
L251	--可进行如下预定义的操作
L252	--FUNCTION "=" (anonymous, anonymous: FILE_OPEN_KIND) RETURN boolean;
L253	--FUNCTION "/=" (anonymous, anonymous: FILE_OPEN_KIND) RETURN boolean;
L254	--FUNCTION "<" (anonymous, anonymous: FILE_OPEN_KIND) RETURN boolean;

L255　　　　--FUNCTION "<=" (anonymous, anonymous: FILE_OPEN_KIND) RETURN boolean;

L256　　　　--FUNCTION ">" (anonymous, anonymous: FILE_OPEN_KIND) RETURN boolean;

L257　　　　--FUNCTION ">=" (anonymous, anonymous: FILE_OPEN_KIND) RETURN boolean;

L258

L259　　　　TYPE FILE_OPEN_STATUS IS (

L260　　　　　OPEN_OK,　　　　　　-- File open was successful

L261　　　　　STATUS_ERROR,　　　-- File object was already open

L262　　　　　NAME_ERROR,　　　　-- External file not found or inaccessible.

L263　　　　　MODE_ERROR);　　　　-- Could not open file with requested access mode.

L264　　　　--可进行如下预定义的操作

L265　　　　--FUNCTION "=" (anonymous, anonymous: FILE_OPEN_STATUS) RETURN boolean;

L266　　　　--FUNCTION "/=" (anonymous, anonymous: FILE_OPEN_STATUS) RETURN boolean;

L267　　　　--FUNCTION "<" (anonymous, anonymous: FILE_OPEN_STATUS) RETURN boolean;

L268　　　　--FUNCTION "<=" (anonymous, anonymous: FILE_OPEN_STATUS) RETURN boolean;

L269　　　　--FUNCTION ">" (anonymous, anonymous: FILE_OPEN_STATUS) RETURN boolean;

L270　　　　--FUNCTION ">=" (anonymous, anonymous: FILE_OPEN_STATUS) RETURN boolean;

L271

L272　　　--预定义外部属性

L273　　　attribute FOREIGN: STRING;

L274　　　--此类型可进行如下预定义的操作

L275　　　　--FUNCTION "=" (anonymous, anonymous: FILE_OPEN_STATUS) RETURN boolean;

L276　　　　--FUNCTION "/=" (anonymous, anonymous: FILE_OPEN_STATUS) RETURN boolean;

L277　　　　--FUNCTION "<" (anonymous, anonymous: FILE_OPEN_STATUS) RETURN boolean;

L278　　　　--FUNCTION "<=" (anonymous, anonymous: FILE_OPEN_STATUS) RETURN boolean;

L279　　　　--FUNCTION ">" (anonymous, anonymous: FILE_OPEN_STATUS) RETURN boolean;

L280　　　　--FUNCTION ">=" (anonymous, anonymous: FILE_OPEN_STATUS) RETURN boolean;

L281 END standard;

L282 --

A.1.2　textio 程序包

STD 库中的 textio 程序包有 87 和 93 两个版本，二者在文件使用上有一些不同。虽然 STD 库是默认打开的，但 textio 程序包必须要使用 USE 语句显示打开，即在设计文件的开端加上以下语句：

L1　--

L2　USE std.textio.all;

L3　--

93 标准的 textio 程序包定义如下，该程序包代码的书写格式沿用原库中的书写格式，与本书前面章节所约定的规范代码书写格式不同，但不影响读者阅读。

```
L1    ------------------------------------------------------------------------------------------------
L2    PACKAGE textio IS
L3
L4        -- Type definitions for Text I/O
L5        type LINE is access string;
L6        type TEXT is file of string;
L7        type SIDE is (right, left);
L8        subtype WIDTH is natural;
L9
L10       -- Standard Text Files
L11       file input : TEXT open READ_MODE is "STD_INPUT";
L12       file output : TEXT open WRITE_MODE is "STD_OUTPUT";
L13
L14       -- Input Routines for Standard Types
L15       procedure READLINE(file F: TEXT; L: out LINE);
L16
L17       procedure READ(L:inout LINE; VALUE: out bit; GOOD : out BOOLEAN); --重载过程 READ
L18       procedure READ(L:inout LINE; VALUE: out bit);
L19
L20       procedure READ(L:inout LINE; VALUE: out bit_vector; GOOD : out BOOLEAN);
L21       procedure READ(L:inout LINE; VALUE: out bit_vector);
L22
L23       procedure READ(L:inout LINE; VALUE: out BOOLEAN; GOOD : out BOOLEAN);
L24       procedure READ(L:inout LINE; VALUE: out BOOLEAN);
L25
L26       procedure READ(L:inout LINE; VALUE: out character; GOOD : out BOOLEAN);
L27       procedure READ(L:inout LINE; VALUE: out character);
L28       procedure READ(L:inout LINE; VALUE: out integer; GOOD : out BOOLEAN);
L29       procedure READ(L:inout LINE; VALUE: out integer);
L30
L31       procedure READ(L:inout LINE; VALUE: out real; GOOD : out BOOLEAN);
L32       procedure READ(L:inout LINE; VALUE: out real);
L33
L34       procedure READ(L:inout LINE; VALUE: out string; GOOD : out BOOLEAN);
L35       procedure READ(L:inout LINE; VALUE: out string);
L36
L37       procedure READ(L:inout LINE; VALUE: out time; GOOD : out BOOLEAN);
L38       procedure READ(L:inout LINE; VALUE: out time);
L39
```

```
L40        -- Output Routines for Standard Types
L41        procedure WRITELINE(file F : TEXT; L : inout LINE);
L42
L43        procedure WRITE(L : inout LINE; VALUE : in bit;    --重载过程 WRITE
L44               JUSTIFIED: in SIDE := right;
L45               FIELD: in WIDTH := 0);
L46
L47        procedure WRITE(L : inout LINE; VALUE : in bit_vector;
L48               JUSTIFIED: in SIDE := right;
L49               FIELD: in WIDTH := 0);
L50
L51        procedure WRITE(L : inout LINE; VALUE : in BOOLEAN;
L52               JUSTIFIED: in SIDE := right;
L53               FIELD: in WIDTH := 0);
L54
L55        procedure WRITE(L : inout LINE; VALUE : in character;
L56               JUSTIFIED: in SIDE := right;
L57               FIELD: in WIDTH := 0);
L58
L59        procedure WRITE(L : inout LINE; VALUE : in integer;
L60               JUSTIFIED: in SIDE := right;
L61               FIELD: in WIDTH := 0);
L62
L63        procedure WRITE(L : inout LINE; VALUE : in real;
L64               JUSTIFIED: in SIDE := right;
L65               FIELD: in WIDTH := 0;
L66               DIGITS: in NATURAL := 0);
L67
L68        procedure WRITE(L : inout LINE; VALUE : in string;
L69               JUSTIFIED: in SIDE := right;
L70               FIELD: in WIDTH := 0);
L71
L72        procedure WRITE(L : inout LINE; VALUE : in time;
L73               JUSTIFIED: in SIDE := right;
L74               FIELD: in WIDTH := 0;
L75               UNIT: in TIME := ns);
L76
L77        -- File Position Predicates
L78        -- function ENDLINE(variable L : in LINE) return BOOLEAN;
```

L79

L80   -- Function ENDLINE as declared cannot be legal VHDL, and

L81   --   the entire function was deleted from the definition

L82   --   by the Issues Screening and Analysis Committee (ISAC),

L83   --   a subcommittee of the VHDL Analysis and Standardization

L84   --   Group (VASG) on 10 November, 1988.   See "The Sense of

L85   --   the VASG", October, 1989, VHDL Issue Number 0032.

L86

L87   -- function ENDFILE (file f: TEXT) return BOOLEAN ;

L88 end;

L89 --

A.2   IEEE 库程序包

IEEE 库是 VHDL 常用的库，它包含 IEEE 标准程序包和其他支持工业标准的程序包。以下各程序包代码的书写格式均沿用原库中的书写格式，与本书前面章节约定的规范书写格式略有不同。

A.2.1   std_logic_1164 程序包

std_logic_1164 程序包是 IEEE 库最常用的程序包，它为设计者定义了满足工业标准的两个数据类型 STD_LOGIC 和 STD_LOGIC_VECTOR，并可完成位(BIT)类型和标准逻辑类型(STD_LOGIC)间的转换。若要在 VHDL 源文件中使用该程序包，则必须在文件的开端加上以下语句：

L1   --

L2   LIBRARY ieee;

L3   USE ieee.std_logic_1164.ALL;

L4   --

std_logic_1164 程序包的定义如下：

L1   --

L2   library std ;

L3   use std.standard.all ;

L4   --

L5   PACKAGE std_logic_1164 IS

L6

L7   -- logic state system   (unresolved)

L8   TYPE std_ulogic IS ('U',   -- Uninitialized

L9   'X',   -- Forcing Unknown

L10   '0',   -- Forcing   0

```
L11                              '1',   -- Forcing  1
L12                              'Z',   -- High Impedance
L13                              'W',   -- Weak    Unknown
L14                              'L',   -- Weak    0
L15                              'H',   -- Weak    1
L16                              '-'    -- Don't care
L17                              );     --声明数据类型 STD_ULOGIC，有 9 种取值
L18
L19        ATTRIBUTE logic_type_encoding : string ;
L20        ATTRIBUTE logic_type_encoding of std_ulogic:type is
L21                    -- ('U','X','0','1','Z','W','L','H','-')
L22                       ('X','X','0','1','Z','X','0','1','X') ;
L23
L24        TYPE std_ulogic_vector IS ARRAY ( NATURAL RANGE <> ) OF std_ulogic;
L25        -- resolution function
L26        FUNCTION resolved ( s : std_ulogic_vector ) RETURN std_ulogic; --声明决断函数
L27
L28        -- *** industry standard logic type ***
L29        SUBTYPE std_logic IS resolved std_ulogic; --声明数据类型 STD_LOGIC 为决断类型
L30        TYPE std_logic_vector IS ARRAY ( NATURAL RANGE <>) OF std_logic;
L31
L32        -- common subtypes
L33        SUBTYPE X01      IS resolved std_ulogic RANGE 'X' TO '1'; -- ('X','0','1')
L34        SUBTYPE X01Z     IS resolved std_ulogic RANGE 'X' TO 'Z'; -- ('X','0','1','Z')
L35        SUBTYPE UX01     IS resolved std_ulogic RANGE 'U' TO '1'; -- ('U','X','0','1')
L36        SUBTYPE UX01Z    IS resolved std_ulogic RANGE 'U' TO 'Z'; -- ('U','X','0','1','Z')
L37
L38        -- overloaded logical operators
L39        FUNCTION "and"   ( l : std_ulogic; r : std_ulogic ) RETURN UX01;
L40        FUNCTION "nand" ( l : std_ulogic; r : std_ulogic ) RETURN UX01;
L41        FUNCTION "or"    ( l : std_ulogic; r : std_ulogic ) RETURN UX01;
L42        FUNCTION "nor"   ( l : std_ulogic; r : std_ulogic ) RETURN UX01;
L43        FUNCTION "xor"   ( l : std_ulogic; r : std_ulogic ) RETURN UX01;
L44        FUNCTION "xnor" ( l : std_ulogic; r : std_ulogic ) RETURN UX01;
L45        FUNCTION "not"   ( l : std_ulogic                 ) RETURN UX01;
L46
L47        -- vectorized overloaded logical operators
L48        FUNCTION "and"   ( l, r : std_logic_vector   ) RETURN std_logic_vector;
L49        FUNCTION "and"   ( l, r : std_ulogic_vector ) RETURN std_ulogic_vector;
```

```
L50
L51      FUNCTION "nand" ( l, r : std_logic_vector   ) RETURN std_logic_vector;
L52      FUNCTION "nand" ( l, r : std_ulogic_vector ) RETURN std_ulogic_vector;
L53
L54      FUNCTION "or"    ( l, r : std_logic_vector   ) RETURN std_logic_vector;
L55      FUNCTION "or"    ( l, r : std_ulogic_vector ) RETURN std_ulogic_vector;
L56
L57      FUNCTION "nor"   ( l, r : std_logic_vector   ) RETURN std_logic_vector;
L58      FUNCTION "nor"   ( l, r : std_ulogic_vector ) RETURN std_ulogic_vector;
L59
L60      FUNCTION "xor"   ( l, r : std_logic_vector   ) RETURN std_logic_vector;
L61      FUNCTION "xor"   ( l, r : std_ulogic_vector ) RETURN std_ulogic_vector;
L62
L63   -- -----------------------------------------------------------------------
L64   -- Note : The declaration and implementation of the "xnor" function is
L65   -- specifically commented until at which time the VHDL language has been
L66   -- officially adopted as containing such a function. At such a point,
L67   -- the following comments may be removed along with this notice without
L68   -- further "official" balloting of this std_logic_1164 package. It is
L69   -- the intent of this effort to provide such a function once it becomes
L70   -- available in the VHDL standard.
L71   -- -----------------------------------------------------------------------
L72      FUNCTION "xnor" ( l, r : std_logic_vector   ) RETURN std_logic_vector;
L73      FUNCTION "xnor" ( l, r : std_ulogic_vector ) RETURN std_ulogic_vector;
L74
L75      FUNCTION "not"    ( l : std_logic_vector   ) RETURN std_logic_vector;
L76      FUNCTION "not"    ( l : std_ulogic_vector ) RETURN std_ulogic_vector;
L77
L78      -- conversion functions
L79      FUNCTION To_bit          ( s : std_ulogic;          xmap : BIT := '0') RETURN BIT;
L80      FUNCTION To_bitvector ( s : std_logic_vector ; xmap : BIT := '0') RETURN BIT_VECTOR;
L81      FUNCTION To_bitvector ( s : std_ulogic_vector; xmap : BIT := '0') RETURN BIT_VECTOR;
L82
L83      FUNCTION To_StdULogic       ( b : BIT                            ) RETURN std_ulogic;
L84      FUNCTION To_StdLogicVector   ( b : BIT_VECTOR             ) RETURN std_logic_vector;
L85      FUNCTION To_StdLogicVector   ( s : std_ulogic_vector ) RETURN std_logic_vector;
L86      FUNCTION To_StdULogicVector ( b : BIT_VECTOR             ) RETURN std_ulogic_vector;
L87      FUNCTION To_StdULogicVector ( s : std_logic_vector   ) RETURN std_ulogic_vector;
L88
```

```
L89        -- strength strippers and type convertors
L90        FUNCTION To_X01    ( s : std_logic_vector  ) RETURN   std_logic_vector;
L91        FUNCTION To_X01    ( s : std_ulogic_vector ) RETURN   std_ulogic_vector;
L92        FUNCTION To_X01    ( s : std_ulogic        ) RETURN   X01;
L93        FUNCTION To_X01    ( b : BIT_VECTOR         ) RETURN   std_logic_vector;
L94        FUNCTION To_X01    ( b : BIT_VECTOR         ) RETURN   std_ulogic_vector;
L95        FUNCTION To_X01    ( b : BIT                ) RETURN   X01;
L96
L97        FUNCTION To_X01Z ( s : std_logic_vector  ) RETURN   std_logic_vector;
L98        FUNCTION To_X01Z ( s : std_ulogic_vector ) RETURN   std_ulogic_vector;
L99        FUNCTION To_X01Z ( s : std_ulogic        ) RETURN   X01Z;
L100       FUNCTION To_X01Z ( b : BIT_VECTOR        ) RETURN   std_logic_vector;
L101       FUNCTION To_X01Z ( b : BIT_VECTOR        ) RETURN   std_ulogic_vector;
L102       FUNCTION To_X01Z ( b : BIT                ) RETURN   X01Z;
L103
L104       FUNCTION To_UX01    ( s : std_logic_vector  ) RETURN   std_logic_vector;
L105       FUNCTION To_UX01    ( s : std_ulogic_vector ) RETURN   std_ulogic_vector;
L106       FUNCTION To_UX01    ( s : std_ulogic        ) RETURN   UX01;
L107       FUNCTION To_UX01    ( b : BIT_VECTOR         ) RETURN   std_logic_vector;
L108       FUNCTION To_UX01    ( b : BIT_VECTOR         ) RETURN   std_ulogic_vector;
L109       FUNCTION To_UX01    ( b : BIT                ) RETURN   UX01;
L110
L111       -- edge detection
L112       FUNCTION rising_edge   (SIGNAL s : std_ulogic) RETURN BOOLEAN;
L113       FUNCTION falling_edge (SIGNAL s : std_ulogic) RETURN BOOLEAN;
L114
L115       -- object contains an unknown
L116       FUNCTION Is_X ( s : std_ulogic_vector ) RETURN   BOOLEAN;
L117       FUNCTION Is_X ( s : std_logic_vector  ) RETURN   BOOLEAN;
L118       FUNCTION Is_X ( s : std_ulogic        ) RETURN   BOOLEAN;
L119
L120 END std_logic_1164;
L121 ----------------------------------------------------------------------------------------------------
```

A.2.2　std_logic_arith 程序包

　　std_logic_arith 程序包在 std_logic_1164 程序包的基础上定义了数据类型 SIGNED(有符号数据类型)、UNSIGNED(无符号数据类型)、SMALL_INT(小整型数据类型),并为 SIGNED、UNSIGNED、SMALL_INT、INTEGER、STD_ULOGIC、STD_LOGIC、STD_LOGIC_

VECTOR 等数据类型提供了一套算术、比较操作符以及转化函数等。

　　std_logic_arith 程序包是用标准的 VHDL 编写的，可以用来综合和仿真，用户也可以对其进行更改，然后综合成合适的硬件。

　　若要在 VHDL 源文件中使用该程序包，需在源文件开端加上以下两行语句：

L1　--

L2　　　LIBRARY ieee;

L3　　　USE ieee.std_logic_arith.ALL;

L4　--

std_logic_arith 程序包的定义如下：

L1　--

L2　library IEEE;

L3　use IEEE.std_logic_1164.all;

L4　--

L5　package std_logic_arith is

L6

L7　　　type UNSIGNED is array (NATURAL range <>) of STD_LOGIC; --声明 UNSIGNED 数据类型

L8　　　type SIGNED is array (NATURAL range <>) of STD_LOGIC;　　--声明 SIGNED 数据类型

L9　　　subtype SMALL_INT is INTEGER range 0 to 1;　　　　　　--声明 SMALL_INT 数据类型

L10

L11　　　--声明二元算术函数

L12　　　function "+"(L: UNSIGNED; R: UNSIGNED) return UNSIGNED; --重载运算符 "+"

L13　　　function "+"(L: SIGNED; R: SIGNED) return SIGNED;

L14　　　function "+"(L: UNSIGNED; R: SIGNED) return SIGNED;

L15　　　function "+"(L: SIGNED; R: UNSIGNED) return SIGNED;

L16　　　function "+"(L: UNSIGNED; R: INTEGER) return UNSIGNED;

L17　　　function "+"(L: INTEGER; R: UNSIGNED) return UNSIGNED;

L18　　　function "+"(L: SIGNED; R: INTEGER) return SIGNED;

L19　　　function "+"(L: INTEGER; R: SIGNED) return SIGNED;

L20　　　function "+"(L: UNSIGNED; R: STD_ULOGIC) return UNSIGNED;

L21　　　function "+"(L: STD_ULOGIC; R: UNSIGNED) return UNSIGNED;

L22　　　function "+"(L: SIGNED; R: STD_ULOGIC) return SIGNED;

L23　　　function "+"(L: STD_ULOGIC; R: SIGNED) return SIGNED;

L24

L25　　　function "+"(L: UNSIGNED; R: UNSIGNED) return STD_LOGIC_VECTOR;

L26　　　function "+"(L: SIGNED; R: SIGNED) return STD_LOGIC_VECTOR;

L27　　　function "+"(L: UNSIGNED; R: SIGNED) return STD_LOGIC_VECTOR;

L28　　　function "+"(L: SIGNED; R: UNSIGNED) return STD_LOGIC_VECTOR;

L29　　　function "+"(L: UNSIGNED; R: INTEGER) return STD_LOGIC_VECTOR;

L30	function "+"(L: INTEGER; R: UNSIGNED) return STD_LOGIC_VECTOR;
L31	function "+"(L: SIGNED; R: INTEGER) return STD_LOGIC_VECTOR;
L32	function "+"(L: INTEGER; R: SIGNED) return STD_LOGIC_VECTOR;
L33	function "+"(L: UNSIGNED; R: STD_ULOGIC) return STD_LOGIC_VECTOR;
L34	function "+"(L: STD_ULOGIC; R: UNSIGNED) return STD_LOGIC_VECTOR;
L35	function "+"(L: SIGNED; R: STD_ULOGIC) return STD_LOGIC_VECTOR;
L36	function "+"(L: STD_ULOGIC; R: SIGNED) return STD_LOGIC_VECTOR;
L37	
L38	function "-"(L: UNSIGNED; R: UNSIGNED) return UNSIGNED; --重载运算符 "-"
L39	function "-"(L: SIGNED; R: SIGNED) return SIGNED;
L40	function "-"(L: UNSIGNED; R: SIGNED) return SIGNED;
L41	function "-"(L: SIGNED; R: UNSIGNED) return SIGNED;
L42	function "-"(L: UNSIGNED; R: INTEGER) return UNSIGNED;
L43	function "-"(L: INTEGER; R: UNSIGNED) return UNSIGNED;
L44	function "-"(L: SIGNED; R: INTEGER) return SIGNED;
L45	function "-"(L: INTEGER; R: SIGNED) return SIGNED;
L46	function "-"(L: UNSIGNED; R: STD_ULOGIC) return UNSIGNED;
L47	function "-"(L: STD_ULOGIC; R: UNSIGNED) return UNSIGNED;
L48	function "-"(L: SIGNED; R: STD_ULOGIC) return SIGNED;
L49	function "-"(L: STD_ULOGIC; R: SIGNED) return SIGNED;
L50	
L51	function "-"(L: UNSIGNED; R: UNSIGNED) return STD_LOGIC_VECTOR;
L52	function "-"(L: SIGNED; R: SIGNED) return STD_LOGIC_VECTOR;
L53	function "-"(L: UNSIGNED; R: SIGNED) return STD_LOGIC_VECTOR;
L54	function "-"(L: SIGNED; R: UNSIGNED) return STD_LOGIC_VECTOR;
L55	function "-"(L: UNSIGNED; R: INTEGER) return STD_LOGIC_VECTOR;
L56	function "-"(L: INTEGER; R: UNSIGNED) return STD_LOGIC_VECTOR;
L57	function "-"(L: SIGNED; R: INTEGER) return STD_LOGIC_VECTOR;
L58	function "-"(L: INTEGER; R: SIGNED) return STD_LOGIC_VECTOR;
L59	function "-"(L: UNSIGNED; R: STD_ULOGIC) return STD_LOGIC_VECTOR;
L60	function "-"(L: STD_ULOGIC; R: UNSIGNED) return STD_LOGIC_VECTOR;
L61	function "-"(L: SIGNED; R: STD_ULOGIC) return STD_LOGIC_VECTOR;
L62	function "-"(L: STD_ULOGIC; R: SIGNED) return STD_LOGIC_VECTOR;
L63	
L64	--声明一元算术函数
L65	function "+"(L: UNSIGNED) return UNSIGNED;
L66	function "+"(L: SIGNED) return SIGNED;
L67	function "-"(L: SIGNED) return SIGNED;
L68	function "ABS"(L: SIGNED) return SIGNED;

L69

L70　　　function "+"(L: UNSIGNED) return STD_LOGIC_VECTOR;

L71　　　function "+"(L: SIGNED) return STD_LOGIC_VECTOR;

L72　　　function "-"(L: SIGNED) return STD_LOGIC_VECTOR;

L73　　　function "ABS"(L: SIGNED) return STD_LOGIC_VECTOR;

L74

L75　　　function "*"(L: UNSIGNED; R: UNSIGNED) return UNSIGNED;　　--重载运算符"*"

L76　　　function "*"(L: SIGNED; R: SIGNED) return SIGNED;

L77　　　function "*"(L: SIGNED; R: UNSIGNED) return SIGNED;

L78　　　function "*"(L: UNSIGNED; R: SIGNED) return SIGNED;

L79

L80　　　function "*"(L: UNSIGNED; R: UNSIGNED) return STD_LOGIC_VECTOR;

L81　　　function "*"(L: SIGNED; R: SIGNED) return STD_LOGIC_VECTOR;

L82　　　function "*"(L: SIGNED; R: UNSIGNED) return STD_LOGIC_VECTOR;

L83　　　function "*"(L: UNSIGNED; R: SIGNED) return STD_LOGIC_VECTOR;

L84

L85　　　--声明各类比较函数，用于数据类型 UNSIGNED、SIGNED 以及 INTEGER

L86　　　function "<"(L: UNSIGNED; R: UNSIGNED) return BOOLEAN;

L87　　　function "<"(L: SIGNED; R: SIGNED) return BOOLEAN;

L88　　　function "<"(L: UNSIGNED; R: SIGNED) return BOOLEAN;

L89　　　function "<"(L: SIGNED; R: UNSIGNED) return BOOLEAN;

L90　　　function "<"(L: UNSIGNED; R: INTEGER) return BOOLEAN;

L91　　　function "<"(L: INTEGER; R: UNSIGNED) return BOOLEAN;

L92　　　function "<"(L: SIGNED; R: INTEGER) return BOOLEAN;

L93　　　function "<"(L: INTEGER; R: SIGNED) return BOOLEAN;

L94

L95　　　function "<="(L: UNSIGNED; R: UNSIGNED) return BOOLEAN;

L96　　　function "<="(L: SIGNED; R: SIGNED) return BOOLEAN;

L97　　　function "<="(L: UNSIGNED; R: SIGNED) return BOOLEAN;

L98　　　function "<="(L: SIGNED; R: UNSIGNED) return BOOLEAN;

L99　　　function "<="(L: UNSIGNED; R: INTEGER) return BOOLEAN;

L100　　function "<="(L: INTEGER; R: UNSIGNED) return BOOLEAN;

L101　　function "<="(L: SIGNED; R: INTEGER) return BOOLEAN;

L102　　function "<="(L: INTEGER; R: SIGNED) return BOOLEAN;

L103

L104　　function ">"(L: UNSIGNED; R: UNSIGNED) return BOOLEAN;

L105　　function ">"(L: SIGNED; R: SIGNED) return BOOLEAN;

L106　　function ">"(L: UNSIGNED; R: SIGNED) return BOOLEAN;

L107　　function ">"(L: SIGNED; R: UNSIGNED) return BOOLEAN;

L108	function ">"(L: UNSIGNED; R: INTEGER) return BOOLEAN;

L109	function ">"(L: INTEGER; R: UNSIGNED) return BOOLEAN;

L110	function ">"(L: SIGNED; R: INTEGER) return BOOLEAN;

L111	function ">"(L: INTEGER; R: SIGNED) return BOOLEAN;

L112

L113	function ">="(L: UNSIGNED; R: UNSIGNED) return BOOLEAN;

L114	function ">="(L: SIGNED; R: SIGNED) return BOOLEAN;

L115	function ">="(L: UNSIGNED; R: SIGNED) return BOOLEAN;

L116	function ">="(L: SIGNED; R: UNSIGNED) return BOOLEAN;

L117	function ">="(L: UNSIGNED; R: INTEGER) return BOOLEAN;

L118	function ">="(L: INTEGER; R: UNSIGNED) return BOOLEAN;

L119	function ">="(L: SIGNED; R: INTEGER) return BOOLEAN;

L120	function ">="(L: INTEGER; R: SIGNED) return BOOLEAN;

L121

L122	function "="(L: UNSIGNED; R: UNSIGNED) return BOOLEAN;

L123	function "="(L: SIGNED; R: SIGNED) return BOOLEAN;

L124	function "="(L: UNSIGNED; R: SIGNED) return BOOLEAN;

L125	function "="(L: SIGNED; R: UNSIGNED) return BOOLEAN;

L126	function "="(L: UNSIGNED; R: INTEGER) return BOOLEAN;

L127	function "="(L: INTEGER; R: UNSIGNED) return BOOLEAN;

L128	function "="(L: SIGNED; R: INTEGER) return BOOLEAN;

L129	function "="(L: INTEGER; R: SIGNED) return BOOLEAN;

L130

L131	function "/="(L: UNSIGNED; R: UNSIGNED) return BOOLEAN;

L132	function "/="(L: SIGNED; R: SIGNED) return BOOLEAN;

L133	function "/="(L: UNSIGNED; R: SIGNED) return BOOLEAN;

L134	function "/="(L: SIGNED; R: UNSIGNED) return BOOLEAN;

L135	function "/="(L: UNSIGNED; R: INTEGER) return BOOLEAN;

L136	function "/="(L: INTEGER; R: UNSIGNED) return BOOLEAN;

L137	function "/="(L: SIGNED; R: INTEGER) return BOOLEAN;

L138	function "/="(L: INTEGER; R: SIGNED) return BOOLEAN;

L139

L140	--声明移位函数

L141	function SHL(ARG: UNSIGNED; COUNT: UNSIGNED) return UNSIGNED;

L142	function SHL(ARG: SIGNED; COUNT: UNSIGNED) return SIGNED;

L143	function SHR(ARG: UNSIGNED; COUNT: UNSIGNED) return UNSIGNED;

L144	function SHR(ARG: SIGNED; COUNT: UNSIGNED) return SIGNED;

L145

L146	--声明数据类型转换函数

L147   function CONV_INTEGER(ARG: INTEGER) return INTEGER;

L148   function CONV_INTEGER(ARG: UNSIGNED) return INTEGER;

L149   function CONV_INTEGER(ARG: SIGNED) return INTEGER;

L150   function CONV_INTEGER(ARG: STD_ULOGIC) return SMALL_INT;

L151

L152   function CONV_UNSIGNED(ARG: INTEGER; SIZE: INTEGER) return UNSIGNED;

L153   function CONV_UNSIGNED(ARG: UNSIGNED; SIZE: INTEGER) return UNSIGNED;

L154   function CONV_UNSIGNED(ARG: SIGNED; SIZE: INTEGER) return UNSIGNED;

L155   function CONV_UNSIGNED(ARG: STD_ULOGIC; SIZE: INTEGER) return UNSIGNED;

L156

L157   function CONV_SIGNED(ARG: INTEGER; SIZE: INTEGER) return SIGNED;

L158   function CONV_SIGNED(ARG: UNSIGNED; SIZE: INTEGER) return SIGNED;

L159   function CONV_SIGNED(ARG: SIGNED; SIZE: INTEGER) return SIGNED;

L160   function CONV_SIGNED(ARG: STD_ULOGIC; SIZE: INTEGER) return SIGNED;

L161

L162   function CONV_STD_LOGIC_VECTOR(ARG: INTEGER; SIZE: INTEGER)

L163   return STD_LOGIC_VECTOR;

L164   function CONV_STD_LOGIC_VECTOR(ARG: UNSIGNED; SIZE: INTEGER)

L165   return STD_LOGIC_VECTOR;

L166   function CONV_STD_LOGIC_VECTOR(ARG: SIGNED; SIZE: INTEGER)

L167   return STD_LOGIC_VECTOR;

L168   function CONV_STD_LOGIC_VECTOR(ARG: STD_ULOGIC; SIZE: INTEGER)

L169   return STD_LOGIC_VECTOR;

L170

L171   --声明扩展函数

L172   -- zero extend STD_LOGIC_VECTOR (ARG) to SIZE, 零扩展：将缺少的高位用"0"填充

L173   -- SIZE < 0 is same as SIZE = 0

L174   -- returns STD_LOGIC_VECTOR(SIZE-1 downto 0)

L175   function EXT(ARG: STD_LOGIC_VECTOR; SIZE: INTEGER) return STD_LOGIC_VECTOR;

L176

L177   -- sign extend STD_LOGIC_VECTOR (ARG) to SIZE, 符号扩展：将缺少的高位用符号填充

L178   -- SIZE < 0 is same as SIZE = 0

L179   -- return STD_LOGIC_VECTOR(SIZE-1 downto 0)

L180   function SXT(ARG: STD_LOGIC_VECTOR; SIZE: INTEGER) return STD_LOGIC_VECTOR;

L181

L182 end Std_logic_arith;

L183 ---

A.2.3　std_logic_unsigned 程序包

std_logic_unsigned 程序包在包的前面用 USE 语句引用了 std_logic_1164 和 std_logic_arith 程序包，对数据类型 INTEGER、STD_LOGIC、STD_LOGIC_VECTOR 进行了扩充定义，重载了这些类型的数据间混合运算的运算符和转换函数，使它们可以跟数据类型 UNSIGNED 一样进行算术运算和比较运算，但没有考虑符号数运算，具体的运算定义与 std_logic_arith 包中的定义类似。

```
L1    ---------------------------------------------------------------------------------------
L2    library IEEE;
L3    use IEEE.std_logic_1164.all;
L4    use IEEE.std_logic_arith.all;
L5    ---------------------------------------------------------------------------------------
L6    package STD_LOGIC_UNSIGNED is
L7
L8        function "+"(L: STD_LOGIC_VECTOR; R: STD_LOGIC_VECTOR)
L9            return STD_LOGIC_VECTOR;
L10       function "+"(L: STD_LOGIC_VECTOR; R: INTEGER) return STD_LOGIC_VECTOR;
L11       function "+"(L: INTEGER; R: STD_LOGIC_VECTOR) return STD_LOGIC_VECTOR;
L12       function "+"(L: STD_LOGIC_VECTOR; R: STD_LOGIC) return STD_LOGIC_VECTOR;
L13       function "+"(L: STD_LOGIC; R: STD_LOGIC_VECTOR) return STD_LOGIC_VECTOR;
L14
L15       function "-"(L: STD_LOGIC_VECTOR; R: STD_LOGIC_VECTOR)
L16           return STD_LOGIC_VECTOR;
L17       function "-"(L: STD_LOGIC_VECTOR; R: INTEGER) return STD_LOGIC_VECTOR;
L18       function "-"(L: INTEGER; R: STD_LOGIC_VECTOR) return STD_LOGIC_VECTOR;
L19       function "-"(L: STD_LOGIC_VECTOR; R: STD_LOGIC) return STD_LOGIC_VECTOR;
L20       function "-"(L: STD_LOGIC; R: STD_LOGIC_VECTOR) return STD_LOGIC_VECTOR;
L21
L22       function "+"(L: STD_LOGIC_VECTOR) return STD_LOGIC_VECTOR;
L23
L24       function "*"(L: STD_LOGIC_VECTOR; R: STD_LOGIC_VECTOR)
L25           return STD_LOGIC_VECTOR;
L26
L27       function "<"(L: STD_LOGIC_VECTOR; R: STD_LOGIC_VECTOR) return BOOLEAN;
L28       function "<"(L: STD_LOGIC_VECTOR; R: INTEGER) return BOOLEAN;
L29       function "<"(L: INTEGER; R: STD_LOGIC_VECTOR) return BOOLEAN;
L30
L31       function "<="(L: STD_LOGIC_VECTOR; R: STD_LOGIC_VECTOR) return BOOLEAN;
L32       function "<="(L: STD_LOGIC_VECTOR; R: INTEGER) return BOOLEAN;
```

L33　　　function "<="(L: INTEGER; R: STD_LOGIC_VECTOR) return BOOLEAN;

L34

L35　　　function ">"(L: STD_LOGIC_VECTOR; R: STD_LOGIC_VECTOR) return BOOLEAN;

L36　　　function ">"(L: STD_LOGIC_VECTOR; R: INTEGER) return BOOLEAN;

L37　　　function ">"(L: INTEGER; R: STD_LOGIC_VECTOR) return BOOLEAN;

L38

L39　　　function ">="(L: STD_LOGIC_VECTOR; R: STD_LOGIC_VECTOR) return BOOLEAN;

L40　　　function ">="(L: STD_LOGIC_VECTOR; R: INTEGER) return BOOLEAN;

L41　　　function ">="(L: INTEGER; R: STD_LOGIC_VECTOR) return BOOLEAN;

L42

L43　　　function "="(L: STD_LOGIC_VECTOR; R: STD_LOGIC_VECTOR) return BOOLEAN;

L44　　　function "="(L: STD_LOGIC_VECTOR; R: INTEGER) return BOOLEAN;

L45　　　function "="(L: INTEGER; R: STD_LOGIC_VECTOR) return BOOLEAN;

L46

L47　　　function "/="(L: STD_LOGIC_VECTOR; R: STD_LOGIC_VECTOR) return BOOLEAN;

L48　　　function "/="(L: STD_LOGIC_VECTOR; R: INTEGER) return BOOLEAN;

L49　　　function "/="(L: INTEGER; R: STD_LOGIC_VECTOR) return BOOLEAN;

L50

L51　　　function CONV_INTEGER(ARG: STD_LOGIC_VECTOR) return INTEGER;

L52

L53　　　function SHL(ARG:STD_LOGIC_VECTOR;COUNT: STD_LOGIC_VECTOR)

L54　　　　　return STD_LOGIC_VECTOR;

L55　　　function SHR(ARG:STD_LOGIC_VECTOR;COUNT: STD_LOGIC_VECTOR)

L56　　　　　return STD_LOGIC_VECTOR;

L57

L58　-- remove this since it is already in std_logic_arith

L59　--　　function CONV_STD_LOGIC_VECTOR(ARG: INTEGER; SIZE: INTEGER)

L60　　　　　return STD_LOGIC_VECTOR;

L61

L62　end STD_LOGIC_UNSIGNED;

L63　---

A.2.4　std_logic_signed 程序包

　　std_logic_signed 程序包在包的前面用 USE 语句引用了 std_logic_1164 和 std_logic_arith 程序包，对数据类型 INTEGER、STD_LOGIC、STD_LOGIC_VECTOR 进行了扩充定义，重载了这些类型的数据间混合运算的运算符和转换函数，使它们可以跟 SIGNED 数据类型一样进行算术运算和比较运算，同时考虑了符号数运算，具体的运算定义与 std_logic_arith 包中的定义类似。

```
L1    ---------------------------------------------------------------------------------------------------------------

L2    library IEEE;

L3    use IEEE.std_logic_1164.all;

L4    use IEEE.std_logic_arith.all;

L5    ---------------------------------------------------------------------------------------------------------------

L6    package STD_LOGIC_SIGNED is

L7

L8        function "+"(L: STD_LOGIC_VECTOR; R: STD_LOGIC_VECTOR)

L9            return STD_LOGIC_VECTOR;

L10       function "+"(L: STD_LOGIC_VECTOR; R: INTEGER) return STD_LOGIC_VECTOR;

L11       function "+"(L: INTEGER; R: STD_LOGIC_VECTOR) return STD_LOGIC_VECTOR;

L12       function "+"(L: STD_LOGIC_VECTOR; R: STD_LOGIC) return STD_LOGIC_VECTOR;

L13       function "+"(L: STD_LOGIC; R: STD_LOGIC_VECTOR) return STD_LOGIC_VECTOR;

L14

L15       function "-"(L: STD_LOGIC_VECTOR; R: STD_LOGIC_VECTOR)

L16           return STD_LOGIC_VECTOR;

L17       function "-"(L: STD_LOGIC_VECTOR; R: INTEGER) return STD_LOGIC_VECTOR;

L18       function "-"(L: INTEGER; R: STD_LOGIC_VECTOR) return STD_LOGIC_VECTOR;

L19       function "-"(L: STD_LOGIC_VECTOR; R: STD_LOGIC) return STD_LOGIC_VECTOR;

L20       function "-"(L: STD_LOGIC; R: STD_LOGIC_VECTOR) return STD_LOGIC_VECTOR;

L21

L22       function "+"(L: STD_LOGIC_VECTOR) return STD_LOGIC_VECTOR;

L23       function "-"(L: STD_LOGIC_VECTOR) return STD_LOGIC_VECTOR;

L24       function "ABS"(L: STD_LOGIC_VECTOR) return STD_LOGIC_VECTOR;

L25

L26       function "*"(L: STD_LOGIC_VECTOR; R: STD_LOGIC_VECTOR)

L27           return STD_LOGIC_VECTOR;

L28

L29       function "<"(L: STD_LOGIC_VECTOR; R: STD_LOGIC_VECTOR) return BOOLEAN;

L30       function "<"(L: STD_LOGIC_VECTOR; R: INTEGER) return BOOLEAN;

L31       function "<"(L: INTEGER; R: STD_LOGIC_VECTOR) return BOOLEAN;

L32

L33       function "<="(L: STD_LOGIC_VECTOR; R: STD_LOGIC_VECTOR) return BOOLEAN;

L34       function "<="(L: STD_LOGIC_VECTOR; R: INTEGER) return BOOLEAN;

L35       function "<="(L: INTEGER; R: STD_LOGIC_VECTOR) return BOOLEAN;

L36

L37       function ">"(L: STD_LOGIC_VECTOR; R: STD_LOGIC_VECTOR) return BOOLEAN;

L38       function ">"(L: STD_LOGIC_VECTOR; R: INTEGER) return BOOLEAN;

L39       function ">"(L: INTEGER; R: STD_LOGIC_VECTOR) return BOOLEAN;
```

L40

L41   function ">="(L: STD_LOGIC_VECTOR; R: STD_LOGIC_VECTOR) return BOOLEAN;

L42   function ">="(L: STD_LOGIC_VECTOR; R: INTEGER) return BOOLEAN;

L43   function ">="(L: INTEGER; R: STD_LOGIC_VECTOR) return BOOLEAN;

L44

L45   function "="(L: STD_LOGIC_VECTOR; R: STD_LOGIC_VECTOR) return BOOLEAN;

L46   function "="(L: STD_LOGIC_VECTOR; R: INTEGER) return BOOLEAN;

L47   function "="(L: INTEGER; R: STD_LOGIC_VECTOR) return BOOLEAN;

L48

L49   function "/="(L: STD_LOGIC_VECTOR; R: STD_LOGIC_VECTOR) return BOOLEAN;

L50   function "/="(L: STD_LOGIC_VECTOR; R: INTEGER) return BOOLEAN;

L51   function "/="(L: INTEGER; R: STD_LOGIC_VECTOR) return BOOLEAN;

L52

L53   function SHL(ARG:STD_LOGIC_VECTOR;COUNT: STD_LOGIC_VECTOR)

L54   return STD_LOGIC_VECTOR;

L55   function SHR(ARG:STD_LOGIC_VECTOR;COUNT: STD_LOGIC_VECTOR)

L56   return STD_LOGIC_VECTOR;

L57

L58   function CONV_INTEGER(ARG: STD_LOGIC_VECTOR) return INTEGER;

L59

L60   -- remove this since it is already in std_logic_arith

L61   --   function CONV_STD_LOGIC_VECTOR(ARG: INTEGER; SIZE: INTEGER)

L62   return STD_LOGIC_VECTOR;

L63

L64   end STD_LOGIC_SIGNED;

L65 --

A.2.5   std_logic_textio 程序包

    std_logic_textio 程序包是 Synopsys 公司定义的程序包，已加入 IEEE 库，针对数据类型 STD_LOGIC 和 STD_LOGIC_VECTOR 定义了相关的文件操作过程，在使用时需要在设计文件的前端加入以下语句：

L1 --

L2   LIBRARY ieee;

L3   USE ieee.std_logic_textio.ALL;

L4 --

std_logic_textio 程序包的定义如下：

L1 --

L2   use STD.textio.all;

```
L3      library IEEE;

L4      use IEEE.std_logic_1164.all;

L5      ----------------------------------------------------------------------------------------------------------------------

L6      package std_logic_textio is

L7          -- Read and Write procedures for STD_ULOGIC and STD_ULOGIC_VECTOR

L8          procedure READ(L:inout LINE; VALUE:out STD_ULOGIC);

L9          procedure READ(L:inout LINE; VALUE:out STD_ULOGIC; GOOD: out BOOLEAN);

L10         procedure READ(L:inout LINE; VALUE:out STD_ULOGIC_VECTOR);

L11         procedureREAD(L:inoutLINE;VALUE:out STD_ULOGIC_VECTOR; GOOD: out BOOLEAN);

L12         procedure WRITE(L:inout LINE; VALUE:in STD_ULOGIC;

L13                 JUSTIFIED:in SIDE := RIGHT; FIELD:in WIDTH := 0);

L14         procedure WRITE(L:inout LINE; VALUE:in STD_ULOGIC_VECTOR;

L15                 JUSTIFIED:in SIDE := RIGHT; FIELD:in WIDTH := 0);

L16

L17         -- Read and Write procedures for STD_LOGIC_VECTOR

L18         procedure READ(L:inout LINE; VALUE:out STD_LOGIC_VECTOR);

L19         procedure READ(L:inout LINE; VALUE:out STD_LOGIC_VECTOR; GOOD: out BOOLEAN);

L20         procedure WRITE(L:inout LINE; VALUE:in STD_LOGIC_VECTOR;

L21                 JUSTIFIED:in SIDE := RIGHT; FIELD:in WIDTH := 0);

L22

L23         --

L24         -- Read and Write procedures for Hex and Octal values.

L25         -- The values appear in the file as a series of characters

L26         -- between 0-F (Hex), or 0-7 (Octal) respectively.

L27         --

L28

L29         -- Hex

L30         procedure HREAD(L:inout LINE; VALUE:out STD_ULOGIC_VECTOR);

L31         procedureHREAD(L:inoutLINE;VALUE:outSTD_ULOGIC_VECTOR;GOOD:out BOOLEAN);

L32         procedure HWRITE(L:inout LINE; VALUE:in STD_ULOGIC_VECTOR;

L33                 JUSTIFIED:in SIDE := RIGHT; FIELD:in WIDTH := 0);

L34         procedure HREAD(L:inout LINE; VALUE:out STD_LOGIC_VECTOR);

L35         procedure HREAD(L:inout LINE; VALUE:outSTD_LOGIC_VECTOR;GOOD:out BOOLEAN);

L36         procedure HWRITE(L:inout LINE; VALUE:in STD_LOGIC_VECTOR;

L37                 JUSTIFIED:in SIDE := RIGHT; FIELD:in WIDTH := 0);

L38

L39         -- Octal

L40         procedure OREAD(L:inout LINE; VALUE:out STD_ULOGIC_VECTOR);

L41         procedureOREAD(L:inoutLINE;VALUE:outSTD_ULOGIC_VECTOR;GOOD:out BOOLEAN);
```

```
L42    procedure OWRITE(L:inout LINE; VALUE:in STD_ULOGIC_VECTOR;
L43              JUSTIFIED:in SIDE := RIGHT; FIELD:in WIDTH := 0);
L44    procedure OREAD(L:inout LINE; VALUE:out STD_LOGIC_VECTOR);
L45    procedureOREAD(L:inoutLINE;VALUE:out STD_LOGIC_VECTOR; GOOD: out BOOLEAN);
L46    procedure OWRITE(L:inout LINE; VALUE:in STD_LOGIC_VECTOR;
L47              JUSTIFIED:in SIDE := RIGHT; FIELD:in WIDTH := 0);
L48
L49  end std_logic_textio;
L50  ----------------------------------------------------------------------------------------
```

附录 B　VHDL 保留关键字

　　附表所列是 VHDL 语言的保留关键字，这些保留关键字不可以再用作 VHDL 代码的标志符(Identifier)。

附表　VHDL 语言的保留关键字

VHDL87 标准			VHDL93 标准
ABS	FOR	PACKAGE	GROUP
ACCESS	FUNCTION	PORT	IMPURE
AFTER	GENERATE	PROCEDURE	INERTIAL
ALIAS	GENERIC	PROCESS	LITERAL
ALL	GUARDED	RANGE	POSTPONE
AND	IF	RECORD	PURE
ARCHITECTURE	IN	REGISTER	REJECT
ARRAY	INOUT	REM	ROL
ASSERT	IS	REPORT	ROR
ATTRIBUTE	LABEL	RETURN	SHARED
BEGIN	LIBRARY	SELECT	SLA
BLOCK	LINKAGE	SEVERITY	SLL
BODY	LOOP	SIGNAL	SRA
BUFFER	MAP	SUBTYPE	SRL
BUS	MOD	THEN	UNAFFECTED
CASE	NAND	TO	XNOR
COMPONENT	NEW	TRANSPORT	
CONFIGURATION	NEXT	TYPE	
CONSTANT	NOR	UNITS	
DISCONNECT	NOT	UNTIL	
DOWNTO	NULL	USE	
ELSE	OF	VARIABLE	
ELSIF	ON	WAIT	
END	OPEN	WHEN	
ENTITY	OR	WHILE	
EXIT	OTHERS	WITH	
FILE	OUT	XOR	

参 考 文 献

[1] 黄沛昱，刘乔寿，应俊. EDA 技术与 VHDL 设计实验指导. 西安：西安电子科技大学出版社，2012.

[2] 潘松，黄继业. EDA 技术实用教程：VHDL 版. 4 版. 北京：科学出版社，2010.

[3] 谭会生，张昌凡. EDA 技术及应用. 3 版. 西安：西安电子科技大学出版社，2011.

[4] 陈雪松，滕立中. VHDL 入门与应用. 北京：人民邮电出版社，2000.

[5] Stefan，L Lindh. 用 VHDL 设计电子线路. 边计年，薛宏熙，译. 北京：清华大学出版社，2000.

[6] Samir Palnitkar. Verilog HDL 数字设计与综合. 夏宇闻，胡燕祥，刁岚松，等，译. 2 版. 北京：电子工业出版社，2009.

[7] Stephen Brown，Zvonko Vranesic. Fundamentals of Digital Logic with VHDL Design，Third Edition. 北京：电子工业出版社，2009.

[8] 顾斌，姜志鹏，刘磊. 数字电路 EDA 设计. 2 版. 西安：西安电子科技大学出版社，2011.

[9] EDA 先锋工作室. Altera FPGA/CPLD 设计(基础篇). 北京：人民邮电出版社，2005.

[10] Volnei A.Pedroni. Circuit Design with VHDL. MIT Press，2004.

[11] 詹仙宁，田耘. VHDL 开放精解与实例剖析. 北京：电子工业出版社，2009.

[12] 徐志军，王金明，尹廷辉，等. EDA 技术与 PLD 设计. 北京：人民邮电出版社，2005.

[13] 王传新. FPGA 设计基础. 北京：高等教育出版社，2007.

[14] 樊昌信，詹道庸，徐炳祥，等. 通信原理. 北京：国防工业出版社，2001.

[15] 曹志刚，钱亚生. 现代通信原理. 北京：清华大学出版社，2001.

[16] 孟庆海. VHDL 基础及经典实例开发. 西安：西安交通大学出版社，2008.

[17] IEEE Standard VHDL Language Reference Manual，IEEE Std 1076, 2000 Edition(Incorporates IEEE Std 1076-1993 and IEEE Std 1076a-2000)

[18] Altera Corporation. Cyclone Ⅲ Device Handbook. 2011

[19] Altera Corporation. Cyclone Ⅳ Device Handbook. 2011

[20] Altera Corporation. MAX3000A Programmable Logic Device Family Data Sheet. 2006

[21] Altera Corporation. MAX7000 Programmable Logic Device Family Data Sheet. 2003

[22] http://www.altera.com.cn/

[23] http://china.xilinx.com/

[24] http://www.latticesemi.com.cn/